U0485468

玉米秸秆耦合光催化分解水制氢原理和方法

周云龙 孙 萌 著

科学出版社
北京

内 容 简 介

本书系统阐述了太阳能光催化分解水制氢技术的前沿进展，聚焦农业废弃物玉米秸秆在光催化制氢体系中的创新应用研究。针对化石能源依赖及传统制氢工艺的局限性，提出以生物质资源为载体的绿色制氢新范式，为解决能源转型与环境治理双重挑战提供科学方案。全书从光催化基础理论出发，深入解析玉米秸秆的独特优势：其多级孔道结构可构建高效电子传输网络，表面丰富的羟基、羧基等活性官能团作为新型电子供体，突破了传统小分子牺牲剂易产生副产物的技术瓶颈。通过翔实的实验数据与理论模型，揭示了秸秆碳基材料与半导体催化剂的协同作用机制。

本书是对作者课题组近几年来在太阳能光催化玉米秸秆制氢性能研究方面所做的开创性成果总结，对太阳能光催化制氢性能和玉米秸秆应用于光催化领域研究等有重要的理论意义，同时可为光催化制氢领域参数设计提供技术指导，也可为同行开展此类研究工作提供参考。

图书在版编目(CIP)数据

玉米秸秆耦合光催化分解水制氢原理和方法 / 周云龙, 孙萌著. -- 北京 : 科学出版社, 2025.6. -- ISBN 978-7-03-081802-7

I. TE624.4

中国国家版本馆 CIP 数据核字第 2025ZA8966 号

责任编辑：杨新改　孙　曼/责任校对：杜子昂
责任印制：徐晓晨/封面设计：东方人华

科学出版社 出版
北京东黄城根北街 16 号
邮政编码：100717
http://www.sciencep.com

北京中石油彩色印刷有限责任公司印刷
科学出版社发行　各地新华书店经销
*
2025 年 6 月第 一 版　开本：720×1000　1/16
2025 年 6 月第一次印刷　印张：16 1/4
字数：310 000
定价：128.00 元
(如有印装质量问题, 我社负责调换)

前　言

化石能源在给人们生活带来极大便利的同时，其开发和使用过程中所产生的环境污染问题日益严峻，因此亟待解决绿色可持续能源的开发和利用问题。氢能作为清洁能源，生产原料仍以化石能源供给为主。而光催化分解水制氢是利用太阳能进行能量转换的新型绿色制氢方式，在环境和能源开发方面被广泛研究。

农业秸秆在光催化领域的研究已经取得了极大的进展。利用秸秆比表面积大、多孔结构、易吸附的特性，大量研究人员将秸秆作为生物模板制备出吸附性能强的复合光催化材料，促使光生电子在其内部大孔道内转移，进而提高光催化效率。

农业玉米秸秆表面具有丰富的活性官能团、独特的孔隙结构，使其能够参与光催化氧化还原反应，优于传统小分子牺牲剂在氧化过程中可能产生干扰气体，保证了产物单一性，在制氢领域具有潜在的应用价值。基于玉米秸秆表面多样的氧化性官能团，开展秸秆基官能团在光催化制氢中作为电子供体的机理研究，开拓官能团类牺牲剂参与光催化反应的理论基础，提供构建新型廉价太阳能光催化体系的独特思路，促使秸秆作为牺牲剂参与光催化反应这一研究极具科学价值。将玉米秸秆碳基衍生物材料与传统光催化剂结合，不仅解决了农业秸秆资源化利用的问题，还为构建绿色可持续光催化制氢体系提供了新思路，是进一步提高光催化分解水制氢效率的有效途径。

本书作者课题组前期完成了玉米秸秆应用到光催化体系的一些原创性工作，进行了大量理论与实验分析，取得了阶段性成果。到目前为止，在玉米秸秆耦合光催化分解水制氢原理和方法方面发表学术论文20余篇，其中被SCI收录15篇，EI收录5篇。首次构建了"秸秆功能化改性-复合材料设计-光催化制氢增效"的全链条技术体系，涵盖秸秆预处理、光催化剂负载优化、反应体系能效提升等核心环节。研究成果不仅为农业废弃物高值化利用开辟新路径，更为开发低成本、可持续的太阳能制氢系统提供理论支撑与技术范例。

本书内容是作者近几年来在太阳能光催化玉米秸秆制氢性能研究方面所做的开创性工作的总结，对太阳能光催化制氢性能和玉米秸秆应用于光催化领域研究等有重要的理论意义，同时也可为相关光催化制氢光催化剂、牺牲剂、助催化剂等参数设计提供技术指导，因此也具有重要的现实意义；此外，也可以供同行开展此类研究作参考。

本书第1、3、4、7、9章由周云龙教授撰写，第2、5、6、8章由孙萌撰写。

全书由周云龙教授统稿。作者所领导的课题组的各位同仁和研究生叶校源、林东尧、曲亮、于腾对本书付出了辛勤劳动，在此向他们表示衷心感谢！在这个意义上讲，本书也是课题组集体劳动的成果。

由于水平有限，书中难免存在疏漏之处，恳请读者批评指正。

周云龙
2025 年 6 月

目　　录

前言
第1章　绪论 ··· 1
1.1　工程背景及研究意义 ·· 1
1.2　光催化分解水制氢研究现状及发展趋势 ···································· 3
1.2.1　光催化剂 ··· 5
1.2.2　助催化剂 ··· 9
1.2.3　牺牲剂 ··· 10
1.2.4　光源对光催化制氢影响因素 ·· 12
1.2.5　生物质重整光催化分解水制氢 ···································· 13
1.3　存在问题及发展趋势 ·· 17
参考文献 ·· 19
第2章　制氢方法及玉米秸秆特性 ·· 23
2.1　氢气的制备方法 ·· 23
2.1.1　蒸汽甲烷重整制氢 ·· 24
2.1.2　部分氧化法制氢 ··· 25
2.1.3　自热重整法制氢 ··· 25
2.1.4　氨分解法制氢 ·· 25
2.1.5　生物法制氢 ··· 26
2.1.6　生物质气化法制氢 ·· 26
2.1.7　光生物分解水制氢 ·· 26
2.1.8　等离子体重整 ·· 26
2.1.9　煤炭制氢 ·· 27
2.1.10　电解水制氢 ··· 27
2.1.11　光催化分解水制氢 ·· 28
2.2　秸秆基本特征 ··· 29
2.2.1　玉米秸秆中木质素特性 ·· 29
2.2.2　玉米秸秆中纤维素特性 ·· 29
2.2.3　玉米秸秆碳基衍生物 ··· 30

2.3	小结	31
参考文献		32
第3章	**新型高效复合光催化材料的表征及制氢实验**	**36**
3.1	光催化剂表征	36
3.2	电化学特性表征	39
3.3	玉米秸秆表征方法	40
3.4	实验装置及使用方法	43
	3.4.1 模拟光催化制氢装置及使用方法	43
	3.4.2 太阳光催化制氢装置及使用方法	44
3.5	小结	45
参考文献		45
第4章	**玉米秸秆作为牺牲剂的光催化复合材料制备及制氢性能**	**47**
4.1	玉米秸秆作为牺牲剂的光催化复合材料制备及表征	47
	4.1.1 玉米秸秆牺牲剂制备	47
	4.1.2 光催化复合材料制备	49
	4.1.3 TiO$_2$体系光催化剂性能表征	52
	4.1.4 g-C$_3$N$_4$体系光催化剂性能表征	57
	4.1.5 小结	66
4.2	以玉米秸秆为牺牲剂的光催化制氢研究	67
	4.2.1 玉米秸秆为牺牲剂光催化制氢实验	67
	4.2.2 光催化制氢结果分析	68
4.3	玉米秸秆光催化制氢体系对制氢的影响因素	78
	4.3.1 天然玉米秸秆反应条件优化	80
	4.3.2 玉米秸秆中不同组分对光催化制氢的影响	82
	4.3.3 pH对玉米秸秆反应体系制氢性能影响与机理	86
	4.3.4 常见阴阳离子对玉米秸秆制氢反应体系的影响与机理	89
	4.3.5 小结	93
参考文献		95
第5章	**玉米秸秆牺牲剂改性及光催化制氢性能分析**	**96**
5.1	玉米秸秆改性方法	96
	5.1.1 物理法	96
	5.1.2 化学法	97
	5.1.3 生物法	98
	5.1.4 组合法	98

5.2 酸改性法制氢性能分析 ………………………………………………………… 99
　　5.2.1 酸改性材料制备方法 ………………………………………………… 99
　　5.2.2 酸改性材料表征及性能分析 ………………………………………… 101
5.3 碱改性法制氢性能分析 ………………………………………………………… 111
　　5.3.1 碱改性材料制备方法 ………………………………………………… 111
　　5.3.2 碱改性材料表征及性能分析 ………………………………………… 112
5.4 非金属改性制氢性能分析 ……………………………………………………… 122
　　5.4.1 氮元素改性玉米秸秆方法 …………………………………………… 122
　　5.4.2 磷元素改性玉米秸秆方法 …………………………………………… 123
　　5.4.3 硫元素改性玉米秸秆方法 …………………………………………… 123
　　5.4.4 非金属改性材料表征及性能分析 …………………………………… 124
5.5 尿素改性条件光催化制氢影响研究 …………………………………………… 135
　　5.5.1 尿素改性材料制备方法 ……………………………………………… 135
　　5.5.2 尿素改性材料表征及性能分析 ……………………………………… 135
5.6 小结 ……………………………………………………………………………… 144
参考文献 ……………………………………………………………………………… 145

第6章 玉米秸秆衍生物生物炭复合材料制备及制氢性能 ……………………… 148

6.1 TiO_2/Pt/生物炭复合光催化材料的制备及其在不同光源下光催化分解水制氢性能研究 …………………………………………………………… 148
　　6.1.1 材料的制备 …………………………………………………………… 148
　　6.1.2 光催化制氢方法 ……………………………………………………… 150
　　6.1.3 不同光源下光催化分解水制氢性能分析 …………………………… 150
　　6.1.4 TiO_2/Pt/生物炭复合材料的表征 …………………………………… 152
　　6.1.5 TiO_2/Pt/生物炭复合材料光电特性分析 …………………………… 157
6.2 Cu^{2+}、生物炭共掺杂的 TiO_2/Pt 复合光催化材料制备及制氢性能研究 ……………………………………………………………… 159
　　6.2.1 光催化材料制备方法 ………………………………………………… 159
　　6.2.2 光催化材料表征及性能分析 ………………………………………… 161
6.3 碳球掺杂 Cu^{2+} 耦合 2D $g-C_3N_4$/WO_3/生物炭复合材料的制备及其不同光源光催化分解水制氢性能研究 ……………………………………… 173
　　6.3.1 复合材料制备及方法 ………………………………………………… 173
　　6.3.2 不同光源下光催化分解水制氢性能分析 …………………………… 175
　　6.3.3 碳球掺杂 Cu^{2+} 耦合 2D $g-C_3N_4$/WO_3/生物炭复合材料的表征 …… 178
6.4 小结 ……………………………………………………………………………… 185
参考文献 ……………………………………………………………………………… 186

第7章　玉米秸秆衍生物碳微球复合材料的制备及制氢性能……188
7.1　2D g-C$_3$N$_4$/WO$_3$-碳微球复合材料的制备及其在不同光源下光催化分解水制氢性能研究……188
7.1.1　材料的制备及方法……188
7.1.2　不同光源下光催化分解水制氢性能分析……190
7.1.3　2D g-C$_3$N$_4$/WO$_3$/碳微球复合材料的表征……193
7.2　CdS/g-C$_3$N$_4$-玉米秸秆衍生物碳微球复合材料制备及不同光源光催化分解水制氢性能研究……206
7.2.1　材料的制备及方法……207
7.2.2　不同光源下光催化分解水制氢性能分析……208
7.2.3　CdS/g-C$_3$N$_4$-碳微球复合材料的表征……210
7.3　小结……220
参考文献……221

第8章　玉米秸秆衍生物类石墨烯复合材料的制备及制氢性能……222
8.1　材料的制备及方法……222
8.1.1　催化剂的制备……222
8.1.2　光催化制氢方法……223
8.2　不同光源下光催化分解水制氢性能分析……223
8.3　TiO$_2$/WO$_3$/类石墨烯复合材料的表征……225
8.3.1　表观形貌和微观结构分析……225
8.3.2　TiO$_2$/WO$_3$/类石墨烯复合材料光电特性分析……231
8.3.3　TiO$_2$/WO$_3$/类石墨烯复合材料光催化分解水制氢机理分析……234
8.4　小结……236
参考文献……236

第9章　太阳光驱动玉米秸秆制氢因素与综合分析……238
9.1　太阳光催化制氢性能分析……238
9.1.1　复合材料制备方法……240
9.1.2　反应器吸收太阳光辐照强度变化……241
9.1.3　辐照强度对制氢量的影响……243
9.1.4　反应温度对制氢的影响与规律……244
9.1.5　可见光波段与全光波段的制氢性能对比……245
9.2　太阳光与模拟光制氢性能对比分析……246
9.3　小结……247
参考文献……248

第 1 章 绪　　论

1.1　工程背景及研究意义

随着我国农村生活能源结构的变化与集约化生产的发展，秸秆逐步从传统的农业原料演变成一种无用的负担。近年来，秸秆机械化还田、过腹还田、制取沼气等综合利用措施取得一定成效[1,2]。但每年秋收时节，玉米秸秆大量囤积，焚烧现象仍屡禁不止。燃烧产生的 CO、CO_2 和颗粒物等污染物严重破坏环境空气质量，与煤炭排放的温室气体结合在一起极易引起严重的呼吸道疾病，给人类的生活带来巨大的安全隐患[3,4]。因此，资源化利用农业秸秆可以消除部分农业污染，有利于我国农业的绿色可持续发展。

玉米秸秆还是一种极具潜力价值的可再生资源，更是一种急需合理消纳的农业废弃物，因此，提出合理的处理方式对我国的能源和环保发展既是机遇也是挑战。

目前，全球气候变暖引起了世界各国的广泛关注，其主要原因在于近一个世纪以来，人类使用矿物燃料（如煤、石油等），排放出大量的 CO_2 等多种温室气体。全球变暖引发全球降水量重新分配、冰川和冻土消融、海平面上升等现象，不仅危害自然生态系统的平衡，而且威胁到人类的食物供应与居住环境。因此，急需摆脱矿物燃料，开发出既有创新性又有经济效益的可再生能源。

氢气作为一种高热值、无污染的能量载体，是目前最有潜力的二次能源[5]。现阶段国内外制氢方法主要包括煤制氢、电化学制氢、生物质制氢和光催化制氢等。

大多数制氢的能量来源为化石原料，氢气产量得到了保障，但副产物污染及能源不可逆损耗，制约着氢气规模化生产。与之相比，太阳能是洁净、可再生能源。中国陆地面积每年接收的太阳能辐射总量相当于 2.4×10^4 亿 t 标准煤，太阳能资源丰富。通过光催化方式实现太阳能到化学能的转化和利用是解决能源危机和环境问题的潜在理想途径，同时也符合国家"碳达峰"和"碳中和"目标的要求。

光催化分解水制氢体系主要包括光催化剂、牺牲剂、助催化剂、水和光源。基于半导体纳米颗粒的新型催化剂，促进体系光生空穴和电子的分离，已经被证实可以提高制氢效率。研制高效稳定的光催化材料是利用太阳能制取氢气的关键技术。

同样，牺牲剂在光催化体系中起着氧化光生空穴的重要作用，降低了光生电子与空穴的复合率，进而提高光生电子还原水中 H^+ 产生氢气的效率，其对反应体系能够持续进行水解反应起到了关键作用[6]。很多种类的化学物质作为牺牲剂应用于光催化体系中，如胺类、醇类，以及其他电子给体。但是，传统的牺牲剂(如甲醇、乙醇、糖类和有机酸等)在氧化过程中可能产生和还原半反应一样的产物——氢气，间接干扰了还原半反应率的准确性[7]。同时，精细化学品追根溯源都是由传统化石能源所分解生产的，所以从根本上并没有解决化石能源使用的问题。因此，探索牺牲电子路径单一、无毒、可再生类牺牲剂的研究很有必要。

玉米秸秆表面具有丰富的活性官能团和独特的孔隙结构，使其在电子供给特性方面与传统醇类牺牲剂具有高度相似性。若采用玉米秸秆作为牺牲剂应用在光催化体系中，通过光激发释放大量自由电子，消耗光生空穴，可以有效地加快氧化还原反应速率，保证还原产物的单一性。通过规模化消纳废弃玉米秸秆可实现资源化利用：其表面活性官能团凭借独特的单一电子供给路径，兼具绿色节能、安全无毒等显著优势，如图 1-1 所示。

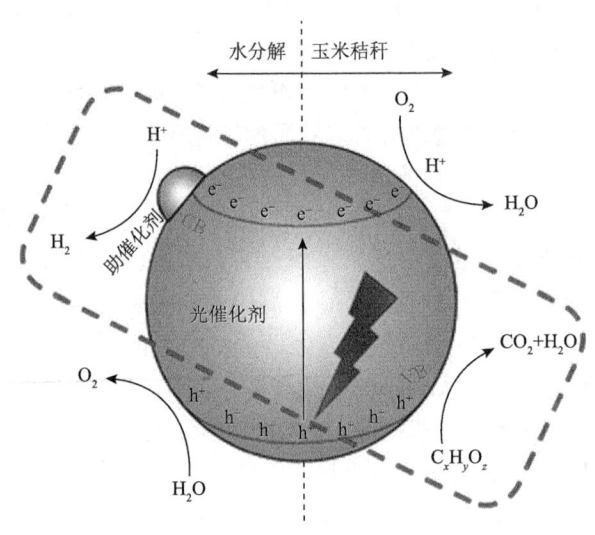

图 1-1　以玉米秸秆为牺牲剂的光催化分解水制氢反应体系

为树立与践行习近平总书记提出的"绿水青山就是金山银山"的发展理念，同时响应国家对可持续发展的倡导，寻求经济、高效和环保的制氢方法已经成为我国科技创新的前沿领域。

若能同时利用太阳能和生物质能，采用光催化的方法制取氢气，有望同时解决农业废弃物资源化利用和化石能源危机两大问题。然而，现阶段以玉米秸秆作为牺牲剂参与光催化反应研究存在作用机理尚不明确、制氢性能较差的缺点，阻碍了利用秸秆作为牺牲剂的光催化制氢体系从实验研究走向工业化应用的进程。

因此，有必要在太阳光驱动下，对天然玉米秸秆进行有效、合理的改性，以不同的处理方式将其复杂的结构简单化，并通过实验与理论计算研究其不同组分对光催化制氢性能的影响及相应的作用机理，为高效利用生物质能、太阳能和绿色生产氢气提供理论指导。

玉米秸秆与太阳光催化体系结合的方式，不仅为其他同类农业废弃物(如小麦秸秆、水稻秸秆和木屑等)的合理回收和利用提供研究新思路，而且提供一种经济、环保的制氢工艺，对环境的治理以及对氢能的开发和太阳能的利用具有理论价值和实际意义。

1.2 光催化分解水制氢研究现状及发展趋势

1972 年日本学者 Fujishima 和 Honda[8]首次报道了以二氧化钛(TiO_2)为光阳极的光电化学电池并以紫外光照射光阳极使 H_2O 分解为 H_2 和 O_2，如图 1-2 所示，这预示着人们可以利用太阳能这一地球上最丰富的能源，通过光催化分解水这种经济环保的工艺而获得最清洁的燃料——H_2。

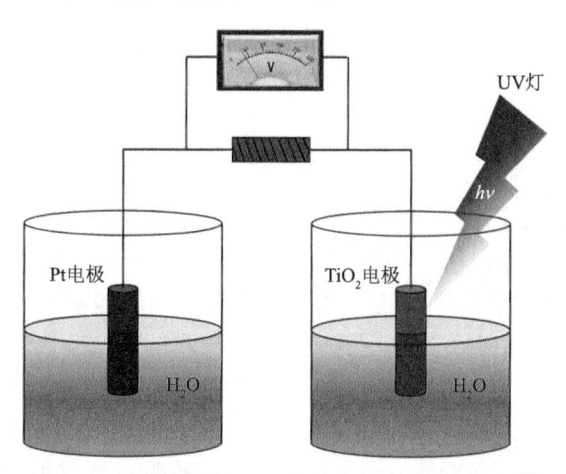

图 1-2　紫外光照射 TiO_2 电极光解水装置示意图[8]

太阳能光催化分解水制氢的原理主要是利用半导体材料(光催化剂)的光电效应，通过光子($h\nu$)使半导体外层处于稳态的价带电子(valence band electron)跃迁至激发态，变为导带电子(conduction band electron)，产生了光生电子-空穴对，合称为光生载流子。光催化剂常采用半导体材料，在光照射条件下，价带(VB)

电子受激发跃迁至导带(CB)，激发的电子(e^-)和空穴(h^+)迁移至催化剂表面，在助催化剂协助下，将水分解为 H_2 和 O_2[9]。光催化分解水制氢反应的前提条件有两个：①光与催化剂相互作用过程中，光子能量需要大于催化剂的禁带宽度，方可将价带电子激发到导带成为自由电子[10]；②H_2O 分解在化学反应中是"上坡"过程，需要外界输入能量来克服势垒(1.23 eV)[11]。催化剂价带顶和导带底位置必须同时满足 O_2/H_2O 和 H_2/H^+ 的电位，如式(1-1)~式(1-3)所示。

$$H_2O(l) \longrightarrow H_2(g) + \frac{1}{2}O_2(g) \quad \Delta G_m^\ominus = 237 \text{ kJ/mol} \tag{1-1}$$

$$E_{ox} > 1.23 \text{ eV} \quad (vs. \text{ NHE, pH} = 0) \tag{1-2}$$

$$E_{red} < 0 \text{ eV} \quad (vs. \text{ NHE, pH} = 0) \tag{1-3}$$

光催化制氢氧化还原反应由半导体推动的两个半反应组成。首先，当半导体光催化剂吸收光子能量超过其带隙值时，其价带电子被激发至导带，形成光生电子-空穴对，使 H^+ 接受电子产生 H_2；同时，价带上由于电子跃迁产生空穴，需要电子供体，发生氧化反应，如式(1-4)和式(1-5)所示。水常作为电子供体，在此过程中产生氢气。但是，电子转移需要高电离电位，限制了催化反应时长[12]。

$$H^+ + e^- \longrightarrow \frac{1}{2}H_2 \tag{1-4}$$

$$h^+ + OH^- \longrightarrow \cdot OH \tag{1-5}$$

光催化分解水反应过程具体可分为四个阶段，如图 1-3 所示，包括：①半导体在光辐照条件下发生电子-空穴对分离，即光生载流子产生的过程；②光生载流子迁移到颗粒表面被半导体捕获；③自由载流子与被捕获的载流子重新结合；④界面间电荷转移，发生氧化还原反应。以分解水的方式制取 H_2，对于太阳能的利用来讲是绿色环保的，但水分解反应需要克服较高的能垒，因此，合理制备高效的光催化剂作为太阳能与氢能的转换器至关重要。此后的数十年间，相关领域学者在光催化分解水方向的研究进展突飞猛进。人们在光电催化分解水、多相光催化分解水、新型光催化剂研发和光催化剂合成设计等方面的研究都取得了显著的进步。光催化制氢将不稳定的、能量密度低的太阳能以绿色环保的方式转换为稳定的、环保的、高热值的氢能，是一种极具前景的制氢方案，已经成为制氢研究领域中的一大热门研究方向，受到国内外学者的广泛关注。

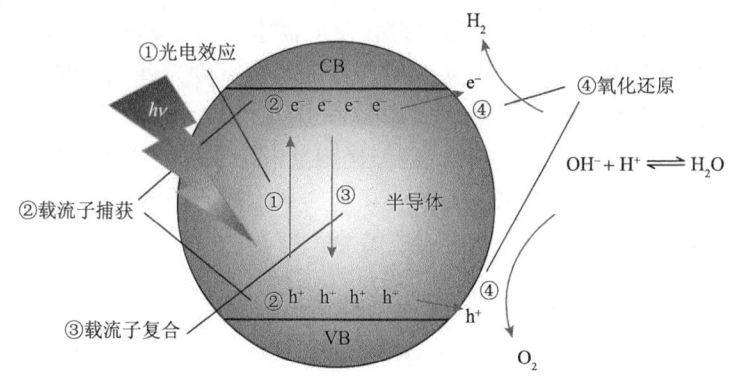

图 1-3 光催化分解水制氢机理

光催化分解水制氢反应为吸能反应，所需标准摩尔吉布斯自由能为 237.2 kJ/mol，等同于每个电子转移所需能量至少为 1.23 eV。许多半导体材料都满足上述先决条件，如氧化钛、氧化锌、硫酸镉和氧化钨等，这些材料通常用于光催化水分解制氢中，但它们会导致各种环境问题，因此研究者一直在寻找绿色可持续循环利用的有效替代品。研究发现，一些非金属光催化剂光催化分解水制氢性能与金属光催化剂相比几乎相同。光催化反应中光催化半导体材料的带隙宽度至少为 1.23 eV，其导带底位置负于 H^+/H_2 的还原电位，而价带顶位置正于 O_2/H_2O 的氧化电位。

制约光催化剂吸光强度的主要因素为禁带宽度，若该值过低，则光生电子的能量不足以将水还原；若过高，则光吸收波段范围变窄。如何实现太阳能的有效利用，发展具有宽谱、高性能的光催化材料是目前光催化研究的重点，包括两个方向：一是通过修饰已有光催化剂，拓展其光响应范围，减少光生电子和空穴的再结合；二是发展新型碳基光敏光催化剂。围绕光催化玉米秸秆制氢这一主题，对光催化剂、生物质牺牲剂、玉米秸秆改性处理及太阳光驱动催化制氢这几方面的研究现状进行分析总结。

1.2.1 光催化剂

目前为止，几乎所有高效的光催化制氢所采用的催化剂均为半导体材料，如 TiO_2、硫化镉(CdS)、石墨相氮化碳($g\text{-}C_3N_4$)等。但单一组分的半导体光催化剂在光辐照下会发生光生电子对的快速复合，这种现象会造成制氢效率的大大降低。为了获取更高的光氢转换效率(solar to hydrogen, STH)，人们通过将两种及两种以上的高催化性能的材料复合并形成具有高迁移率的结构，如异质结型半导体光催化剂和 Z 型半导体光催化剂等，构建这种高速通道可以大幅降低光催化剂的光生电子-空穴复合率，提高电子传递效率，进而提高光催化分解水反应的速率。

传统半导体材料能带结构满足光催化反应需求，但是其较宽的带隙限制了其对紫外光以外的光能的吸收，其中 TiO_2 作为高禁带宽度光催化剂的典型代表，广泛应用在光催化废水处理、消毒、分解水制氢等领域。但是，TiO_2 较高的禁带宽度限制其大规模应用，为了优化传统光催化剂反应性能以便实现大规模工业生产，已经有研究者做了很多工作来调整带隙和增加光生载流子的寿命，如微观形貌调控、离子掺杂、贵金属沉积、构建异质结等。

1. 微观形貌调控

微观形貌对光催化材料的孔隙结构、比表面积以及晶体完整度都有很大的影响，高效光催化剂不仅有好的带隙结构，适合的微观形貌也是影响光催化活性的重要因素之一。因此，光催化材料的微观形貌结构调控，已成为光催化制氢领域的热点研究之一。

现阶段，微观形貌调控改性方法呈现多样化发展，主要包括水热法、单一微波振动法、单一超声振动法以及多手段组合改性法等。在制备复合材料过程中，通过改变反应环境，如 pH、反应周期、反应温度、振动频率等参数，选择掺杂比表面积较大的生物质模板等方式，合成出表面光滑、孔道疏松多孔、晶面结构稳定的高效光催化材料。

介孔材料由于其大的比表面积和均匀孔道结构，应用在复合材料中，可以提高材料的分布、扩散、吸附等性能，进而提高复合材料光催化活性，是当前研究的重点。随着农业废弃物资源化利用所衍生的生物炭技术的不断发展，越来越多研究者将单一半导体光催化材料负载于比表面积大、孔隙率高的生物炭上作为增大复合光催化材料微孔结构的重要手段。Shan 等[13]采用光催化技术处理卡巴西平药用废水。在可见光照射下，以芦苇中提取的生物炭为基质，将 Fe_3O_4/BiOBr 异质结光催化剂负载其上。Fe_3O_4/BiOBr/BC 催化剂光催化分解卡巴西平效率与单纯催化剂相比提高 95%，且受 pH 影响较小。Fe_3O_4 导带上产生的 e^- 可以转移至 BiOBr 导带，与 O_2 反应生成超氧阴离子自由基。BiOBr 价带上 h^+ 迁移到 Fe_3O_4 价带与 H_2O 反应，转化为羟基自由基。整个反应在生物炭基质上完成，由于其独特的电负性及吸附性，避免了光生电子-空穴对的复合，提高了光催化效率。Wei 等[14]将生物炭作为光催化材料 Bi_2WO_6 的载体，研究其对超氧阴离子自由基活性的影响。与此同时掺杂 N、S 元素，增大了复合材料孔隙结构，使废水中的四环素和六价铬[Cr(Ⅵ)]吸附其中，阻止了 Bi_2WO_6 的凝聚。

为了增强半导体光催化材料微孔结构的稳定性，通常在生物炭中添加磁化元素，如 Fe、Ni 等。Wang 等[15]研究磁化生物炭修饰 Bi_2WO_6，处理氧氟沙星和环丙沙星废水。通过热合成法制备了 Bi_2WO_6/Fe_3O_4/生物炭材料，依托于生物炭较大的比表面积及孔隙率，加速了大分子有机物的解聚。被磁化后的生物炭作为负载体与半导体光催化材料耦合，拓宽了光催化反应受外界条件限制的范围，增大了复合催化材料表面张力，提高了吸附性能，但Fe、Ni等磁性元素的加入在一定程度上削弱了复合催化材料的表面活性。碳基材料多孔改性替代磁性元素修饰可以有效改善复合催化剂的光稳定性。Dang等[16]制备出碳纤维耦合钛酸纳米管的复合材料，以多孔性的石墨碳材料替代了Fe元素，解决了磁性元素带来的催化剂损耗问题，同时增加了半导体的吸附性。

2. 离子掺杂

纳米材料晶格中引入电子活性次级物质，即离子掺杂，会大大改变其结构和光学特性。在离子掺杂过程中，掺杂剂原子（金属和非金属）被掺入晶体结构，取代原有晶体结构中相似离子半径的金属离子，从而改变其物理性质（结晶度、微晶尺寸、颜色）、带隙能和光生电子-空穴对复合速率。以离子掺杂种类不同，将离子掺杂分为非金属离子掺杂、金属离子掺杂和共掺杂三大类。

由于传统半导体材料热稳定性差、改性成本高以及电子-空穴对复合率高，研究者采用非金属元素修饰半导体材料，改变晶体材料的光响应范围。非金属掺杂是通过非金属元素取代晶格氧实现的。这可以归因于半导体价带边缘的杂质态，它们不充当电荷载流子，将其替代为非金属元素不改变半导体材料本身导电特性。Kadam等[17]在ZnO中掺杂碳、氮和硫元素，实现了光催化水分解反应。王敏等[18]以玉米秸秆为生物模板，采用溶胶-凝胶法将N掺杂在$BiVO_4$中，$BiVO_4$中部分O被N取代，增加了氧空位，禁带宽度出现变窄趋势。

过去的几十年中，已经对金属（如Fe、Ni、Cr、Mo、Ag、V、W、Ru、Ce、Rh、Mn、Cu等）阳离子掺杂晶体材料进行了大量研究。在禁带带隙中引入杂质离子，充当电子受体或供体，提高了光响应范围。光活性主要是阳离子性质、浓度、掺杂方法和反应条件的函数。

金属离子掺杂光催化剂可促使其表面产生丰富的活性位点。掺杂具有d_n($0<n<10$)电子构型的过渡金属离子，通过减少禁带宽度来调整带隙，使其拓宽光能吸收范围。在不同的过渡金属中，低成本的Cu元素表现出良好的金属离子掺杂活性。Cu、CuO_2、CuO、$Cu(OH)_2$作为负载在传统催化剂上的助催化剂，可以有效提高光催化制氢效率。CuO作为p型半导体，其带隙较窄（1.7~2.2 eV），光吸收系数较高。掺杂金属离子可以改变催化材料晶面间距，但极易造成元素混淆并出现二次污染问题。Bashiri等[19]采用溶胶-凝胶法制备Cu/TiO_2光催化材料，研究表明在CuO_2和CuO共存的条件下，光催化活性最好。Udayabhanu等[20]通过一锅热合成法制备出CuO/TiO_2复合光催化材料，提高了光催化降解亚甲基蓝效率。然而，Cu元素往往会被还原或氧化，在不改变化学价态的情况下，影响光催化析氢活性的主要因素尚不清楚。

但是单独的金属离子或非金属离子掺杂剂存在作为电荷载流子重组复合中心的可能，进而导致光催化活性急剧下降现象。因此，近年来，研究者发现改变晶体材料的物理化学和光学性质可以采用双金属或非金属-金属掺杂剂和三掺杂剂的共掺杂策略。共掺杂可以将缺陷带钝化，使得掺杂的金属或非金属离子不再充当电子-空穴对复合中心。由于协同效应，共掺杂改变了半导体材料从紫外到可见光区域吸收边缘，同时，半导体材料的比表面积和微晶尺寸也得到了优化，延缓了晶体相变和载流子复合，大大提高了复合材料光催化性能。在离子共掺杂中，通常金属离子的作用是协助电荷载流子分离，非金属离子有助于转移半导体材料从紫外到可见光区域的吸收边缘，导致复合材料带隙变窄。

3. 贵金属沉积

贵金属沉积是增强传统半导体材料光催化活性的方法。金属沉积在光催化剂表面，由于它们的费米能级低于半导体材料，在与半导体材料界面处，构建了具有不同势垒高度的异质结，可发生电子转移，改善电荷分离，延长光生电荷载流子寿命，最终提高了光分解水速率。贵金属不仅具有出色的活化能力和分子化学吸附性，而且在还原水分子或氢质子方面具有更低的过电位。光催化剂和贵金属之间强耦合是发生高效电荷载流子迁移的基本要求。常用的贵金属及其衍生物，如 Au、Ru、Pt、Pd、Rh、Ag、PtS 和 RhP 等，已被确定可以充当电子汇，加速电子转移。

4. 构建异质结

通过开发一种异质结光催化剂，将两种具有合适导带和价带的半导体结合在一起，在异质结表面上分离电荷载流子，提高光生电子转移效率。半导体之间形成的异质结主要分为Ⅰ型、Ⅱ型、Ⅲ型、Z 型、S 型、p-n 结和 R 型[21]。基于能带排列形成的异质结差异，成对半导体能带电位所产生电荷转移效率不同，在Ⅰ型、Ⅱ型和Ⅲ型异质结中可以观察到不同间隙类型的电子转移机制。

基于异质结光催化剂的能带构型不同，Ⅱ型异质结光催化剂中还原型光催化剂的导带电位偏低，而氧化型光催化剂的价带电位偏低。因此，电子的转移将从较高的导带电位处移动到较低的价带电位处，而空穴则从较高的价带电位处移动到较低的导带电位处以进行氧化还原反应。p-n 结表现出与Ⅱ型相同的能带结构和位置。

S 型异质结和 Z 型异质结中能带电位位置与Ⅱ型和 p-n 结电位不同。与之相反，该体系中还原型光催化剂的导带电位比氧化型光催化剂的导带电位更高，而氧化型光催化剂的价带电位高于还原型光催化剂的价带电位。因而，电子是从能带电位较低的导带转移到能带电位较高的导带进行还原反应。Vu 等[22]制备出

N,C,S-TiO$_2$/WO$_3$/rGO Z 型异质结光催化剂。在 S 型异质结中，氧化和还原型光催化剂都应为 n 型半导体。这些异质结的构建中带正电和带负电的界面形成内部电场，有助于光生电荷的分离。

5. 新型光催化剂石墨相氮化碳

石墨相氮化碳(g-C$_3$N$_4$)是典型的非金属高分子半导体，由于其具有较高的理化稳定性、独特的可见光响应灵敏性、电子能带结构窄等多种优点，目前在能量转换、储存和环境修复等方面受到广泛关注。原始 g-C$_3$N$_4$ 由于电荷载流子复合率高、电导率低、λ>420 nm 位置可见光吸收无响应等缺点，不能在实际应用中得到有效利用。为了解决这一问题，g-C$_3$N$_4$ 被调控为 0D(量子点)、1D(管、棒)、2D 和 3D 结构。优化块状 g-C$_3$N$_4$ 的光学特性、氧化还原活跃位点数量和扩散距离已成为研究热点之一。Truca 等[23]首先将 Nb 掺杂到 TiO$_2$ 晶格中，降低 TiO$_2$ 带隙能量，然后 Nd/TiO$_2$ 与 g-C$_3$N$_4$ 结合形成 Z 型结构的 Nd/TiO$_2$/g-C$_3$N$_4$ 复合材料，其具有较高的光催化性能。Monga 等[24]采用快速一步微波辅助法合成了 MoS$_2$/g-C$_3$N$_4$ 复合材料，其表面存在丰富的活性位点。

近年来，通过表面超声或酸碱改性处理，制备出新型二维(2D) g-C$_3$N$_4$ 纳米片结构。与传统块状 g-C$_3$N$_4$ 相比，2D g-C$_3$N$_4$ 纳米片比表面积大，但氧化电位较低。研究人员对 g-C$_3$N$_4$ 进行了大量的改性实验，如通过形貌调控提高比表面积、掺杂异质结缩小带隙宽度等。目前，已合成多种基于 2D g-C$_3$N$_4$ 纳米片的异质结复合光催化剂，如 2D WO$_3$/g-C$_3$N$_4$、g-C$_3$N$_4$/CdS/NHCs、g-C$_3$N$_4$/Fe^0(1%)/TiO$_2$/WO$_3$、WO$_3$/MoO$_3$/g-C$_3$N$_4$ 等。基于 WO$_3$ 的 n 型宽带隙半导体特性，WO$_3$ 与 g-C$_3$N$_4$ 结合形成异质结研究较为普遍。关于 g-C$_3$N$_4$/WO$_3$ 的异质结光催化剂相关文献很多，例如，Han 等[25]研究了 2D g-C$_3$N$_4$/WO$_3$ 异质结光催化剂加速电子传递，与单独 g-C$_3$N$_4$ 相比，制氢效率提高了 6 倍。虽然 g-C$_3$N$_4$/WO$_3$ 的光催化性能与单独半导体相比显著提高，但是对可见光的响应能力、电子-空穴对分离效率、g-C$_3$N$_4$ 纳米片电子转移速率、稳定性及表面可用活性位点仍可进一步增强。为提高 g-C$_3$N$_4$/WO$_3$ 异质结光催化剂活性，将半导体催化剂和碳材料结合形成杂化纳米结构，成为新型复合光催化材料研究的新领域。碳球作为常见的碳材料，具有导电性好、热化学稳定性高、比表面积大、来源广泛、易于制备等优势。刘翀等[26]利用碳球修饰 g-C$_3$N$_4$，改善了光生载流子的分离。

1.2.2 助催化剂

用于光催化制氢的催化材料一般分为 A 和 B 两部分，A 材料一般称为催化剂(catalyst)，B 材料一般称为助催化剂(co-catalyst)。催化剂 A 在光辐照条件下最外层电子跃迁至导带作为具有一定还原性的自由电子，留下的空穴具有一定氧化性，特定的氧化还原电位可以为光催化制氢或降解反应提供热力学条件；助催化剂 B 在与 A 紧密结合的条件下，可以快速捕获水中 H$^+$和跃迁至导带的自由电子，促进二者结合产生 H$_2$ 的同时，也大大降低了光生载流子的复合率。

目前，助催化剂所采用的材料来源分为贵金属和非贵金属。其中，贵金属材料主要包括金(Au)、银(Ag)、铂(Pt)和钯(Pd)等元素的单质，该类助催化剂具有高性能、高稳定性、高成本等特点。金属助催化剂的开发有效地提高了光催化产氢催化剂的产氢效率，但是仍旧面临生产成本高和部分过渡金属单质稳定性差的问题。过渡金属硫化物以其适宜的禁带宽度、独特的电学和光学性质以及较高的析氢催化活性等优点引起了研究者的广泛关注，近些年相继出现了各种过渡金属硫化物作为助催化剂修饰的复合半导体光催化剂。金属氧化物和氢氧化物也常被用作助催化剂以提高光催化材料的性能，它们的作用类似于金属硫化物助催化剂。金属氧化物助催化剂和半导体间的电荷转移能够在界面处形成内建电场，驱动载流子的分离。

非贵金属材料主要包括过渡金属元素氧化物或硫化物，如四氧化三钴(Co$_3$O$_4$)、二硫化钨(WS$_2$)、硫化镍(NiS)和氧化铁(Fe$_2$O$_3$)等，该类助催化剂具有来源广、种类多、成本低等特点。选择不同的原料或不同的合成方法制备的助催化剂表现出差异巨大的光催化性能。相比于贵金属而言，非贵金属材料具有更大的开发潜力和研发价值，是目前该研究领域的前沿和热门课题。同时，研究者在材料合成设计与优化方面也进行了大量深入的研究，如将 Pt 负载于 TiO$_2$、NiS 负载于 g-C$_3$N$_4$ 等[27]。由于大多数的助催化剂禁带宽度过窄，其本身并不能替代光催化剂进行催化过程，因此，合适的负载量与结合力形式是合成高性能复合催化剂的关键。助催化剂的分散性及其与光催化剂的结合力种类以及表面形貌等因素对入射光吸收效率、电子传递效率都具有决定性影响作用。近年来，研究者采用光沉积、水热、煅烧等技术合成了纳米颗粒、空心球和纳米薄片等材料以提高其比表面积，通过调节材料的合成比例优化其光催化性能。

1.2.3 牺牲剂

随着光解水研究的深入，越来越多的方法被用于提高光解水制氢的效率，如催化剂形貌结构的改变、带隙的控制以及异质结的合成等。但是，无论催化剂的种类、结构和反应体系条件如何变化，牺牲剂作为电子给体的参与对于提升光催化产氢的效率都是一个十分直接且有效的方法。目前普遍存在的牺牲剂主要有小分子有机化合物、小分子无机物和天然生物质三类。

1. 小分子有机化合物牺牲剂

在目前公布的研究数据中，绝大多数光催化反应都需要牺牲剂作为电子供体。

通常，光催化制氢反应中使用的牺牲剂主要是小分子量的有机化合物，如甲醇、乙醇、异丙醇、乙二醇、甘油、三乙醇胺等。Kumaravel 等[28]以 P25 TiO$_2$、g-C$_3$N$_4$ 和 CdS 为光催化剂，研究了甲醇、乙醇、甘油、乳酸、葡萄糖、三乙醇胺等作为牺牲剂对催化作用的影响，发现葡萄糖和甘油是氧化物类光催化剂最合适的牺牲剂，三乙醇胺是碳化物、硫化物类光催化剂最合适的牺牲剂。Slamet 等[29]在甘油为牺牲剂的条件下，研究了 Pt 负载 TiO$_2$ 纳米管阵列作为催化剂的制氢效率，并且发现甘油作为空穴的氧化靶时，其能量需求低于水，从而起到了抑制电子和空穴复合的重要作用。Cao 等[30]研究了光沉积过程中使用牺牲剂对贵金属纳米粒子弥散性的影响，得出了 Pt 和 Au 在甲醇溶液中的实际负载量高于三乙醇胺溶液的结论。从这些报道中可以了解到，当小分子量的有机化合物作为牺牲剂时，光催化制氢的效果有了显著的提升。

2. 小分子无机物牺牲剂

在硫化物及其复合物充当催化剂进行光催化反应时，由于硫化物的光腐蚀性及禁带宽度等问题，加入有机物的制氢效果就不如使用一些无机物，一般使用 Na$_2$S/Na$_2$SO$_3$、H$_2$S 等无机物。

3. 天然生物质牺牲剂

除了被广泛报道的小分子有机物和无机物的牺牲剂外，近些年也有学者将一些生物大分子或具有高聚合度的生物分子作为牺牲剂进行了实验研究，并且取得了不错的成果。天然生物质在光催化反应体系中能够与光生空穴和由空穴氧化水分子或其他物质生成的羟基自由基（·OH）等活性氧物种发生氧化反应，这就使得生物质具有在光催化反应中消耗空穴的特点，使其在液相的光催化制氢反应中也可被认为以牺牲剂的形式参与了反应，从而提升了分解水制氢的速率。

Speltini 等[31]将纤维素作为牺牲剂制成悬浮液参与到光催化制氢的体系中，Pt/TiO$_2$ 作为催化剂，在紫外光的照射下研究了辐照时间、催化剂和纤维素浓度、体系 pH 对光催化制氢性能的影响。结果发现，纤维素参与后的制氢量是纯水的 10 倍。

Zhao 等[32]在 TiO$_2$ 表面引入微晶纤维素以增强催化剂稳定性，在模拟海水光催化制氢中，提高了催化剂稳定性。

Wakerley 等[33]报道了在碱性水溶液中使用 CdS/CdO$_x$ 量子点作为催化剂，木质纤维素通过光催化进行了重新整合并且在这一过程中产生了氢气。在他们的研究中，CdS/CdO$_x$ 量子点催化剂与木质纤维素牺牲剂的组合在 6 d 中均能稳定地产出氢气。而且在整个实验研究过程中未采用任何贵金属物质，从而降低了制氢成本。

Hao 等[34]提出利用超声波在 TiO$_2$ 表面引入硫酸盐物种以达到增加木质纤维素

溶解度的目的,实现了制氢速率提高的同时促进了木质纤维素的水解。

目前作为牺牲剂使用的无机物和小分子有机物基本都是精细化学品,它们的使用无疑增加了光催化分解水制氢的成本。而自然界中的天然木质素以及纤维素等物质大量储备在植物中,所以将农作物秸秆作为光催化的牺牲剂参与光解水制氢是十分值得关注的。

1.2.4 光源对光催化制氢影响因素

太阳光是地球万物赖以生存的能量之源,其直接照射地球的光辐射度可以达到 1353 kW/m², 对于人类生产和发展而言,太阳能是取之不尽用之不竭的。然而,人类目前对太阳能的利用率不超过 5%,在不久的将来随着科技不断进步,太阳能方向的研究也将有巨大的发展潜力。近年来,随着能源问题日趋严峻,研究如何将太阳能转换并存储为稳定的、高效率的能量是当前该领域研究的核心目标,而如何保证工艺的经济性、环保性和安全性也是尽早实现工业化应用不可回避的难题。

人为将太阳能转化为化学能制取太阳燃料的过程,被称为"人工光合成"(artificial photosynthesis),是模仿自然光合作用的重要举措[35]。人工光合成过程包括以下两个基本化学反应,如式(1-6)和式(1-7)所示:

$$2H_2O \xrightarrow{\text{光能}} O_2 + 2H_2 \tag{1-6}$$

$$H_2O + CO_2 \xrightarrow{\text{光能}} \text{有机物} + O_2 \tag{1-7}$$

光催化体系光源分为电光源和太阳能光源。电光源主要为紫外光光源、可见光光源、模拟太阳光光源等。光催化制氢领域主要采用紫外光、可见光作为光源。使用的激发光源大多属于强光光源(光强大于 1 W/cm³),如高压汞灯、氙灯等,这相当于自然环境中最强太阳光体系,然而真正的太阳光催化所利用光源强度较弱(小于 1 mW/cm³)。因此,要拓展太阳光催化制氢技术,首先需要研究光催化剂在弱光激发下制氢性能,扩大光催化剂吸收光谱范围。Takata 等[36]在模拟太阳光照射下,制备出 SrTiO₃:Al 复合材料,该材料对可见光波段能量的吸收效率较高。Yu 等[37]研究了低强度模拟太阳光和可见光照射下,光催化体系的不同机制。这种模拟太阳光光源虽然提高了光子利用效率,但仍存在运行成本高且无法真实反映出太阳光所有波段光波、辐照强度等问题。

目前,制约太阳能利用效率的主要因素为捕光效率、电荷分离效率和表面催化反应效率。因此,解决异相结分离机制、提高晶面间光生电荷分离效应、开发高效捕捉太阳光催化反应器是光催化技术大规模工业化生产亟待解决的主要问题。

太阳光主要分为三个波段,包括紫外光、可见光和红外光。光催化剂对光的吸收度的决定因素主要为半导体材料的禁带宽度。若禁带宽度值过低,则光生电

子的能量不足以将 H_2O 还原；若禁带宽度值过高，则对光吸收波段范围要求苛刻。因此，拥有合适的禁带宽度是具有优异制氢性能的光催化剂所必须满足的条件。

目前，对太阳能的利用在人类的生活中以及工业生产中仍处于发展初期，该领域部分研究所采用的装置、工艺或技术仍不成熟。对太阳能的利用方式多种多样，包括太阳能的光热利用、光电利用、光化利用和光生物利用。其中，光热利用是将太阳辐射能收集，通过与物质的相互作用转换成热能加以利用。光电利用的一种方式是利用太阳能进行光能-热能-电能转换，即利用太阳辐射所产生的热能发电，一般采用太阳能集热器将所吸收的热能转换为工质的蒸汽，然后由蒸汽驱动汽轮机带动发电机发电；另一种方式的光电利用基本原理是利用光电效应将太阳辐射能直接转换为电能，它的基本装置是太阳能电池。光化利用是一种利用太阳辐射能直接分解水制氢的光能-化学能转换方式。光生物利用是通过植物的光合作用来实现将太阳能转换成为生物质能的过程，目前主要有薪炭林、油料作物和巨型海藻等速生植物。光催化制氢无疑是一种清洁的制氢工艺，而现阶段大多数研究均采用氙灯、LED 等模拟光作为光源进行研究。这是因为采用模拟光为光源进行研究具有稳定性强、重复性好等优点，但模拟光与太阳光仍存在诸多细节差异，需要深入并全面地进行实验研究。以太阳光为光源用于光催化制氢的研究已有报道，但由于太阳光具有能量密度低、地域依赖性强、连续性差等特点，目前对太阳能催化制氢方向的研究仍有巨大的开发潜力。

1.2.5 生物质重整光催化分解水制氢

光催化分解水制氢反应所必需的条件包括光照、水和光催化剂。太阳光的辐照可以将半导体中的最外层电子分离为导带电子和价带空穴，助催化剂可以将导带电子快速转移并提升对水中游离氢离子(H^+)的吸附效率。而以纯水作为反应液的反应效率非常低，这是因为光催化剂在光照下产生的强氧化性的光生电子-空穴对会在没有充足电子供体的环境下发生快速复合和光腐蚀现象，若缺少提供电子的物质，光催化剂间的价带电子会将自身氧化，大大降低了光催化剂的寿命，这种现象称为光腐蚀现象。研究报道中采用的原料多为纯水与牺牲剂分别作为氢元素供体和自由电子供体。在高效光催化制氢反应体系的研究中，无论光催化剂的种类和反应体系中各参数如何变化，一种提升制氢速率的最直接、最有效的方法就是向反应体系中加入电子供体，通过不可逆地消耗具有强氧化性的光生空穴或吸附于催化剂表面的羟基自由基，可以显著提升反应体系中光催化分解水制氢反应的整体效率。

据相关文献报道，通过加入合适的电子供体(牺牲剂)可以显著提升光催化制氢效率。光催化制氢反应一般选用小分子有机物作为牺牲剂，如甲醇、乙醇、乳酸和三乙醇胺等，这类牺牲剂具有高效率、高纯度和高成本等特点，是目前光催化水分解制氢研究领域所用的热门牺牲剂。为了进一步提高反应体系的经济性，降低牺牲剂作为消耗品的成本，有研究报道了采用废弃生物质作为牺牲剂的替代物，如秸秆、动物排泄物等有机废弃物。相比于人工提纯物，选用生物质替代牺牲剂具有更经济、更环保和更可持续的优势，且具有更高的研究潜力和开发价值，但目前相关研究较少。

近年来，基于光催化重整木质纤维素类生物质的研究已有初步进展，农作物秸秆中的主要成分为木质纤维素，木质纤维素又可分为纤维素、半纤维素和木质素。研究者以木质纤维素类生物质为研究对象，将其加入光催化分解水反应中进行了性能和机理研究。

生物质重整往往是用于生产燃料，如氢气等。通常来说生物质重整制氢的反应可用式(1-8)来表示：

$$C_xH_yO_z + (2x - z)H_2O \longrightarrow (2x + y/2 - z)H_2 + xCO_2 \quad (1-8)$$

可以看出在水存在的重整反应中，生物质最终会被转化为 H_2 和 CO_2。但这一过程十分复杂，通常由多个反应步骤组成。以目前最普遍采用的水蒸气重整甲烷制氢反应为例，可以看到水蒸气重整主要由两步构成，第一步产生 CO，见式(1-9)，CO 又在第二步反应中转化为 CO_2，见式(1-10)。可以看出 CO_2 的生成[式(1-10)]是吸热反应，而之后的水煤气变换反应[式(1-11)]却只是一个轻微的放热反应，这使得整个水蒸气重整甲烷制氢的反应在标准状态下是一个非自发反应。

$$CH_4(g) + H_2O(l) \rightleftharpoons 3H_2(g) + CO(g) \quad \Delta G_m^\ominus = 150.8 \text{ kJ/mol} \quad (1-9)$$

$$CH_4(g) + 2H_2O(l) \rightleftharpoons 4H_2(g) + CO_2(g) \quad \Delta G_m^\ominus = 130.7 \text{ kJ/mol} \quad (1-10)$$

$$CO(g) + H_2O(l) \rightleftharpoons H_2(g) + CO_2(g) \quad \Delta G_m^\ominus = -20.1 \text{ kJ/mol} \quad (1-11)$$

受此启发，对于一些简单的有机物来说，如甲醇和乙醇，它们与水的重整反应也均是吸热反应，如式(1-12)和式(1-13)所示。这也意味着反应需要在高温下进行，造成一定的能耗。

$$CH_3OH(l) + H_2O(l) \rightleftharpoons 3H_2(g) + CO_2(g) \quad \Delta G_m^\ominus = 9.3 \text{ kJ/mol} \quad (1-12)$$

$$CH_3CH_2OH(l) + 3H_2O(l) \longrightarrow 6H_2(g) + 2CO_2(g) \quad \Delta G_m^\ominus = 97.4 \text{ kJ/mol} \quad (1-13)$$

当反应在高温下进行时，如乙醇的重整反应，有许多副反应发生，导致产物中除了 H_2 和 CO_2 外还存在 CH_4、H_2O 和 CO，造成目标产物选择性低的问题。上述问题也出现在生物质热解等工程技术的运用中。

光催化重整生物质作为上述问题的一种解决方案，其反应过程十分温和，最多只是轻微的吸热反应，对环境温度要求不高。此外，光催化反应理论上只利用太阳能，相当于用太阳能克服重整过程中的能垒，并将太阳能以化学能(氢气)的形式储存下来，同时光催化重整生物质的化学计量法对应的理论氢气量的热值高于其本身，这也说明了利用光催化重整生物质制氢的可能性和理论上的优越性。

光催化生物质重整的本质是生物质参与了氧化还原反应。在光催化反应过程中，光生空穴和由空穴氧化水分子或其他物质生成的羟基自由基等活性氧物种都具有强氧化能力，可氧化生物质分子使之重整分解。因此生物质具有在光催化反应中消耗空穴的特点，使其在液相的光催化重整生物质制氢反应中也可被认为以牺牲剂的形式参与了反应，从而提升了分解水制氢的速率。

在光催化反应初期，生物质的氧化反应大概可以分为两种：①吸附或化学吸附在光催化剂表面的反应物被光生空穴直接氧化；②物理吸附在催化剂表面的反应物被羟基自由基间接氧化。Chiarello等[38]通过利用 M/TiO$_2$(M=Au 或 Pt)作为光催化剂的气相光催化重整甲醇的实验得到了区分直接和间接氧化类型的一些理论分析，他们认为存在三种不同的反应机制：①直接由空穴完成氧化；②由羟基自由基间接完成氧化；③以水作为辅助的反应路径。这三种反应路径是同时进行的，当甲醇浓度高时，空穴直接反应是唯一的反应路径，但随着水的比例增加，以羟基自由基间接氧化为反应路径的比例也会上升，而当水的比例较高时，水的存在促进了质子的迁移，因此反应物的反应可能在溶液中进行，而并不在催化剂表面。

Sakata等[39]利用金属负载的 TiO$_2$ 作为光催化剂进行乙醇水溶液的光催化制氢实验。研究认为乙醇分子被空穴直接氧化生成乙醛和质子，质子被光生电子还原生成氢气，或者在空穴和羟基自由基的作用下脱氢生成甲醛。而不同催化剂和不同醇类的光催化重整制氢活性也各不相同。

对于常见的糖类，如葡萄糖、蔗糖等，也可作为牺牲剂参与光催化反应，在反应过程中进行重整。John等[40]研究了 Pt/TiO$_2$ 在葡萄糖水溶液中的光催化反应，分析发现在反应初期葡萄糖脱氢生成氢气及羟基等中间产物，最终被氧化成 CO$_2$。

另外，在重整木质纤维素反应条件下，研究催化剂优化合成方案也有初步进展。Rao等[41]研究了光催化重整木质纤维素替代牺牲剂，以单层 g-C$_3$N$_4$ 作为光催化剂的反应体系，该体系在可见光驱动的条件下表现出良好催化制氢性能。如图 1-4 所示，Zhang等[42]报道了将 TiO$_2$ 纳米颗粒锚定于纤维素表面，利用紫外光和全波段模拟太阳光将纤维素光催化分解成糖类和 CO$_2$ 的方法，通过紫外光辐照分解纤维素并实现了纤维素转换与制氢反应的同步进行。以木质纤维素类生物质替代牺牲剂的相关研究为光催化制氢领域提供了新策略，具备有效回收利用农业废弃物、制取清洁能源和工艺低能耗等优点，为进一步提高光催化制氢的经济性、环保性和可持续性提供了优化方案。

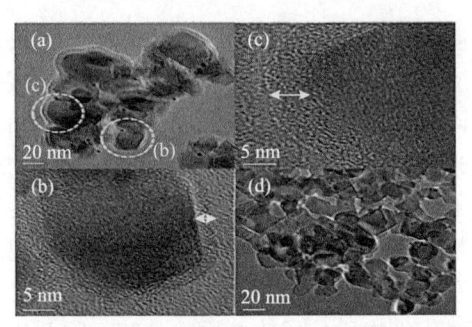

图 1-4 TiO$_2$ 纳米颗粒锚定于纤维素的微观形貌[42]

(a) TiO$_2$ 纳米颗粒锚定于纤维素的 TEM 图；(b) TiO$_2$ 纳米颗粒锚定于纤维素的 HRTEM 图[图(a)中(b)位置]；(c) TiO$_2$ 纳米颗粒锚定于纤维素的 HRTEM 图[图(a)中(c)位置]；(d) 纤维素的 TEM 图

作为我国分布最广、产量最高的废弃农作物，玉米秸秆中含有大量木质纤维素，其中包括纤维素、半纤维素和木质素。纤维素和木质素以框架形式存在于玉米秸秆中，而半纤维素在纤维素和木质素之间以混合物的形式将二者紧密相连[43]。玉米秸秆在以水为主要反应物的光催化制氢体系中会发生缓慢水解反应，降解为小分子糖类并作为电子供体直接参与光催化分解水反应。

2019 年，作者课题组[44]通过将玉米秸秆加入 Pt/TiO$_2$ 的悬浊分散液中，在紫外光照射下实现了光催化分解水制氢速率的提升。如图 1-5 所示，采用多种技术手段对玉米秸秆在光催化反应前后的结构特征变化进行了对比表征和分析讨论，通过单因素和正交实验研究了模拟光辐照时间、催化剂浓度、秸秆颗粒浓度和粒径等因素对制氢速率的影响规律并提出了可能的光催化机理。采用生物质如木屑、稻草、秸秆等农业废弃物替代牺牲剂成为近年来的前沿课题。研究天然玉米秸秆用于提升光催化制氢效率既有望解决对废弃秸秆处理目前存在的环境污染问题，也能大大降低牺牲剂的成本。

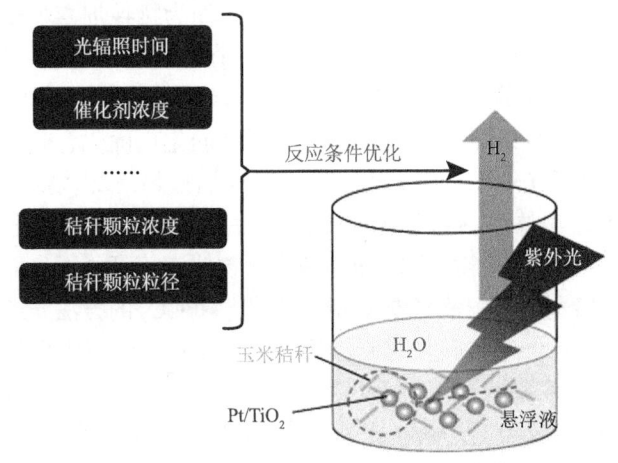

图 1-5 紫外光催化重整玉米秸秆分解水制氢反应条件优化[44]

1.3 存在问题及发展趋势

目前玉米秸秆在光催化制氢领域的研究主要分为光催化剂和牺牲剂两个方面。

一是光催化剂为主体的研究。采用的牺牲剂为高成本的小分子型有机溶剂，光催化制氢性能规律与牺牲剂的还原电位息息相关，研究结论多数不适用于以秸秆为牺牲剂的光催化体系，因此，有必要在秸秆作为牺牲剂的体系中改良光催化剂，得到适用于秸秆的光催化材料及其合成与优化方法。

二是牺牲剂的不同处理方法。不同农业固体废弃物预处理后效果各异，使用多种处理方法结合的组合法也成为目前研究的热点。

结合国内外研究现状，太阳光催化技术中，光催化剂合成与性能研究和改性玉米秸秆牺牲剂主要存在以下 5 个方面的问题及发展趋势。

1) 适用于以玉米秸秆为牺牲剂的光催化体系研究较少

虽然国内外关于牺牲剂的研究进展令人振奋，但详细的综合分析发现，在所报道的光催化材料中，仅有个别材料能在紫外光下使水完全分解，许多被声称能光解水成氢气的材料，实际上只能分别在电子给予体牺牲剂或电子接受体牺牲剂存在的条件下光解水产生氢气，并不能单独使纯水完全分解。外加的电子给予体牺牲剂，因具有比催化剂价带电位负得多的氧化还原电势，当体系受光照激发时易于俘获价带的光生空穴，以其"氧化牺牲"为代价换取光催化剂导带电子，实现 H^+ 到氢气的还原和保证催化剂自身不被氧化失活。同理，外加的电子接受体牺牲剂，因具有比催化剂导带电位正得多的氧化还原电势，当体系受光照激发时易于俘获导带的光生电子，以其"还原牺牲"为代价换取光催化剂价带空穴，实现水到氢气的氧化和保证催化剂自身不被还原失活。在可见光分解水研究中，几乎所有的催化剂只能在牺牲剂存在的条件下，才能获得氢气。所以，研究添加牺牲剂对光解水的影响，探究其作用规律，通过选择优良的牺牲剂提高产氢效率，具有重要的科学和实际意义。

然而，传统电子供体牺牲剂因反应中间体复杂、牺牲剂种类异质（如甲醇可引发中枢神经系统损伤、视觉功能障碍及代谢性酸中毒等毒性效应），加之表面分析技术在悬浮体系中的适用性受限，导致至今未能阐明其在光解水反应中的精确作用机制。为此，探寻安全、性能稳定且提供电子路径单一的新型绿色高效牺牲剂刻不容缓。

到目前为止，光催化制氢体系中，适用于玉米秸秆为牺牲剂的光催化剂仅有 TiO_2、CdS、ZnO。根据光催化理论，采用不同的合成与处理方法调整光催化剂的能带结构，优化其与玉米秸秆牺牲剂适配程度。

2）玉米秸秆及其水解产物作为牺牲剂的有效成分和作用机理尚不明确

目前，报道的关于玉米秸秆改性处理以提升光催化制氢性能为目标的研究较少，以玉米秸秆等生物质替代传统牺牲剂，可以在光催化制氢反应中发生水解反应并提高其制氢速率，但未经处理的生物质在反应中表现较差，这是因为木质纤维素的主要成分为纤维素、半纤维素和木质素的大分子有机化合物，将其直接作为反应物需要克服较高的能垒。通过对生物质牺牲剂进行改性或预处理则可能改变其组成成分或物理化学特性，增强其在光催化反应中的活性并提升光催化分解水制氢性能。由于相关领域研究者对其关注度不足，预处理的有效方法和光催化机理等研究尚不明确，该领域的发展停滞不前。因此，有必要进一步探索有效的改性处理方案，如采用酸碱处理方法加快生物质的水解过程，进而达到提升生物质牺牲剂在光催化分解水制氢反应体系中的作用效果，并揭示木质纤维素水解产物种类及其作为光催化制氢反应物的机理。

3）缺少玉米秸秆碳基衍生物复合催化剂、新型光催化剂应用于重整玉米秸秆相关研究

根据前述文献报道，玉米秸秆碳基衍生物与催化剂负载的复合催化材料仅有少数得到验证，且其制氢效果有限。由于相关领域研究的报道较少，研究者通过查阅文献获取的实验性经验和理论性指导信息十分有限。以现有的光催化理论知识作为指导，通过不同的合成与处理方法调整光催化剂的能带结构可以进一步优化其与玉米秸秆碳基衍生物的适配程度。因此，有必要通过大量实验探索规律并通过多种技术手段进行理论分析，研究不同的光催化材料或对已有报道的材料进行合成方案优化处理。以现有的有机溶剂为牺牲剂的光催化剂研究报道作为参考，采用不同的方案合成新型光催化剂，表征其制氢性能，进一步应用于玉米秸秆或其他木质纤维素类生物质的水解体系。有必要通过大量实验探索规律并通过多种表征技术进行相关机理分析，研究新型光催化材料或对已报道的材料进行合成方案优化处理，以提高催化剂克服木质纤维素大分子能垒的能力。

4）缺少玉米秸秆碳基衍生物光催化反应机理分析

根据光催化制氢理论和一些文献结果，到目前为止，光催化制氢体系中，玉米秸秆应用在光催化反应中的研究多以其生物模板作为光催化剂载体。而玉米秸秆碳基衍生物种类繁多，且衍生出的各种碳基材料理化特性不同。对成分结构复杂和聚合度高的玉米秸秆碳基衍生物在光催化反应过程中反应物、中间产物和生成物的研究仍需要不断深入。不同类型碳基衍生物如芳香族有机物、羟基化合物和羰基化合物等反应机理也不明确且各不相同，均存在副产物多且选择性低的情况。目前国内外对碳基复合材料光催化分解水制氢机理的研究相对较少，但其机理分析对实验的预测性指导和成果分析至关重要。因此，对其理论方面的研究仍需进一步探讨与分析。

5）针对自然太阳光驱动的催化分解水制氢影响因素研究较少

模拟光虽然具有诸多优点，但归根究底其能量来源于电能，并且在实际应用中，模拟光与自然光相比存在诸多细节差异。若要尽早实现光催化制氢的大规模应用，对如何利用自然太阳光进行研究是不可回避的问题。目前关于太阳能制氢装置的开发较少，而进一步地，如何使用装置将光催化反应体系应用于自然太阳光的相关研究也较少。对于人为可控的参数（如反应器温度、催化剂种类及浓度、牺牲剂种类及浓度、滤光设备、聚光设备等）或不可控的因素（如太阳光辐照强度、日照时间、天气晴阴等）对太阳光制氢的影响，以及在太阳光下与模拟光相比所需额外考虑的因素仍需要系统性的研究。

参 考 文 献

[1] Zhou Y L, Ye X, Lin D Y. Enhance photocatalytic hydrogen evolution by using alkaline pretreated corn stover as a sacrificial agent[J]. International Journal of Energy Research, 2020, 44(1): 4616-4628.
[2] 李梓木. 可抽提物对玉米秸秆水热预处理效果的影响研究[D]. 哈尔滨：哈尔滨工业大学, 2016.
[3] 于腾. 非金属改性玉米秸秆对光催化制氢性能影响的研究[D]. 吉林：东北电力大学, 2023.
[4] 毕于运. 秸秆资源评价与利用研究[D]. 北京：中国农业科学院, 2010.
[5] 叶校源. 酸碱处理对光催化重整玉米秸秆制氢的影响规律及机理[D]. 吉林：东北电力大学, 2020.
[6] Zinoviev S, Müller Langer F, Das P, et al. Next-generation biofuels: Survey of emerging technologies and sustainability issues[J]. ChemSusChem, 2010, 3(10): 1089-1089.
[7] Mendez C, Grossmann I, Harjunkoski I, et al. A simultaneous optimization approach for off-line blending and scheduling of oil-refinery operations[J]. Computers & Chemical Engineering, 2006, 30(4): 614-634.
[8] Fujishima A, Honda K. Photolysis-decomposition of water at surface of an irradiated semiconductor[J]. Nature, 1972, 238(1): 238-245.
[9] Vattikuti S V P, Devarayapalli K C, Nallabala N K R, et al. Onion-ring-like carbon and nitrogen from ZIF-8 on TiO_2/Fe_2O_3 nanostructure for overall electrochemical water splitting[J]. Journal of Physical Chemistry Letters, 2021, 12(25): 5909-5918.
[10] Prabhakar V, Byon C. Highly crystalline multi-layered WO_3 sheets for photodegradation of Congo red under visible light irradiation[J]. Materials Research Bulletin, 2016, 84: 288-297.
[11] Wei P C, Wen Y, Lin K F, et al. 2D/3D $WO_3/BiVO_4$ heterostructures for efficient photoelectron catalytic water splitting[J]. International Journal of Hydrogen Energy, 2021, 46: 27506-27151.
[12] Omar A, Carrasco J, Ali M, et al. Fast in-situ-photodeposition of Ag and Cu nanoparticles onto $AgTaO_3$ perovskite for an enhanced photocatalytic hydrogen generation[J]. International Journal of Hydrogen Energy, 2020, 45(21): 9744-9757.

[13] Shan L, Zhao W, Xia Z, et al. Insight into enhanced carbamazepine photodegradation over biochar-basedmagnetic photocatalyst Fe$_3$O$_4$/BiOBr/BC under visible LED light irradiation[J]. Chemical Engineering Journal, 2019, 360(18): 600-611.

[14] Wei M, Lixun Z, Yang L. Facile assembled N, S-codoped corn straw biochar loaded Bi$_2$WO$_6$ withthe enhanced electron-rich feature for the efficient photocatalyticremoval of ciprofloxacin and Cr(VI)[J]. Chemosphere, 2020, 263(30): 127988.

[15] Wang Z, Cai X, Xie X, et al. Visible-LED-light-driven photocatalytic degradation of ofloxacin and ciprofloxacin by magnetic biochar modified flower-like Bi$_2$WO$_6$: The synergistic effects, mechanism insights and degradation pathways[J]. Science of the Total Environment, 2021, 764(10): 142879.

[16] Dang C, Sun F, Jang H, et al. Pre-accumulation and *in-situ* destruction of diclofenac by a photo-regenerable activated carbon fiber supported titanate nanotubes composite material: Intermediates, DFT calculation, and ecotoxicity[J]. Journal of Hazardous Materials, 2020, 400(2): 123225.

[17] Kadam S R, Mate V R, Panmand R P, et al. A green process for efficient lignin (biomass) degradation and hydrogen production via water splitting using nanostructured C, N, S-doped ZnO under solar light[J]. RSC Advances, 2014, 4(105): 60626-60635.

[18] 王敏, 牛超, 董占军, 等. 以玉米秸秆为模板制备 N 掺杂 BiVO$_4$ 及其可见光光催化性能[J]. 无机材料学报, 2014, 29(8): 807-813.

[19] Bashiri R, Mohamed N, Kait C, et al. Hydrogen production from water photo splitting using Cu/TiO$_2$ nanoparticles: Effect of hydrolysis rate and reaction medium[J]. International Journal of Hydrogen Energy, 2015, 40(18): 6021-6037.

[20] Udayabhanu N, Reddy L, Shankar M V, et al. One-pot synthesis of CuTiO$_2$/CuO nanocomposite: Application to photocatalysis for enhanced H$_2$ production, dye degradation & detoxification of Cr(VI)[J]. International Journal of Hydrogen Energy, 2020, 45: 7813-7828.

[21] Low J, Yu J, Jaroniec M, et al. Heterojunction photocatalysts[J]. Advanced Materials, 2017, 29(20): 1601694.

[22] Vu T P T, Tran D T, Dang V C. Novel N,C,S-TiO$_2$/WO$_3$/rGO Z-scheme heterojunction with enhanced visible-light driven photocatalytic performance[J]. Journal of Colloid and Interface Science, 2022, 610: 49-60.

[23] Truca N, Bach L, Hanh N. The superior photocatalytic activity of Nb doped TiO$_2$/g-C$_3$N$_4$ direct Z-scheme system for efficient conversion of CO$_2$ into valuable fuels[J]. Journal of Colloid and Interface Science, 2019, 540: 1-8.

[24] Monga D, Ilager D, Shetti N P, et al. 2D/2d heterojunction of MoS$_2$/g-C$_3$N$_4$ nanoflowers for enhanced visible-light-driven photocatalytic and electrochemical degradation of organic pollutants[J]. Journal of Environmental Management, 2020, 274: 111208.

[25] Han X, Xu D, An L, et al. WO$_3$/g-C$_3$N$_4$ two-dimensional composites for visible-light driven photocatalytic hydrogen production[J]. International Journal of Hydrogen Energy, 2018, 43: 4845-4855.

[26] 刘翀, 刘丽来, 聂佳慧. 高活性碳球修饰 g-C$_3$N$_4$ 的制备及光催化性能[J]. 高等学校化学学

报, 2018, 39(7): 1511-1517.

[27] Qian X, Peng W, Huang J. Fluorescein-sensitized Au/g-C$_3$N$_4$ nanocomposite for enhanced photocatalytic hydrogen evolution under visible light[J]. Materials Research Bulletin, 2018, 102: 362-368.

[28] Kumaravel V, Imam M, Badreldin A, et al. Photocatalytic hydrogen production: role of sacrificial reagents on the activity of oxide, carbon, and sulfide catalysts[J]. Catalysts, 2019, 9(3): 1404-1410.

[29] Slamet, Ratnawati, Gunlazuardi J, et al. Enhanced photocatalytic activity of Pt deposited on titania nanotube arrays for the hydrogen production with glycerol as a sacrificial agent[J]. International Journal of Hydrogen Energy, 2017, 42(38): 24014-24025.

[30] Cao S, Shen B, Huang Q, et al. Effect of sacrificial agents on the dispersion of metal cocatalysts for photocatalytic hydrogen evolution[J]. Applied Surface Science, 2018, 442: 361-367.

[31] Speltini A, Sturini M, Dondi D, et al. Sunlight-promoted photocatalytic hydrogen gas evolution from water-suspended cellulose: A systematic study[J]. Photochemical & Photobiological Sciences, 2014, 13(10): 1410-1419.

[32] Zhao Z, Li W, Wang Y, et al. Introducing microcrystalline cellulose to reinforce the stability of anatase TiO$_2$ for photocatalytic hydrogen production from simulated seawater[J]. International Journal of Hydrogen Energy, 2025, 109(14):1055-1063.

[33] Wakerley D W, Kuehnel M F, Orchard K L, et al. Solar-driven reforming of lignocellulose to H$_2$ with a CdS/CdO$_x$ photocatalyst[J]. Nature Energy, 2017, 2(4): 17021-17030.

[34] Hao H, Zhang L, Wang W, et al. Facile modification of titania with nickel sulfide and sulfate species for the photoreformation of cellulose into hydrogen[J]. ChemSusChem, 2018, 11(16): 2810-2817.

[35] 李仁贵, 李灿. 太阳能光催化分解水研究进展[J]. 科技导报, 2020, 38(23): 49-61.

[36] Takata T, Jiang J, Sakata Y, et al. Photocatalytic water splitting with a quantum efficiency of almost unity [J]. Nature, 2020, 581: 411-415.

[37] Yu S, Han B, Lou Y, et al. Rational design and fabrication of TiO$_2$ nano heterostructure with multi-junctions for efficient photocatalysis[J]. International Journal of Hydrogen Energy, 2020, 45(53): 28640-28650.

[38] Chiarello G L, Ferri D, Selli E. Effect of the CH$_3$OH/H$_2$O ratio on the mechanism of the gas-phase photocatalytic reforming of methanol on noble metal-modified TiO$_2$[J]. Journal of Catalysis, 2011, 280(2): 168-177.

[39] Sakata T, Kawai T. Heterogeneous photocatalytic production of hydrogen and methane from ethanol and water[J]. Chemical Physics Letters, 1981, 80(2): 341-344.

[40] John M, Furgala A, Sammells A. Hydrogen generation by photocatalytic oxidation of glucose by platinized N-TiO$_2$ powder[J]. The Journal of Physical Chemistry, 1983, 87: 801-805.

[41] Rao C, Xie M, Liu S, et al. Visible light driven reforming of lignocellulose into H$_2$ by intrinsic monolayer carbon nitride[J]. ACS Applied Materials & Interfaces, 2021, 13(37): 44243-44253.

[42] Zhang G, Ni C, Huang X, et al. Simultaneous cellulose conversion and hydrogen production assisted by cellulose decomposition under UV-light photocatalysis[J]. Chemical

Communications, 2016, 52(8): 1673-1676.
- [43] Liu Q, Wang F, Jiang Y, et al. Efficient photoreforming of lignocellulose into H_2 and photocatalytic CO_2 reduction via In-plane surface dyadic heterostructure of porous polymeric carbon nitride[J]. Carbon, 2020, 170: 199-212.
- [44] 周云龙, 叶校源, 林东尧. 在紫外光下以玉米秸秆为牺牲剂提升光催化分解水制氢[J]. 化工学报, 2019, 70(7): 2717-2726.

第 2 章 制氢方法及玉米秸秆特性

近年来，国内外制氢相关领域的研究从原料的选材到工艺设计优化均取得了巨大的进展。多种传统制氢技术均已实现工业化应用，而光催化制氢相关领域的实验研究与实际应用之间仍存在较大差距。农业秸秆表面具有丰富的活性官能团、独特的孔隙结构，在光催化处理废水、制氢领域具有潜在的应用价值。例如，以农业秸秆作为生物模板制备复合光催化材料、以其衍生物生物炭作为光催化剂载体，可促使光生电子在其内部大孔道内转移，提高光催化降解废水中有机物速率。在分解水制氢应用中，一方面，农业秸秆表面活性官能团具有较强还原性，在光催化反应中消耗空穴，降低光生电子-空穴对的复合率，提高制氢效率；另一方面，秸秆内部木质素、纤维素发生生物质重整，消耗空穴，产生清洁能源氢气。围绕光催化重整玉米秸秆制氢这一主题，本章将论述氢制备方法、农业秸秆的组成及其特性，以期为资源化利用农业固体废弃物提供参考。

2.1 氢气的制备方法

氢气可以转化为电能并取代内燃机中直接使用的化石燃料，被视为最有前途的能源载体之一。同时，氢气也被认为是一种绿色或清洁能源，可以被视为一种可持续能源载体。氢能应用广泛，包括用于发电、供暖系统和运输的燃料电池。事实上，许多汽车制造商正在探索氢燃料电池汽车并作为汽油动力汽车的潜在替代品。此外，氢气也被视为通过储存多余的能源，用来缓解向太阳能和风能等可再生能源过渡的一种方式。随着氢能技术研究的深化，其将在推动可持续发展的绿色未来中发挥关键作用[1-3]。因此，制氢方法是获得高产氢量和更高效率的关键研究领域。制氢方法包括蒸汽甲烷重整（SMR）、部分氧化、自热重整、氨分解、电解、生物法制氢、生物质气化、光生物分解水、光电化学分解水和等离子体重整等[4,5]。受成本、能源效率、环境影响和原料可用性等因素的影响，每种制氢方法都有其独特的优点和缺点。表 2-1 为制氢方法的优缺点对比。

表 2-1 制氢方法对比分析表

方法	优点	缺点
蒸汽甲烷重整	目前最便宜、最成熟的工业规模氢气生产方法，具有节能高效的优势	依赖化石燃料，特别是天然气，作为其主要原料。该过程还会产生大量的副产品如二氧化碳，从而导致气候变化
部分氧化	与 SMR 相比，提供更高的氢气收率，原材料选择灵活，可与碳捕获技术集成，以减轻对环境的影响	产生副产品如一氧化碳和二氧化碳，除非采用碳捕获和储存（CCS）技术，否则会导致温室气体排放。由于该过程需要高温，因此消耗大量能源
自热重整	与部分氧化相比，氢气产量更高，使其在制氢方面效率更高。生产的合成气使其适用于各种下游工艺，包括甲醇合成	产生副产品如二氧化碳，导致温室气体排放。需要大量的能量输入才能达到并保持高温，从而影响其整体能源效率
氨分解	在不排放二氧化碳的情况下，生产氢气的潜在方法，使其成为一种环保的方法。氨的高氢含量，使其成为氢气储存和运输的潜在载体	反应条件严苛，需高温下进行，整体效率受外界环境影响大，对催化剂依赖性较强，使其成为复杂且昂贵的制氢方法
电解水制氢	一种绿色的制氢方法，因为它可以由太阳能或风能等可再生能源提供动力。该过程不会产生任何有害的副产品，因此非常环保[6]	需要大量能量才能运行，因此效率低于 SMR。该过程所需的设备可能很昂贵，这可能会推高氢气生产的成本
生物法制氢	通过使用可再生生物质原料的微生物工艺生产，使其成为一种潜在的可持续方法	目前的生物氢生产率相对较低。由于工艺复杂性和对环境因素敏感，需要仔细控制条件和特定微生物的生长。需要进一步研究以提高效率并克服技术挑战，如转换效率低，并保持厌氧系统以防止氧气进入系统
生物质气化	生物质气化是一种可再生且可持续的制氢来源，使用木材、农业废弃物或食物垃圾等有机废弃物作为来源。该过程还会产生其他有价值的副产品，如生物炭，可用作土壤改良剂	生物质气化的效率不如 SMR 或电解，而且氢气的产率低于这些过程。该过程的控制和操作可能更具挑战性，因为它需要严格监测温度和压力
光生物和光电化学分解水	这两种方法都是绿色的制氢方法，因为它们可以使用太阳能作为主要能源。这些过程不会产生任何有害的副产品，非常环保	这两种方法目前都处于实验阶段，尚未有效地扩大规模用于工业生产。该过程需要昂贵的设备，这可能会增加制氢的价格
等离子体重整	使用可再生原料时，有可能生产绿色氢气。可以使用多种原料，包括天然气、沼气、生物质和废料。高效地将碳氢化合物转化为氢气，不会排放二氧化碳	由于该过程需要大量电力来产生和维持等离子弧，因此需要大量能源，这可能会影响其成本。由于极端温度和等离子体控制，涉及具有挑战性的工程和操作要求。该方法目前仍处于开发的早期阶段，需要进一步研究和优化

2.1.1 蒸汽甲烷重整制氢

蒸汽甲烷重整（steam methane reforming，SMR）是一种广泛使用的氢气生产方法，它将甲烷（通常来自天然气）与蒸汽在高温下反应生成氢气和 CO_x。使用温度范围为 700~1100℃，压力为 20~30 bar（1 bar=10^5 Pa）。反应发生在含有催化剂（通常是镍）的重整容器内，以促进反应。SMR 方法中涉及的化学反应如式

(2-1)~式(2-3)所示。

$$\text{重整反应：} \quad CH_4 + H_2O \longrightarrow CO + 3H_2 \quad (2\text{-}1)$$

$$\text{水煤气变换：} \quad CO + H_2O \longrightarrow CO_2 + H_2 \quad (2\text{-}2)$$

$$\text{气体净化：} \quad CO + 3H_2 \longrightarrow CH_4 + H_2O \quad (2\text{-}3)$$

2.1.2　部分氧化法制氢

部分氧化过程中，碳氢化合物燃料(通常是天然气或液态碳氢化合物)与少量的水反应，产生氢气、一氧化碳和二氧化碳。这种放热反应发生在高温下，通常温度高于700℃，并在指定的重整器或反应器内进行。这个过程的产物是一种被称为合成气或合成气的混合物，主要由氢气和一氧化碳组成。为了提高氢气产量，合成气可以通过水煤气变换反应进一步精制。式(2-4)~式(2-6)显示了部分氧化法中涉及的化学反应。

$$\text{重整反应：} \quad CH_4 + H_2O \longrightarrow CO + 3H_2 \quad (2\text{-}4)$$

$$\text{水煤气变换：} \quad CO + H_2O \longrightarrow CO_2 + H_2 \quad (2\text{-}5)$$

$$\text{气体净化：} \quad CO + 3H_2 \longrightarrow CH_4 + H_2O \quad (2\text{-}6)$$

2.1.3　自热重整法制氢

自热重整采用了一种创新工艺，它结合了SMR和部分氧化的方法制备氢气。该过程包括碳氢化合物原料与氧气或空气和蒸汽的受控混合物反应。反应温度通常在800~1000℃，并存在催化剂以促进反应。这种方法使部分氧化和SMR反应同时发生，为吸热蒸汽重整过程提供所需的热量。主要产物为氢气和一氧化碳。自热重整方法涉及的化学反应如反应式(2-7)~式(2-10)所示。

$$\text{重整反应：} \quad CH_4 + 2H_2O \longrightarrow CO_2 + 4H_2 \quad (2\text{-}7)$$

$$\text{部分氧化：} \quad CH_4 + H_2O \longrightarrow CO + 3H_2 \quad (2\text{-}8)$$

$$\text{水煤气变换：} \quad CO + H_2O \longrightarrow CO_2 + H_2 \quad (2\text{-}9)$$

$$\text{气体净化：} \quad CO + 3H_2 \longrightarrow CH_4 + H_2O \quad (2\text{-}10)$$

2.1.4　氨分解法制氢

氨分解法涉及氨热分解成氮气和氢气的过程。该反应为吸热反应，因而需要能量输入，反应温度在 500~900℃。在此过程中，需使用催化剂加快反应速度。该过程的化学反应可以用方程式(2-11)表示。

$$2NH_3 \longrightarrow 3H_2 + N_2 \qquad (2-11)$$

2.1.5 生物法制氢

生物制氢技术主要通过微生物代谢有机底物催化产氢反应。该过程通常依赖于厌氧微生物，如某些细菌或微藻菌株，它们可以在没有氧气的情况下发酵有机材料或生物质。在发酵过程中，这些微生物分解有机化合物并产生氢作为代谢副产物。

2.1.6 生物质气化法制氢

生物质气化法是将生物质或有机材料(如农业废弃物或木材)转化为合成气的气体混合物的过程。生成的合成气由氢气、一氧化碳、二氧化碳和其他成分组成。在气化炉中，生物质被加热，发生热解反应并分解成合成气。在无氧条件下，通常在 700~1200℃的高温条件下发生反应。所得合成气成分通常由 18%~25%的一氧化碳、12%~15%的氢气、3%~5%的甲烷以及少量的其他气体(如氮气和二氧化碳)组成。

生物质制氢主要包括两种方法，一是生物法，通过产氢微生物，如厌氧发酵制氢和光合生物制氢，该方法具有原料成本低、能耗低等优势，但对反应条件要求苛刻，且存在工艺复杂、产率低和稳定性差等问题。二是热化学法，通过施加外界影响或给予条件变化，促进生物质结构发生成煤、成油和成气等化学反应，转化为 CO、H_2 等产物[7]。该方法具有原料成本低、绿色环保等优势，但要求反应温度较高进而提高了能耗成本，并且热能的主要来源仍依赖于化石燃料[8]。综合生物质制氢的两种方法，具有原料可再生的优点，这符合环保与可持续发展的要求，但目前仍未得到大规模应用，主要原因在于工艺不成熟、反应条件苛刻和依赖不可再生资源等缺点[9-11]。

2.1.7 光生物分解水制氢

光生物分解水制氢涉及利用微生物(通常是某些类型的藻类或蓝藻)通过光合作用将太阳光转化为化学能[12]。通过一系列生化反应，利用太阳光将水分子分解成氢和氧。该过程需要仔细控制生长条件和光照强度，以最大限度地提高 H_2 生产。这种方法有望实现可持续制氢，尤其是在阳光充足且有水的环境中。

2.1.8 等离子体重整

等离子体重整过程使用等离子体(一种电离气体)将碳氢化合物或其他含碳材

料转化为氢气和一氧化碳气体[13,14]。该工艺是一种非热工艺，在高温下发生，通常高于5000℃，存在等离子弧或放电。高能等离子体分解原料中的碳氢键，从而产生富氢气体。

2.1.9 煤炭制氢

煤炭制氢的原理是以煤炭为还原剂，水蒸气为氧化剂，在高温下将碳转化为一氧化碳(CO)和氢气(H_2)为主的合成气，然后经过煤气净化、CO转化以及H_2提纯等主要生产环节生产H_2。煤炭可以经过各种不同的气化处理，如流化床、喷流床、固定床等实现煤炭制氢[15]。煤炭制氢的基本原理可用化学反应方程式表现出来，式(2-12)为煤制氢反应的吸热过程，式(2-13)为煤制氢反应的放热过程。但煤炭气化所必要的供热来源仍然是化石燃料，其产生的氢能实际来源于不可再生的化石能源，没有从根本上解决对不可再生燃料的依赖[16]。

$$C + H_2O + 热量 \longrightarrow CO + H_2 \tag{2-12}$$

$$CO + H_2O \longrightarrow CO_2 + H_2 + 热量 \tag{2-13}$$

2.1.10 电解水制氢

电解过程的工作原理是利用电流的能量将水分子解离成氢气和氧气。该方法在电解槽内进行，涉及正负工作电极，通常由铂或其他导电物质等材料制成[17]。电池内充满电解质溶液。当电流通过溶液时，电极会带电并吸引电解质中带相反电荷的离子。在阴极(即负极)，水分子被还原产生氢气和氢氧根离子，相反，在阳极(正极)处，水分子被氧化产生氧气和氢离子。反应式(2-14)和式(2-15)显示了发生在阳极和阴极的过程[18]。

$$阳极：\quad 2H_2O \longrightarrow O_2 + 4H^+ + 4e^- \tag{2-14}$$

$$阴极：\quad 2H_2O + 2e^- \longrightarrow H_2 + 2OH^- \tag{2-15}$$

电解水制氢中，水分子(H_2O)在电能推动下发生电化学反应，两分子的H_2O分解成两分子的H_2和一分子的O_2。电解水制氢是一种较为清洁的制氢技术，具有H_2纯度高、工艺简单和反应效率高等优点。但电解水制氢对纯水要求较高，若存在杂质会影响电解效率。同时，电解过程需要消耗大量的电能，而电能来源仍依赖于对不可再生资源化石燃料的能量转换，上述原因限制了该技术的大规模应用，又因成本较高，因此目前仅适用于小规模的高纯度制氢。

2.1.11 光催化分解水制氢

前文所述的制氢工艺仍存在制备成本高、不满足可持续发展需要和副产物对环境污染等问题，阻碍了当前制氢工业的合理发展和广泛应用。近年来，针对制氢工艺更经济、更环保、更可持续方面的优化研究已成为热点[19,20]。而完全利用可再生、清洁的资源并采用环保、低成本的制氢工艺获取 H_2 已成为极具发展潜力的研究方向[21]。

光催化分解水采用称为光催化剂的特殊材料，通过化学反应直接将太阳能转化为氢气。常用的半导体材料，如二氧化钛或二氧化硅，可以吸收太阳光并产生电子流，从而将水分子分裂成氢和氧[22]。

光催化分解水制氢技术主要基于半导体材料的光电特性实现能量转化。当入射光能量超过半导体带隙阈值时，电子从价带受激跃迁至导带，形成具有还原能力的自由电子和具有氧化作用的空穴对。这对载流子在助催化剂作用下分别迁移至表面活性位点，促使水分子裂解产生氢气和氧气[23]。该反应体系需要满足两个核心能级条件：一方面，光催化剂的导带最低能级大小必须低于 H^+/H_2 的还原电位(−0.41 V *vs.* NHE，pH=0)；另一方面其价带最高能级大小需高于 O_2/H_2O 的氧化电位(+0.82 V *vs.* NHE，pH=0)，从而形成驱动水分解的电位差[24]。

该技术本质上包含两个协同的电荷转移过程：导带电子通过质子还原生成氢气，而价带空穴则促使水氧化释放氧气。由于水氧化过程需要克服 1.23 eV 的热力学能垒，这就要求半导体材料具有足够宽的带隙（通常≥1.8 eV）[25]。虽然传统金属氧化物（如 TiO_2、ZnO）和硫化物（如 CdS）催化剂能满足基本要求，但其制备过程的环境负荷及材料毒性促使研究者转向开发新型环保催化剂。近期研究表明，部分有机半导体和碳基材料展现出与金属催化剂相当的析氢活性。

从能量平衡角度分析，水解反应的标准吉布斯自由能变化 $\Delta G^\ominus$ =237.2 kJ/mol，对应单个电子转移需提供 1.23 eV 以上的能量。光吸收效率与带隙宽度呈非线性关系：过窄的带隙(<1.8 eV)导致载流子还原能力不足，而过宽的带隙(>3.0 eV)则限制可见光响应范围。因此，优化半导体能带结构成为提升光能利用效率的关键，需要在保证足够氧化还原电势的前提下，通过元素掺杂或异质结构建来扩展光吸收边界。

对制氢方法的研究至关重要，因为它可以帮助确定最有效和最高效的制氢方法。目前，大多数氢气生产依赖于天然气等化石燃料，这会产生导致气候变化的碳的排放。通过研究和开发可替代的、更清洁的氢气生产方法，可以减少对化石燃料的依赖及其相关的环境影响。

2.2 秸秆基本特征

农作物种类主要分为粮食作物、经济作物、绿肥及饲料作物(紫云英、苜蓿等)。秸秆主要包括农作物的秆、茎、叶、壳、芯以及残渣等残余物，但不包括麦麸、饼粕等农副产品以及农作物的根部。玉米秸秆内部主要由纤维素、半纤维素、木质素、灰分及非结构性成分等组成致密的交联构型[26]，木质素包裹在纤维素和半纤维素外部，与半纤维素形成共价键[27]。在光催化领域，主要利用玉米秸秆的秆、茎、芯部位[28]。

2.2.1 玉米秸秆中木质素特性

木质素是玉米秸秆的主要组成部分，具有高芳香性。木质素占木质纤维素生物量的10%~25%，是生物圈中超过3000亿t芳香烃的主要可再生来源[29]。木质素是由三种苯基丙烷衍生物单体——对香豆醇、松柏醇和芥子醇——通过醚键(如对芳基醚、α-芳基醚)和碳碳键(如联苯结构、二苯基丙烷)交联形成的三维网状大分子。其分子结构中包含大量羟基、甲氧基等官能团，且因单体间复杂的连接方式，最终形成具有空间位阻大、官能团密集特征的聚合物。基于木质素高度交联性和无规则结构特性，其表面C—C键和C—O键表现出高热稳定性和化学稳定性，使得木质素对传统的物理、化学和生物降解方法都有抵御作用[30]。木质素可分解形成有价值的产品(如苯酚、苯、甲苯和二甲苯等)，为能源和化工产业提供可持续发展的碳原料。Mahmoud等[31]探究木质素解聚为酚类物质的方法，通过微波振动向氧化锌中添加氧化石墨烯(GO)制备纳米材料，利用GO的强还原电位，产生大量超氧阴离子自由基来还原木质素结构中氢键。虽然添加石墨烯保证了酚类物质的产生，但其还原性破坏了木质素表面结构[32]。Wudneh等[33]研究木质素在光催化降解中电化学效应，首先对木质素进行预处理，建立并优化光催化降解木质素反应模型，利用质谱-液相色谱法对所产生的木质素衍生物进行鉴定，实验研究证实了光催化与生物电化学可以有效结合，并为后续系统处理木质素化合物提供光催化＋电化学的新方法。

2.2.2 玉米秸秆中纤维素特性

玉米秸秆中纤维素具有亲水性、无毒、可生物降解、生物相容性、环保、低成本、易于衍生等特性[34,35]。但是纤维素具有复杂的晶体和非晶体交联结构，其内部分子的刚性链和分子内及分子间的强相互作用，使其具有难以熔化和溶解的特性[36,37]。近年来，纤维素改性技术和生物质模板技术在光催化领域的应用，拓宽了纤维素发展前景。以可循环利用的绿色碳材料及天然高分子纤维素为基体，将纤维素与碳材料结合，制备复合纳米材料，研究其在光催化反应中独特的性能。Zhong 等[38]探索纤维素的吸附稳定性能，制备出氨基交联和羧基螯合两性吸附剂。实验研究表明，两性吸附剂中氨基和羧基双官能团对单因素 Cu(Ⅱ)和 Cr(Ⅵ)的吸附最大值分别为 73.53 mg/g、227.3 mg/g，对 Cu(Ⅱ)和 Cr(Ⅵ)有共吸附特性。改性后的纤维素强化了吸附能力，广泛应用在印染废水后处理和脱毒处理中。Tursia 等[39]将低压氟等离子体掺入植物纤维素中，基于氟的功能化性质，将纤维素亲水性转变成超疏水性，改性后纤维素与传统吸附剂吸附能力接近，对碳氢化合物的吸附量为 270 mg/g。这种引入等离子体改变纤维素亲水性的方法虽然提高了吸附性能、孔隙体积，但破坏了纤维素中牢固的氢键结构，导致在外界压力增大的情况下，内部单体极易分解。

2.2.3 玉米秸秆碳基衍生物

玉米秸秆碳基衍生物（简称"玉米秸秆衍生物"）主要包括生物炭、活性炭、碳微球、碳纳米管以及类石墨烯等形式。通过热化学过程，采用热解、气化、水热炭化、球磨等方式提取出碳物质材料。Zhang 等[40]通过五年现场试验，分析我国东北地区软土水稳性团聚体的碳含量、玉米秸秆及其碳基衍生物对土壤中有机质和腐殖质的影响。研究表明，将玉米秸秆中提取的生物炭施用在土壤中，可以有效改善土壤现状，保证土壤软土性质。这种生物炭改良土壤主要原因为形成稳定的烷基碳和芳香族碳团聚体。玉米秸秆在不同的工艺条件下，提取的碳基材料理化性质不同。玉米秸秆碳基衍生物的独特碳材料结构，有利于其在光催化过程中改进催化剂活性[41,42]。

生物炭是一种结构疏松、性质稳定、富含碳的固体物料，其主要成分为木质素、纤维素和半纤维素等有机质，由于其制备环境为高温(500℃以上)，且处于厌氧或绝氧状态下，碳含量可被保存下来，并转化为固定碳形式[43]。基于生物炭表面含有大量的羟基、羧基等官能团，其表现出很高的吸附特性和高的阳离子交换量[44]。通过热解得到的生物炭可以作为催化剂载体和催化剂的阴极材料[45]。Li 等[46]以稻草为原材料，采用一步法制备生物炭，通过在生物炭中掺杂 Fe、N 元素改性过硫酸盐催化剂，Fe 元素掺杂使得生物炭表面自由基便于分离，反应产生的自由基(如·OH)更便于传输。Wu 等[47]通过生物炭光催化降解罗丹明 B，研究表明，在紫外光照射下，生物炭降解罗丹明 B 效率是在黑暗条件下的 3 倍，光催化效率提高得益于生物炭表面丰富的固体颗粒、石墨化组合结构的高效吸附性和 C=O 官能团高还原性。Meng 等[48]在可见光照射下，研究生物炭改性 g-C$_3$N$_4$ 光催化剂活性，在 g-C$_3$N$_4$ 结构中掺杂生物炭，保留了 g-C$_3$N$_4$ 聚合物骨架及键能，生物炭提供共轭电子系统，g-C$_3$N$_4$超薄结构缩短了光电子迁移速率，增大了光催化材料的比表面积。Zhao等[49]将FeO/Fe$_3$O$_4$包裹在生物炭上，以生物炭较大的比表面积为依托，有效去除盐酸氯四环素(CH)。结果表明，CH的降解速率主要通过Fe—O键以及溶液的pH控制，复合材料中羟基自由基和超氧自由基是CH降解的主要原因，如图2-1所示。

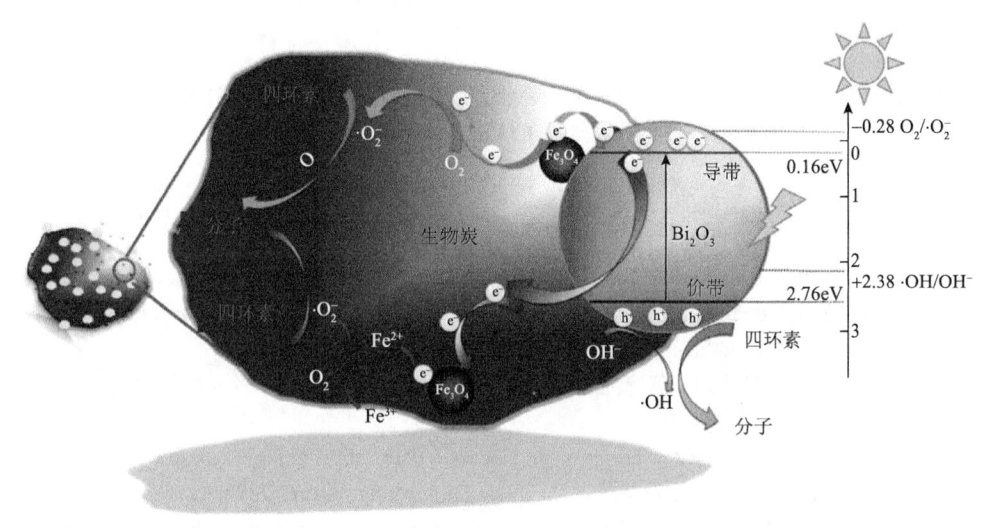

图2-1 可见光照射下双导电C/Fe$_3$O$_4$/Bi$_2$O$_3$复合光催化剂的电子−空穴对分离和输运过程[49]

Zhou等[50]通过多孔生物炭与零价纳米材料耦合，制备出生物炭/FeO复合材料，以降解水中重金属Cd的含量。研究表明，多孔生物炭吸附水中Cd(Ⅱ)，含氧官能团的络合导致Cd(Ⅱ)降解速率加快。Sherif等[51]在稻草秸秆中制备生物炭并将β-Ga$_2$O$_3$-TiO$_2$光催化剂负载其中，处理硝基苯酚废水。结果表明，复合材料β-Ga$_2$O$_3$-TiO$_2$带隙（2.95 eV）与单纯TiO$_2$、Ga$_2$O$_3$相比变窄，形成p-n异质结。在生物炭载体上，这种异质结促进了光催化过程中光生电荷迁移和分离，且空穴活性位点可以迅速氧化OH$^-$或H$_2$O形成强效羟基自由基，达到提高降解有机污染物目的。Ramesh等[52]通过水热法制备出TiO$_2$-石墨碳壳纳米复合材料，用于光催化制氢研究，石墨碳壳由于独有的比表面积及孔隙率特性，阻止了光生载流子的复合。

2.3 小　　结

到目前为止，适用于木质纤维素类生物质制氢体系的光催化剂已有报道，基于经济方面考虑，为降低制氢成本，人们采用废弃生物质作为牺牲剂的替代物加入光催化制氢反应体系，其中木质纤维素类生物质的作用效果显著。而针对木质纤维素的水解过程较为缓慢的问题,现阶段大部分研究均围绕如何利用化学、物理等方法将农业废弃物中的木质纤维素降解为小分子糖类或进行表面官能团活化改性。

参 考 文 献

[1] 谢继东, 李文华, 陈亚飞. 煤制氢发展现状[J]. 洁净煤技术, 2007(2): 77-81.

[2] 李庆勋, 刘晓彤, 刘克峰, 等. 大规模工业制氢工艺技术及其经济性比较[J]. 天然气化工, 2015, 40(1): 78-82.

[3] 王瑞兴, 钱春香, 袁晓明. 发酵制氢微生物与高效发酵途径的研究进展[J]. 环境科学与技术, 2013, 36(12): 90-99.

[4] Jakub M, Halina P, Norbert M. A Review of recent studies of the CFD modelling of coal gasification in entrained flow gasifiers, covering devolatilization, gas-phase reactions, surface reactions, models and kinetics[J]. Fuel, 2020, 271: 117620.

[5] 牟树君, 林今, 邢学韬, 等. 高温固体氧化物电解水制氢储能技术及应用展望[J]. 电网技术, 2017, 41(10): 3385-3391.

[6] Yang W, Chen S. Recent progress in electrode fabrication for electrocatalytic hydrogen evolution reaction: A mini review[J]. Chemical Engineering Journal, 2020, 393(1): 124726.

[7] Sun M, Lin D, Wang S, et al. Facile synthesis of $CoFe_2O_4$-$CoFe_x$/C nanofibers electrocatalyst for the oxygen evolution reaction[J]. Journal of the Electrochemical Society, 2019, 166: 412-417.

[8] 赵思语, 耿利敏. 我国生物质能源的空间分布及利用潜力分析[J]. 中国林业经济, 2019, 5: 1673-5919.

[9] 谭静. 煤气化、生物质气化制氢与电解水制氢的技术经济性比较[J]. 东方电气评论, 2020, 34(3): 28-31.

[10] 吴创之, 刘华财, 阴秀丽. 生物质气化技术发展分析[J]. 燃料化学学报, 2013, 41(7): 798-804.

[11] 张晖, 刘昕昕, 付时雨. 生物质制氢技术及其研究进展[J]. 中国造纸, 2019, 38(7): 68-74.

[12] Wang L, Du X, Xu L, et al. Numerical simulation of biomass gasification process and distribution mode in two-stage entrained flow gasifier[J]. Renewable Energy, 2020, 162: 1065-1075.

[13] Guo L, Chen Y, Su J, et al. Obstacles of solar-powered photocatalytic water splitting for hydrogen production: A perspective from energy flow and mass flow[J]. Energy, 2019, 172: 1079-1086.

[14] Hisatomi T, Domen K. Progress in the demonstration and understanding of water splitting using particulate photocatalysts[J]. Current Opinion in Electrochemistry, 2017, 2(1): 148-154.

[15] 郭烈锦, 赵亮. 可再生能源制氢与氢能动力系统研究[J]. 中国科学基金, 2002, 16(4): 210-212.

[16] 钱伯章. 煤炭气化的国内外技术进展述评[J]. 西部煤化工, 2007(2): 5-17.

[17] Chi J, Yu H. Water electrolysis based on renewable energy for hydrogen production[J]. Chinese Journal of Catalysis, 2018, 39(3): 390-394.

[18] 蔡昊源. 电解水制氢方式的原理及研究进展[J]. 环境与发展, 2020, 166(5): 129-131.

[19] Sun M, Zhou Y L. Photo-electrocatalytic synthesis of 2,5-furan dicarboxylic acid and hydrogen co-production from straw-based microcrystalline cellulose by a CdS/TiO$_2$-graphene composite catalyst[J]. Journal of Cleaner Production, 2024, 448: 141302.

[20] 林东尧. 光催化重整玉米秸秆分解水制氢性能研究[D]. 吉林: 东北电力大学, 2023.

[21] 孙萌. 玉米秸秆衍生物光催化材料的制备及其不同光源制氢性能研究[D]. 吉林: 东北电力大学, 2024.

[22] Zhou Y L, Lin D Y, Ye X Y, et al. Facile synthesis of sulfur doped Ni(OH)$_2$ as an efficient co-catalyst for g-C$_3$N$_4$ in photocatalytic hydrogen evolution[J]. Journal of Alloys and Compounds, 2020, 839(25): 155691.

[23] 周云龙, 林东尧, 叶校源, 等. 常见离子对玉米秸秆为牺牲剂的光催化制氢影响[J]. 化工学报, 2022, 73(2): 722-729.

[24] Zhou Y L, Lin D Y, Ye X Y. Reuse of acid-treated waste corn straw for photocatalytic hydrogen production[J]. Chemistry Select, 2022, 7(29): 1-9.

[25] Zhou Y L, Ye X Y, Lin D Y. One-pot synthesis of non-noble metal WS$_2$/g-C$_3$N$_4$ photocatalysts with enhanced photocatalytic hydrogen production[J]. International Journal of Hydrogen Energy, 2019, 44(29): 14927-14937.

[26] 曲亮. 尿素处理对玉米秸秆光催化制氢性能影响的研究[D]. 吉林: 东北电力大学, 2022.

[27] 朱明远. 超声波和碱液预处理对光催化重整玉米秸秆制氢效率研究[D]. 吉林: 东北电力大学, 2021.

[28] 周云龙, 叶校源, 林东尧. 在紫外光下以玉米秸秆为牺牲剂提升光催化分解水制氢[J]. 化工学报, 2019, 70(7): 2717-2726.

[29] 于腾. 非金属改性玉米秸秆对光催化制氢性能影响的研究[D]. 吉林: 东北电力大学, 2023.

[30] Sun M, Zhou Y L. Synthesis of g-C$_3$N$_4$/NiO-carbon microsphere composites for co-reduction of CO$_2$ by photocatalytic hydrogen production from water decomposition[J]. Journal of Cleaner Production, 2022, 357: 131801.

[31] Mahmoud M, Merlin A, Panagiotis T, et al. Graphene based ZnO nanoparticles to depolymerize lignin-rich residues via UV/iodide process[J]. Environment International, 2019, 125(19): 172-183.

[32] Lanlan Z, Muhammad A, Hafiz M A, et al. Photo-catalytic pretreatment of biomass for anaerobic digestion using visible light and nickle oxide (NiO$_x$) nanoparticles prepared by sol gel method[J]. Renewable Energy, 2020, 154(58): 128-135.

[33] Wudneh A, Lalman J A, Chaganti S R. Electricity production from lignin photocatalytic degradation byproducts[J]. Energy, 2019, 111: 774-784.

[34] 叶校源. 酸碱处理对光催化重整玉米秸秆制氢的影响规律及机理[D]. 吉林: 东北电力大学, 2020.

[35] Sun M, Zhou Y L. Preparation of corn straw hydrothermal carbon sphere-CdS/g-C$_3$N$_4$ composite and evaluation of its performance in the photocatalytic coreduction of CO$_2$ and

decomposition of water for hydrogen production[J]. Journal of Alloys and Compounds, 2023, 933: 167871.

[36] Dong Y D, Zhang H, Zhong G J, et al. Cellulose/carbon composites and their applications in water treatment: A review[J]. Chemical Engineering Journal, 2021, 405(1): 126980.

[37] Guo H, Chang Y, Lee D J. Enzymatic saccharification of lignocellulosic biorefinery: Research focuses[J]. Bioresource Technology, 2018, 252(98): 198-215.

[38] Zhong Q Q, Yue Q Y, Gao B Y, et al. A novel amphoteric adsorbent derived from biomass materials: Synthesis and adsorption for Cu(II)/Cr(VI) in single and binary systems[J]. Chemical Engineering Journal, 2013, 229(44): 90-98.

[39] Tursia A, De V N, Beneduci A, et al. Low pressure plasma functionalized cellulose fiber for the remediation of petroleum hydrocarbons polluted water[J]. Journal of Hazardous Materials, 2019, 373(88): 773-782.

[40] Zhang J J, Wei Y X, Liu J Z, et al. Effects of maize straw and its biochar application on organic and humiccarbon in water-stable aggregates of a mollisol in Northeast China: A five year field experiment[J]. Soil & Tillage Research, 2019, 190(56): 1-9.

[41] Lee Y, Terashima H, Shimodaira Y, et al. Zinc germanium oxynitride as a photocatalyst for overall water splitting under visible light[J]. Journal of Physical Chemistry C, 2007, 111(2): 1042-1048.

[42] Arai T, Senda S, Sato Y, et al. Cu-doped ZnS hollow particle with high activity for hydrogen generation from alkaline sulfide solution under visible light[J]. Chemistry of Materials, 2008, 20(5): 1997-2000.

[43] Zhou Y L, Ye X Y, Lin D. Enhance photocatalytic hydrogen evolution by using alkaline pretreated corn stover as a sacrificial agent[J]. International Journal of Energy Research, 2020, 44(6): 4618-4628.

[44] Quan X, Yang S, Ruan X, et al. Preparation of titania nanotubes and their environmental applications as electrode[J]. Environmental Science & Technology, 2005, 39(10): 3770-3775.

[45] Jing D W, Guo L J, Zhao L, et al. Efficient solar hydrogen production by photocatalytic water splitting: From fundamental study to pilot demonstration[J]. International Journal of Hydrogen Energy, 2010, 35(13): 7087-7097.

[46] Li X, Jia Y, Zhou M, et al. High-efficiency degradation of organic pollutants with Fe,N co-doped biochar catalysts via persulfate activation[J]. Journal of Hazardous Materials, 2020, 397(11): 122764.

[47] Wu D, Li F, Chen Q, et al. Mediation of rhodamine B photodegradation by biochar[J]. Chemosphere, 2020, 256(15): 127082.

[48] Meng L, Yin W, Wang S, et al. Photocatalytic behavior of biochar-modified carbon nitride with enriched visible-light reactivity[J]. Chemosphere, 2020, 39(1): 124713.

[49] Zhao N, Liu K, Yan B, et al. Chlortetracycline hydrochloride removal by different biochar/Fe composites: A comparative study[J]. Journal of Hazardous Materials, 2021, 403(111): 123889.

[50] Zhou L, Tong L, Zhao N, et al. Coupling interaction between porous biochar and nano zero valent iron/nano α-hydroxyl iron oxide improves the remediation efficiency of cadmium in

aqueous solution[J]. Chemosphere, 2019, 219 (19): 493-503.

[51] Younis S A, Amdeha E, El-Salamony R A, et al. Enhanced removal of *p*-nitrophenol by β-Ga_2O_3-TiO_2 photocatalyst immobilized onto rice straw-based SiO_2 via factorial optimization of the synergy between adsorption and photocatalysis[J]. Journal of Environmental Chemical Engineering, 2021, 9(1): 104619.

[52] Ramesh R, Bhargav. Low-cost TiO_2-graphitic carbon core/shell nanocomposite for depriving electron, hole recombination[J]. Materials Letters, 2019, 248(1): 105-108.

第3章　新型高效复合光催化材料的表征及制氢实验

通过多种表征手段分析所制备的新型高效复合光催化材料形貌、组成成分、结构特性、电化学性质等，探究不同碳基复合材料的光催化活性、光稳定性以及在不同光源强度下光催化分解水制氢性能，提出碳基复合材料光催化制氢机理，达到提高光催化制氢效率目的。本章着重论述材料的不同表征方式及光催化制氢制备方法。

3.1　光催化剂表征

1. X射线衍射技术

X射线衍射(X-ray diffraction，XRD)物相分析是基于多晶样品对X射线的衍射效应，对样品中各组分的存在形态进行分析测定的方法[1]。XRD的测定内容包括各组分的结晶情况、所属的晶相、晶体的结构参数、各种元素在晶体中的价态、成键状态等。此外，根据XRD数据还可以深入分析得到晶粒大小、介孔结构及缺陷结构等信息，是研究光催化剂微观结构的重要手段。定性分析是采用MDI Jade软件对比标准物相卡片鉴别晶体物质；定量分析的依据是各相衍射线强度随该相含量增加而增强。XRD分析用于表征 TiO_2、$g-C_3N_4$ 及其复合物[包括 TiO_2、Pt/TiO_2、$g-C_3N_4$、$Pt/g-C_3N_4$、$WS_2/g-C_3N_4$、$S-Ni(OH)_2/g-C_3N_4$]的晶体结构，并将峰值与标准谱图特征峰匹配。扫描角度范围：$2\theta=20°\sim80°$，扫描速率：$5°/min$。结晶尺寸由Debye-Scherrer公式计算，如下所示：

$$D=\frac{0.89\lambda}{\beta\cdot\cos\theta} \quad (3-1)$$

式中，D 为晶体尺寸；λ 为X射线波长；β 为衍射峰半宽比；θ 为布拉格角。

2. 电感耦合等离子体发射光谱技术

电感耦合等离子体(inductively coupled plasma，ICP)是通过将样品制成溶液经超雾化装置喷入等离子体炬，分解为激发态的原子或离子状态[2]。而激发态的粒子恢复为稳定的基态时要放出特定的能量，产生具有特定波长的光谱，将不同材料中含有的元素所具有的特殊谱线与标准溶液对比,可以得出元素种类及含量等信息。ICP 多用于对材料中已知金属元素的定量分析,也可用于定性分析。本书采用 ICP 技术分别表征 Pt/TiO₂ 中 Pt 元素与 Ti 元素的含量,得出不同组分的重量比,进而计算出 Pt 在采用光沉积法合成的复合材料 Pt/TiO₂ 中的负载量。

3. 傅里叶变换红外光谱技术

傅里叶变换红外光谱(Fourier transform infrared spectrum,FTIR)属于分子振动和转动光谱,主要涉及分子结构的有关信息。FTIR 的吸收频率、吸收峰的数目以及强度均与分子结构有关,峰强度与材料中极性键的含量有关,可用于表征已知甚至是未知物质的分子结构和官能团[3]。在 FTIR 表征结果中,不同的官能团具有其特定的吸收频率。FTIR 表征技术可广泛应用于有机物和无机物的定性和定量分析[4]。FTIR 技术可表征 g-C₃N₄ 体系催化材料的化学结构和官能团,包括 C=N、C—N 等,扫描范围为 4000~500 cm⁻¹。

4. X 射线光电子能谱技术

X 射线光电子能谱(X-ray photoelectron spectroscopy,XPS)技术是一种应用于对固体材料表面元素定性、半定量分析及元素化学价态分析的重要手段[5]。其原理是基于光电离作用,光子辐照到材料表面时可被其中的某一元素的原子轨道电子吸收,使该电子脱离原子核引力成为激发态的自由光电子。以特定的激发光能量辐照,其光电子的能量仅与元素的种类和电离激发的原子轨道有关,可根据光电子的结合能定性分析物质的元素种类[6]。XPS 技术表征对比 g-C₃N₄ 与 S-Ni(OH)₂/g-C₃N₄ 材料表面不同元素的价态、化学键种类等特性,如硫元素表面掺杂情况。以定性分析为主,分为全谱扫描和精细谱扫描,其中精细谱分别扫描 C、N、S、Ni 元素最外层电子轨道。

5. 透射电子显微镜及高分辨透射电子显微镜

透射电子显微镜及高分辨透射电子显微镜(transmission electron microscope and high resolution transmission electron microscope,TEM & HRTEM)以波长极短的电子束作为照明源,用电磁透镜聚焦成像的一种具有高分辨率、高放大倍数的电子光学仪器[7]。由 TEM 或 HRTEM 给出的图像信息,可以对材料的形貌结构、颗粒大小和分散性进行分析,而利用 HRTEM 可以获得晶胞排列信息,还能确定晶胞中原子的位置。本书采用 TEM 和 HRTEM 技术表征 WS₂/g-C₃N₄、S-Ni(OH)₂/g-C₃N₄ 材料的微观形貌、晶面间距及各组分间的异质结。

6. 紫外-可见漫反射光谱技术

紫外-可见漫反射光谱(UV-vis diffuse reflectance spectrum,UV-vis DRS)技术

广泛应用于固体材料分析和液体样品分析,以特定波段的入射光测定样品的漫反射光谱,通过绘制曲线分析样品对不同波段的光辐射的相对吸收度[8]。采用 UV-vis DRS 可以获知粉末或薄膜半导体材料对不同波段光的吸收度,也可根据 Tauc plot 等方法计算半导体材料的能带间隙,并联合电化学方法计算材料的能带结构。采用积分球作为附件表征固体材料的光学特性,利用该技术分别表征了 $WS_2/g-C_3N_4$、$S-Ni(OH)_2/g-C_3N_4$ 材料在紫外光波段和可见光波段的光吸收度曲线。

7. 稳态荧光光谱技术

稳态荧光光谱技术通常对于分子荧光检测以及光致发光材料的检测都具有较好的信号,其原理是物质吸收电磁辐射后受到激发,受激发原子或分子在去激发过程中再发射波长与激发辐射波长相同或不同的辐射[9]。当激发光源停止辐照试样以后,再发射过程立刻停止,这种再发射的光为荧光,也称为光致发光(photoluminescence, PL)。PL 光谱可用于表征半导体材料的缺陷能级和电荷分离迁移等光学特性。本书采用 350 nm 波长的入射光,通过对 $g-C_3N_4$、$WS_2/g-C_3N_4$ 材料的稳态 PL 光谱对比分析,间接获知设计合成的材料的光生载流子分离与迁移特性。

8. 扫描电子显微镜

扫描电子显微镜(scanning electron microscope, SEM)采用真空系统、电子束系统及图像处理系统,通过二次电子及后向散射等方式,获得待测试对象的形貌、成分、晶体结构等理化性质相关数据。检测仪器型号为 Hitachi Regulus8100,最大放大倍数为 20 万倍。

9. 全自动比表面及孔隙度分析 BET

全自动比表面及孔隙度分析 BET(fully automatic surface area and porosity analysis Brunauer-Emmett-Teller,BET)利用 BET 法对材料的比表面积和孔隙结构进行测量,以气体分子为"量具"测量材料的比表面积和孔隙结构,获得材料比表面积、孔体积、孔径分布以及吸附/解吸等参数。实验中材料为固态的粉末状。根据所添加氮气量和吸附等温线形状计算材料比表面积和孔隙结构。检测仪器型号为麦克 ASAP2460。

10. 电化学阻抗谱

电化学阻抗谱(electrochemical impedance spectroscopy,EIS)是一种对体系进行干扰的电信号,通过对反应状态进行监测,实现对体系电化学性能检测。在电化学阻抗分析中,电磁感应元件对电化学体系所产生的干扰电信号为低幅值交变电压,其对应的电压和电流的比率,也就是系统阻抗。电解液为 0.1 mol/L 的 Na_2SO_4 溶液,具体参数为高频 100 kHz,低频 0.01 Hz,振幅为 10 mV。

11. 电子顺磁共振

电子顺磁共振(electron paramagnetic resonance,EPR),也称电子自旋共振(ESR),是磁共振技术,是研究化合物或矿物中不成对电子状态的重要工具。可定性和定量检测样品原子或分子中不配对电子。检测仪器型号为 Bruker jsi-FA300,自旋捕获试剂为 5,5-二甲基-1-吡咯啉-N-氧化物(DMPO)。

12. 热重分析

热重分析(thermogravimetry analysis,TGA)是指在一定的升温/降温/恒温条件下,研究不同条件下试样随着温度和时间的变化而发生的变化。在不同气氛下,测定样品热稳定性和氧化稳定性。检测仪器型号为 TGA/DSC1,N_2 作为保护气体,温度范围 30~700℃,升温速率 15℃/min。

13. 飞秒瞬态吸收光谱

飞秒瞬态吸收光谱(femtosecond transient absorption spectrum,fs-TAS)借助英国爱丁堡公司生产的 LP980-K 瞬态吸收光谱仪进行测试,并用 410 nm 脉冲激光激发,深入分析样品中电子转移或能量转移的起源[10]。

3.2 电化学特性表征

电化学分析方法是应用电化学原理和技术,利用化学电池中被分析溶液的组成和含量与其电化学特性之间的关系而建立的一种分析方法,操作方法简便且应用广泛。电化学既可用于定性分析,也可用于定量分析。无论是有机物还是无机物、固相或液相样品,均可应用电化学分析方法进行表征。

本书中实验采用的电化学表征仪器为 760E 型电化学工作站的三电极体系,采用涂有催化剂的氧化铟锡(ITO)玻璃、Pt 片和银/氯化银(Ag/AgCl)电极分别作为工作电极、对电极和参比电极,所有电化学实验均在室温(25℃)下进行。以下分别说明工作电极的制备方法及表征参数等实验条件。

工作电极制备的具体步骤如下:

(1)配制 0.5 mol/L 的 Na_2SO_4 水溶液作为电解质;

(2)选用 PHS-3E 的 300 W 功率氙灯作为光源,在实验中保持照射并以最高功率工作(在光电流测试中以特定时间间隔进行循环式开闭);

(3) 称取 5.0 mg 粉末样品加入到含有 20 μL Nafion 溶液和 180 μL 乙醇的混合溶剂中并将混合分散液置于超声水浴 30 min；

(4) 待超声均匀后，抽取 40 μL 的(3)中得到的墨水状分散液涂覆于 1 cm×1 cm 的 ITO 玻璃电极，在 40℃下干燥 6 h 备用。

极化曲线采用线性扫描伏安(linear sweep voltammetry, LSV)法测量，LSV 法是应用广泛的电化学测试方法，通过在电极上施加线性变化的电压，即电极电位是随外加电压线性变化记录工作电极上的电解电流的方法。通过实验记录的电流随电极电位变化的曲线即为极化曲线。具体测试参数为：扫描电压-1.5～0 V；扫描速率 0.005 V/s；灵敏度 0.01 A/V。

3.3 玉米秸秆表征方法

1. 高效液相色谱

利用 0.22 μm 的水系滤膜过滤收集光催化反应前后的反应液。同时用超纯水配制葡萄糖、木糖、阿拉伯糖和纤维二糖的标准溶液，利用高效液相色谱(high performance liquid chromatography, HPLC)(岛津 LC-16)对以预处理后玉米秸秆和预处理滤液为牺牲剂的光催化反应体系的液相成分进行定性分析。具体 HPLC 分析条件如表 3-1 所示。

表 3-1 HPLC 分析条件

项目	色谱柱	
	SP0810	SH1011
检测器类型	示差检测器	示差检测器
流动相	超纯水	5 mmol/L 硫酸
流速/(mL/min)	0.7	0.7
柱温/℃	80	50
检测器温度/℃	60	50
进样量/μL	10	10
运行时间/min	20	20

2. 透射率

使用照度计 TES-1339 在对于反应器正下方 2 cm 处进行照度测量，每个实验条

件下分别测量 5 次,取平均值。透射率(transmissivity, T)由式(3-2)计算得到:

$$T = \frac{W_\mathrm{r}}{W_\mathrm{i}} \times 100\% \tag{3-2}$$

式中,W_i 为入射光通量,lx;W_r 为透过反应器后的光通量,lx。

3. 纤维素、半纤维素和木质素含量测定

玉米秸秆样品中的纤维素、半纤维素和木质素含量以 Van Soest 方法为基础进行测定。使用 F800 纤维测定仪(济南海能仪器股份有限公司)。

按照 GB/T 20806−2022 中的方法配制中性洗涤剂(3%十二烷基硫酸钠溶液):称取 18.6 g 乙二胺四乙酸二钠($C_{10}H_{14}N_2O_8Na_2 \cdot 2H_2O$)和 6.8 g 四硼酸钠($Na_2B_4O_7 \cdot 10H_2O$),放入 100 mL 烧杯中,加适量蒸馏水溶解,再加入 30 g 十二烷基硫酸钠($C_{12}H_{25}SO_4Na$)和 10 mL 乙二醇乙醚($C_4H_{10}O_2$);称取 4.56 g 无水磷酸氢二钠(Na_2HPO_4)置于另一烧杯中,加蒸馏水加热溶解,冷却后将上述两溶液转入 1000 mL 容量瓶定容。

按照 NY/T 1459−2022 中的方法配制酸性洗涤剂(2%十六烷基三甲基溴化铵溶液):称取 20 g 十六烷基三甲基溴化铵溶解于 1 L 1.00 mol/L 硫酸溶液中,搅拌溶解。

磷酸盐缓冲溶液配制:将 38.7 mL 浓度为 0.1 mol/L 的磷酸氢二钠溶液与 61.3 mL 浓度为 0.1 mol/L 的磷酸二氢钠溶液混合,配制成 100 mL 的磷酸盐缓冲溶液(0.1 mol/L,pH 为 7.0)。

2.5% α-高温淀粉酶溶液配制:称取 2.5 g α-高温淀粉酶溶于 100 mL pH 7.0 的磷酸盐缓冲溶液中,离心,过滤,收集滤液备用。

测试过程:用旋风磨将玉米秸秆粉碎,过 40 目筛;称取干燥样品约 1 g(记为 M)放入带有灰化好硅藻土的坩埚内,将坩埚安装于纤维测定仪。向消煮管内添加 100 mL 中性洗涤剂,并由仪器消煮管口处加入 0.2 mL 淀粉酶溶液,在微沸状态下消煮 60 min,消煮后抽滤并洗涤数次至无气泡。用丙酮和石油醚在冷浸提装置中对样品洗涤,反复抽滤 3 次后放入真空干燥箱内,以 130℃烘干 2 h,冷却称量得质量 M_1。接下来进行酸性洗涤剂(100 mL)消煮,微沸状态下消煮 60 min,抽滤并洗涤数次至无气泡。放入真空干燥箱内,以 130℃烘干 2 h,冷却称量得质量 M_2。用 12 mol/L 的硫酸溶液消解样品 3 h 后抽滤,并洗涤至中性放入真空干燥箱内,以 130℃烘干 2 h,冷却称量得质量 M_3。在马弗炉中 550℃下灰化 2 h,冷却称量得质量 M_4,如式(3-3)~式(3-5)所示计算。

$$半纤维素含量 = \frac{M_1 - M_2}{M} \times 100\% \tag{3-3}$$

$$纤维素含量 = \frac{M_2 - M_3}{M} \times 100\% \tag{3-4}$$

$$木质素含量 = \frac{M_3 - M_4}{M} \times 100\% \tag{3-5}$$

式中，M_1 为 130℃烘干后坩埚及试样中性洗涤剂消煮后残渣质量，g；M_2 为 130℃烘干后坩埚及试样酸性洗涤剂消煮后残渣质量，g；M_3 为 130℃烘干后坩埚及试样硫酸消解后残渣质量，g；M_4 为灰化后样品残渣质量，g；M 为试样质量，g；

4. 含水率的测定

使用的铝制称量皿在 105℃下干燥 4 h 后在干燥器中冷却降至室温后，称重得到质量 W_0，称取 2 g 左右的玉米秸秆样品放入称量皿中，称量得质量 W_1，在 105℃下干燥 1 h 后在干燥器中冷却降至室温后，称量得质量 W_2，精确到 0.1 mg。反复这一操作直至质量变化小于±0.1%，按照式(3-6)计算含水率。

$$含水率 = \frac{W_1 - W_2}{W_1 - W_0} \times 100\% \tag{3-6}$$

5. 灰分的测定

秸秆灰分根据《固体生物燃料——灰分含量的测定方法》(DD CEN/TS 14775：2004)进行测定。将一个空灰皿在马弗炉中以 550℃下保持 1 h。取出灰皿在干燥器中冷却至室温，称量得质量 m_1。放置约 2 g 样品于灰皿底部，称量后得质量 m_2，精确到 0.1 mg。将装有样品的灰皿放入马弗炉，以 5℃/min 的升温速度，升至(550±10)℃，保持 2 h。取出灰皿且在干燥器中冷却至室温，称量得质量 m_3。按照式(3-7)计算灰分含量。

$$灰分 = \frac{m_3 - m_1}{m_2 - m_1} \times 100\% \tag{3-7}$$

6. 固体回收率的测定

固体回收率的计算按照式(3-8)：

$$固体回收率 = \frac{预处理后样品的质量}{预处理前样品的质量} \times 100\% \tag{3-8}$$

3.4 实验装置及使用方法

3.4.1 模拟光催化制氢装置及使用方法

模拟光催化分解水制氢实验采用 LabSolar-ⅢAG 光催化真空在线分析系统进行光催化实验。该装置由北京泊菲莱科技有限公司生产，主要包括氙灯光源 PLS-SXE300，420 nm 滤光片，气相色谱仪，载气为 N_2。模拟光催化分解水制氢实验装置实物图如图 3-1 所示。

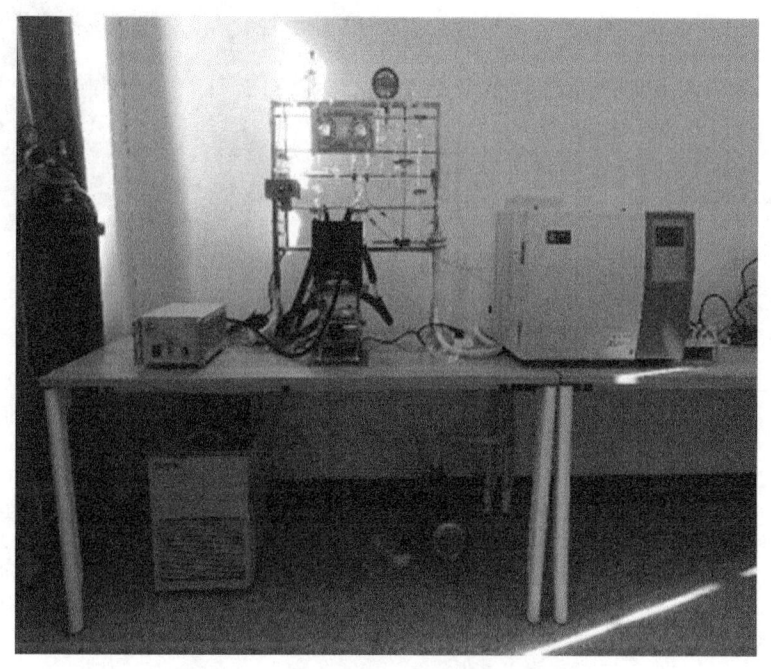

图 3-1 模拟光催化制氢装置实物图

采用模拟光催化分解水制氢实验装置的实验过程具体步骤如下所述。

(1) 称取 0.1 g 催化剂分散于去离子水中，磁力搅拌器搅拌 30 min，形成悬浮液，加入 10 mL 牺牲剂。

(2) 将悬浮液转入光催化反应器皿中，反应过程保证悬浮液始终处于搅拌状态，反应体系处于真空状态，添加光源，开始光催化制氢实验。

(3) 由于长波紫外线的波长为 320~400 nm，中波紫外线的波长为 280~320 nm，短波紫外线的波长为 200~280 nm，光源采用小功率的紫外黑光灯作为弱光激发光源，即光强小于 1 mW/cm^2，其光源参数分别为波长 254 nm、4 W、光强为 12 μW/cm²，波长 280 nm、4 W、光强为 25 μW/cm²；300 W 的氙灯作为紫外光(365 nm)光源和可见光辐射光源(400～650 nm)。

3.4.2 太阳光催化制氢装置及使用方法

太阳光催化制氢装置包括监测控制系统、聚光跟踪支架、光催化反应器三部分内容。采用双轴跟踪模式，实现太阳光自动跟踪功能，具有可调节聚焦系统[11]。太阳光催化制氢装置示意图和实物图，如图 3-2 所示。

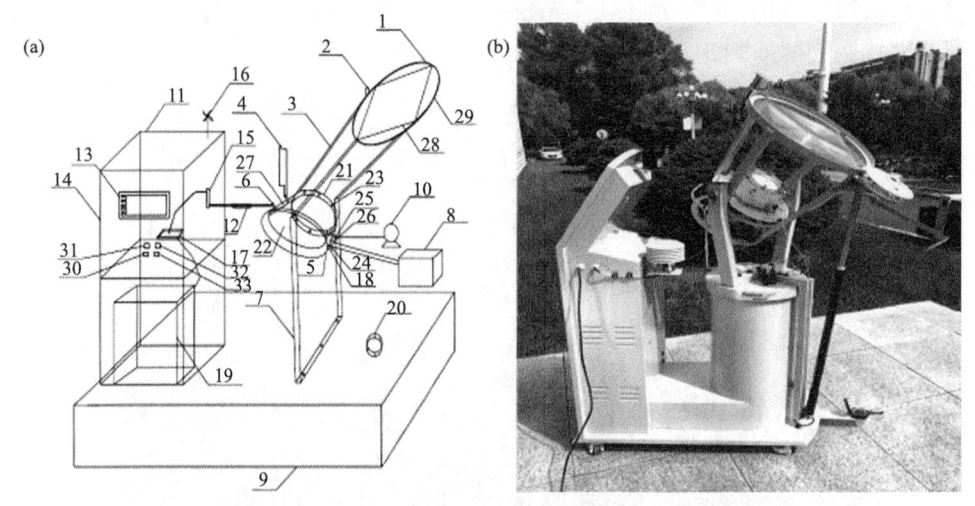

图 3-2 太阳光催化制氢装置示意图(a)和实物图(b)
1.聚光组件；2.太阳能跟踪辐照传感器；3.聚光组件支架；4.光催化剂进样器；5.光催化反应器；6.出气口；7.支架；8.恒温控制器；9.自动跟踪太阳能底座；10.真空泵；11.监测控制平台顶板；12.两相分离器；13.自动监测数据显示器；14.监测控制平台；15.流量计；16.风力传感器；17.集气瓶；18.温度传感器；19.在线气体分析器；20.水稳器；21.透射皿顶板；22.密闭器皿；23.六角螺栓；24.恒温出水口；25.抽气口；26.恒温进水口；27.反应器内胆；28.聚光透射镜；29.聚光反射器；30.温度信号接收器；31.太阳能辐照信号接收器；32.风力信号接收器；33.流量信号接收器

采用太阳光催化制氢装置的实验过程如下所述。

(1)悬浮液配制：称取 0.1 g 的催化剂分散于去离子水中，磁力搅拌器搅拌 50 min，形成悬浮液。悬浮液经过光催化剂进样器进样口，装置外壁太阳能电池板将吸收的太阳能转换为电能，提供转子转动能量，使得悬浮液均匀分散进入光催化剂进样器内。

(2)环境参数控制：打开仪器后，首先将仪器进行经纬度校准、水平仪校准，打开追光跟踪程序后，等待聚光器自动聚焦太阳光，测量环境温度及光照强度并记录；聚光反射器将所有自动追踪到的太阳光反射到光催化反应器上，提供光催化反应光源能量。聚光组件与光催化反应器在聚光组件支架支撑下平行转动。产生的气体经过两相分离器、流量计进入集气瓶。

(3)监测参数设定：检测氢气流量、搅拌器转速、反应器压强等数据。

(4)测试过程：氢气产量采用流量计实时测定并记录瞬时数据，待反应完成后将聚光器自动复位并完成检测过程。

3.5 小 结

应用 XRD、FTIR、TEM、XPS、电化学等技术可表征材料的晶体结构、官能团、成键及元素价态、微观形貌、异质结、析氢电位等物理化学特性。光催化制氢采用模拟光催化分解水制氢实验平台，包括 LabSolar-ⅢAG 光催化真空在线分析系统，氙灯光源 PLS-SXE300，420 nm 滤光片，气相色谱仪（H_2），载气为 N_2。制备出太阳能光催化耦合玉米秸秆制氢实验装置，包括监测控制平台、聚光跟踪支架、光催化反应平台三部分内容。

参 考 文 献

[1] 赵宗凯, 陈介南, 张林, 等. 稀酸催化蒸汽爆破预处理提高竹子糖化效果的研究[J]. 中国农学通报, 2015, 31(4): 264-268.

[2] 邹安, 沈春银, 赵玲, 等. 玉米秸秆中半纤维素的微波-碱预提取工艺[J]. 华东理工大学学报（自然科学版）, 2010, 36(4): 469-474.

[3] Zhang L, Hao X, Li Y, et al. Performance of WO_3/g-C_3N_4 heterojunction composite boosting with NiS for photocatalytic hydrogen evolution[J]. Applied Surface Science, 2020, 499: 143862.

[4] Wang Z, Peng X, Tian S, et al. Enhanced hydrogen production from water on Pt/g-C_3N_4 by room temperature electron reduction[J]. Materials Research Bulletin, 2018, 104: 1-5.

[5] Kim S, Holtzapple M T. Effect of structural features on enzyme digestibility of corn stover[J]. Bioresource Technology, 2006, 97(4): 583-591.

[6] Van Soest P J, Robertson J B, Lewis B A. Methods for dietary fiber, neutral detergent fiber, and nonstarch polysaccharides in relation to animal nutrition[J]. Journal of Dairy Science, 1991, 74(10): 3583-3597.

[7] Bard A J. Design of semiconductor photoelectrochemical systems for solar energy conversion[J]. The Journal of Physical Chemistry, 1982, 86: 172-177.

[8] Cha H G, Choi K S. Combined biomass valorization and hydrogen production in a photoelectrochemical cell[J]. Nature Chemistry, 2015, 7(4): 328-333.

[9] Strataki N, Antoniadou M, Dracopoulos V, et al. Visible-light photocatalytic hydrogen production from ethanol-water mixtures using a Pt-CdS-TiO_2 photocatalyst[J]. Catalysis Today,

2010, 151(1): 53-57.
- [10] 张浩, 朱庆明. 工业废水处理中纳米 TiO_2 光催化技术的应用[J]. 工业水处理, 2011, 31(5): 17-20.
- [11] 周云龙, 孙萌, 王健, 等. 一种涡旋进样光催化分解水制氢装置及涡轮式进样方法: CN202210586336.5[P]. 2022-08-16.

第 4 章 玉米秸秆作为牺牲剂的光催化复合材料制备及制氢性能

玉米秸秆以木质纤维素大分子为主要成分，理论上其分解过程需要克服较高的能垒，将其直接作为牺牲剂参与温和的光催化反应并不现实。因此在实际反应中，作为牺牲剂的成分主要为木质纤维素重整或水解过程产生的小分子化合物。而在以纯水为主体的中性条件下，玉米秸秆的分解过程也较为缓慢，这会影响整体的反应效率。催化剂是光反应体系中不可或缺的元素，一般以半导体材料为主，通过光电效应产生价带空穴和导带电子，拥有合适的氧化还原能力有利于催化重整半反应和光催化制氢半反应的进行。

本章以查阅文献的内容为理论基础，以光催化剂为研究对象，设计多种方案合成光催化材料，研究其在光催化重整玉米秸秆制氢反应体系中的催化性能。分别制备了以贵金属单质和非贵金属氧化物为代表的 Pt/TiO$_2$ 和 Cu$_2$O/TiO$_2$ 材料、以非贵金属硫化物和氢氧化物为代表的 WS$_2$/g-C$_3$N$_4$ 和 S-Ni(OH)$_2$/g-C$_3$N$_4$ 材料，采用 XRD、FTIR、XPS、HRTEM、ICP 等技术表征材料的物理特性，在氙灯为模拟光源的光催化在线分析系统检测该材料在光催化重整玉米秸秆分解水制氢体系中的催化活性和稳定性，综合评估不同材料的光催化性能。

4.1 玉米秸秆作为牺牲剂的光催化复合材料制备及表征[1]

4.1.1 玉米秸秆牺牲剂制备

本章实验所用水均为去离子水。

所用的玉米秸秆原料产自中国吉林省吉林市，玉米种植年份为 2019 年，回收的秸秆采用物理粉碎的方法进行预处理，具体步骤如下：

(1) 将回收的玉米秸秆用毛刷擦除表面灰尘，然后用去离子水冲洗 10 min 以去除表面和缝隙的可溶性杂质或污垢，将清洗干净的秸秆在室温条件下晾晒风干 15 d 以去除水分；

(2) 将干燥后变为淡黄色的玉米秸秆切为小块，用小型固体粉碎机中打磨

30 min 后取出；

(3) 采用筛网将玉米秸秆碎渣筛分为不同粒径，放入真空干燥箱中 60 ℃条件下干燥 12 h 后，取出保存于玻璃干燥器中备用；

(4) 在作者课题组前期实验研究结论基础上，筛选出制氢性能最优的粒径范围在 250~380 μm 的玉米秸秆粉末作为主要材料进行研究。

所用试剂如表 4-1 所示，所用仪器如表 4-2 所示。

表 4-1 实验试剂名称、生产厂家及规格

试剂名称	生产厂家	规格/纯度
二氧化钛(TiO_2)	上海麦克林生化科技有限公司	P25，AR
硫酸(H_2SO_4)	福晨化学试剂有限公司	98.00%
硫脲(CH_4N_2S)	福晨化学试剂有限公司	AR
尿素[$CO(NH_2)_2$]	福晨化学试剂有限公司	AR
乙二醇(EG)	辽宁泉瑞试剂有限公司	AR
乙酸镍[$Ni(CH_3COO)_2 \cdot 4H_2O$]	天津市永大化学试剂有限公司	AR
钨酸钠($Na_2WO_4 \cdot 2H_2O$)	天津博迪化工股份有限公司	AR
无水乙醇	辽宁泉瑞试剂有限公司	99.50%
氯铂酸钾(K_2PtCl_6)	天津市迈斯科化工有限公司	98.00%
氯化铜($CuCl_2 \cdot 2H_2O$)	天津市永大化学试剂有限公司	AR
硫化钠(Na_2S)	天津市永大化学试剂有限公司	AR
甲醇	辽宁泉瑞试剂有限公司	99.00%
氢氧化钠(NaOH)	辽宁泉瑞试剂有限公司	AR
十二烷基硫酸钠($C_{12}H_{25}SO_4Na$)	上海阿拉丁生化科技股份有限公司	AR
盐酸羟胺($NH_2OH \cdot HCl$)	天津大茂化学试剂厂	AR
乙酸乙酯($C_4H_8O_2$)	天津市北联精细化学品开发有限公司	AR
三乙醇胺(TEOA)	辽宁泉瑞试剂有限公司	AR
无水硫酸钠(Na_2SO_4)	天津博迪化工股份有限公司	AR

表 4-2 实验仪器名称、型号及生产厂家

仪器名称	型号	生产厂家
X 射线衍射分析仪(XRD)	XRD-7000	岛津公司

续表

仪器名称	型号	生产厂家
傅里叶变换红外光谱仪(FTIR)	Spectrum Two	岛津公司
气相色谱仪(GC)	GC7900	天美科学仪器有限公司
X射线光电子能谱分析仪(XPS)	EscaLab 250Xi	赛默飞世尔科技有限公司
高分辨透射电子显微镜(HRTEM)	Tecnai G2 F20	FEI公司
电感耦合等离子发射光谱(ICP)	ICPOES 730	安捷伦科技有限公司
300W 氙灯	PLS-SXE300	北京泊菲莱科技有限公司
电化学工作站	760E	上海辰华仪器有限公司
光催化真空在线分析系统	LabSolar-III AG	北京泊菲莱科技有限公司
紫外-可见漫反射光谱仪(UV-vis DRS)	UV-2700	岛津公司
荧光光谱仪(PL)	Horiba FL3	Horiba公司
高精度酸碱度分析仪	PHS-3E	上海仪电科学仪器股份有限公司

4.1.2 光催化复合材料制备

1. 光催化材料的合成方法

1) 铂负载锐钛矿相二氧化钛(Pt/TiO$_2$)和铂负载的石墨相氮化碳(Pt/g-C$_3$N$_4$)

分别合成 0.209wt%（质量分数）、0.597wt%、1.002wt%、1.991wt%、3.860wt% Pt 负载量的 Pt/TiO$_2$ 复合材料样品。以 1wt% Pt/TiO$_2$ 为例，具体实验步骤如下：

(1) 5 g/L 的 K$_2$PtCl$_6$ 溶液配制：称取 2.5 g K$_2$PtCl$_6$ 加入 500 mL 容量瓶中定容，搅拌 30 min 后封存于棕色细口瓶中避光保存；

(2) 称取 1.0 g 的锐钛矿相的 P25 TiO$_2$ 加入 200 mL 去离子水中，倒入 500 mL 容量瓶中，通过超声水浴 20 min 将纳米颗粒分散均匀，保持搅拌备用；

(3) 抽取 5 g/L 的 K$_2$PtCl$_6$ 溶液 5 mL 和 50 mL 无水甲醇加入（2）中容量瓶中，定容至 500 mL；

(4) 将（3）中的混合分散液倒入烧杯中，打开 300 W 氙灯照射烧杯，调整液面与氙灯距离为 15 cm，保持照射并搅拌 60 min；

(5) 待沉积反应结束后关闭氙灯，取出浅灰色分散液，用去离子水抽滤洗涤 3 次后将固体粉末放入真空干燥箱中保持 60℃干燥 12 h 后取出，即为实验所用的 1wt% Pt/TiO$_2$ 催化剂；

(6) Pt/g-C$_3$N$_4$ 的合成方法与 Pt/TiO$_2$ 相同 [将步骤(3)中加入的 50 mL 甲醇改为 50 mL 三乙醇胺]。

2)氧化亚铜负载二氧化钛(Cu_2O/TiO_2)

采用共沉淀法合成目标比例的 Cu_2O 负载量分别为 0.5wt%、1.0wt%、1.5wt%、2.0wt%、2.5wt%的 Cu_2O/TiO_2 复合材料,以 1wt% Cu_2O/TiO_2 样品为例,具体合成步骤如下:

(1)配制 0.1 mol/L 的氯化铜($CuCl_2$)溶液:称取 1.7 g 的 $CuCl_2 \cdot 2H_2O$ 粉末溶于 50 mL 去离子水,经磁力搅拌 10 min 后,将溶液加入 100 mL 容量瓶中定容,封存至细口瓶中备用;

(2)配制 1 mol/L 的氢氧化钠(NaOH)溶液:称取 20 g 的 NaOH 颗粒溶于 300 mL 去离子水中搅拌均匀,然后将溶液加入 500 mL 容量瓶中定容,待冷却至室温后用移液管补加去离子水再次定容,封存至细口瓶中备用;

(3)配制 0.1 mol/L 盐酸羟胺溶液:称取 0.695 g 的盐酸羟胺溶于 50 mL 去离子水,经磁力搅拌 10 min 后加入 100 mL 容量瓶中定容,封存至细口瓶中备用;

(4)称取 0.57 g 的锐钛矿相 TiO_2,用移液枪抽取 0.8 mL 的(1)中配制的 0.1 mol/L $CuCl_2$ 溶液,0.007 g 的十二烷基硫酸钠分别加入 10 mL 去离子水,磁力搅拌 30 min;

(5)缓慢将 0.3 mL 的(2)中配制的 1 mol/L 的 NaOH 溶液滴入(4)溶液,待溶液出现淡蓝色絮状沉淀后,加入 3.6 mL 的(3)中配制的 0.1 mol/L 的盐酸羟胺溶液;

(6)将(5)溶液在 40℃恒温水浴并保持搅拌 1 h,待反应完成后,将淡棕色沉淀离心并用去离子水和无水乙醇分别清洗循环 3 次后在恒温 60℃条件下真空干燥 12 h,取出避光备用。

3)硫化钨负载氮化碳($WS_2/g\text{-}C_3N_4$)

采用共煅烧法,通过调变钨酸钠($Na_2WO_4 \cdot 2H_2O$)原料的量为 0.05 g、0.1 g、0.3 g、0.5 g、0.7 g 和 1 g 分别合成不同比例的 $WS_2/g\text{-}C_3N_4$ 复合材料样品,并依次命名为 0.05-WCN、0.1-WCN、0.3-WCN、0.5-WCN、0.7-WCN、1-WCN。以 0.3-WCN 样品为例,如图 4-1 所示,具体合成步骤如下:

(1)称取 0.3 g 的 $Na_2WO_4 \cdot 2H_2O$ 与 5 g 硫脲加入 60 mL 去离子水,磁力搅拌 30 min;

(2)待混合均匀后将溶液(1)置于鼓风干燥箱中恒温 105℃干燥 12 h;

(3)待水分完全蒸发后将混合结晶体取出研磨均匀倒入坩埚中,盖上坩埚盖(不可密封);

(4)将(3)中坩埚放入程序控温式马弗炉中,设置程序为:以 15℃/min 的升温速率在 550℃下恒温 2 h,将马弗炉置于通风橱中开始煅烧;

(5)待完成煅烧后,将坩埚置于阴凉处冷却至室温,将深灰色固体结块取出用石英研钵研磨至粉末状并采用抽滤法用去离子水和无水乙醇分别洗涤 3 次;

(6)将洗涤完成的固体粉末在 60℃下恒温干燥 12 h,取出避光备用。

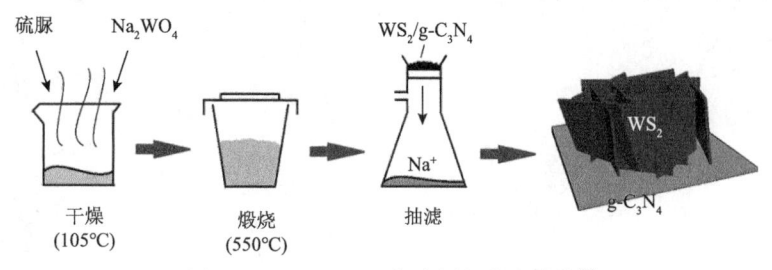

图 4-1 WS$_2$/g-C$_3$N$_4$复合材料合成路线[2]

4) 硫掺杂氢氧化镍负载氮化碳[S-Ni(OH)$_2$/g-C$_3$N$_4$]

首先采用已报道[3]的快速升温法合成 g-C$_3$N$_4$ 纳米薄片并稍作修改，具体步骤如下：

(1) 称取 10 g 尿素并用石英研钵研磨为均匀的白色粉末状；

(2) 将尿素粉末倒入坩埚中，盖上坩埚盖(不可密封)；

(3) 将(2)中坩埚放入马弗炉中，设置升温程序：升温速率为 15℃/min 的条件下升温至 535℃并恒温 2 h，将马弗炉置于通风橱中开始煅烧；

(4) 待冷却至室温后，将坩埚中的淡黄色固体取出研磨均匀后备用。

将上述步骤合成的 g-C$_3$N$_4$ 纳米薄片作为原料，采用作者课题组设计的溶胶法合成 S-Ni(OH)$_2$/g-C$_3$N$_4$ 复合材料[4]，通过调变 Ni(OH)$_2$ 溶胶注入量为 1 mL、5 mL、8 mL、20 mL、50 mL 分别合成不同比例样品，记为 1-NHSCN、5-NHSCN、8-NHSCN、20-NHSCN、50-NHSCN。以合成样品 8-NHSCN 为例，如图 4-2 所示，具体步骤如下：

(1) 配制体积比为 3∶2 乙二醇-水混合溶剂：分别称量 36 mL 乙二醇、24 mL 去离子水并混合，磁力搅拌 20 min；

(2) 称取 0.90 g 的乙酸镍和 0.86 g 的尿素加入(1)混合溶剂中，磁力搅拌 20 min；

(3) 通过充分搅拌将(2)溶液中固体颗粒完全溶解后，加入到容积为 100 mL 的以聚四氟乙烯为内衬的不锈钢反应釜中，置于 120℃条件下恒温 4 h；

(4) 待反应釜冷却后取出的绿色胶状物即为 Ni(OH)$_2$ 溶胶，倒入棕色细口瓶避光备用；

(5) 抽取 8mL 的 Ni(OH)$_2$ 溶胶与 0.1 g 的 g-C$_3$N$_4$ 纳米薄片混合，定容至 80 mL 后超声水浴 20 min，磁力搅拌 20 min；

(6) 称取 1.2 g 的 Na$_2$S 加入(5)混合分散液中并保持搅拌，溶液颜色迅速变深；

(7) 待磁力搅拌 20 min 后，采用离心法将混合液用去离子水离心、洗涤循环 3 次；

(8) 将(7)中固相产物取出在 60℃下真空干燥 12 h，取出避光备用。

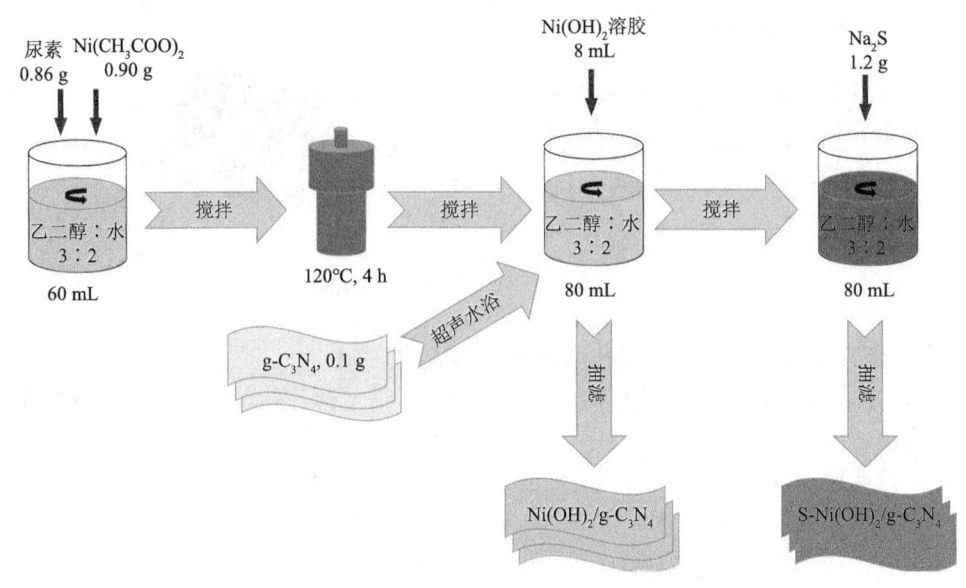

图 4-2　S-Ni(OH)$_2$/g-C$_3$N$_4$复合材料合成路线图

2. 光催化材料的制氢性能表征

对光催化材料的制氢性能评估主要基于 LabSolar-ⅢAG 光催化真空在线分析系统进行，具体的实验步骤如下：

（1）反应液配制：称取 0.1 g 玉米秸秆加入 100 mL 去离子水中；称取 0.1 g 的催化剂加入上述分散液中，磁力搅拌 30 min 使其均匀混合。

（2）环境参数控制：将反应液加入反应器并继续搅拌，封闭反应器后打开真空泵对反应液进行真空除氧处理 30 min；开启冷却循环水机调整反应体系温度为 5℃；打开 300 W 氙灯光源后开始实验。

（3）测试过程：采用气相色谱仪对产出氢气量每小时取样 1 次并记录峰面积，与氢气标准样对比换算氢产量单位为 μmol。为做统一对比，本章所述制氢量均为 4 h 的总产量。

4.1.3　TiO$_2$ 体系光催化剂性能表征

1. Pt/TiO$_2$ 的表征与分析

为分析 P25 TiO$_2$ 材料的晶体结构与微观形貌，对原材料分别进行了 XRD 和 SEM 表征，如图 4-3 所示。图 4-3(a)显示，通过 MDI Jade 软件分析可知，样品在 25.2°、37.2°、38.0°、38.7°、48.2°、54.8°、55.3°、62.5°、62.8°、69.7°、70.7°、75.2°的衍射峰分别对应于锐钛矿相的 TiO$_2$ 的各晶面，各衍射峰相对强度、角度

第4章 玉米秸秆作为牺牲剂的光催化复合材料制备及制氢性能

均与软件中的标准 PDF 卡片吻合，说明样品纯度较高，结晶度较高。通过观察图 4-3(b) 的 SEM 图像可知，样品具有纳米颗粒形貌，粒径约为 20 nm。结合上述表征结果可知，TiO_2 原材料具有高纯度、高结晶度和纳米级尺寸，结合前述文献查阅及分析，预测在选用该材料的基础上进行改性、复合优化后，将在光催化重整玉米秸秆制氢反应中具有优良的性能表现。并且该材料具有 20 nm 的超细尺寸，更易随分散相的水体流动吸附于玉米秸秆介孔或大孔的微观结构中，进而促进光催化重整玉米秸秆分解水制氢反应的进行。

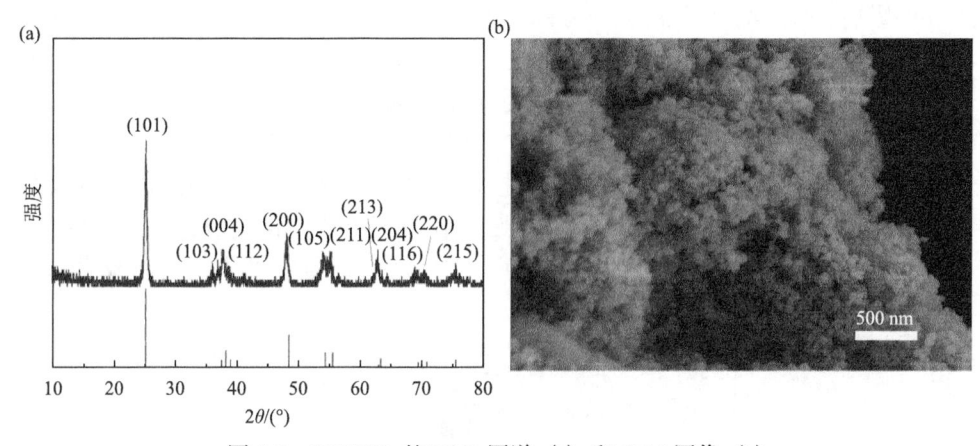

图 4-3　P25 TiO_2 的 XRD 图谱（a）和 SEM 图像（b）

采用贵金属 Pt 作为助催化剂修饰 TiO_2，目前主要的方法为光沉积法，相较于其他方法，该方法合成的还原 Pt 金属颗粒分散均匀，可以大大提升光催化剂的催化性能。光沉积法合成的光催化剂的催化性能的主要影响因素为 Pt 负载量，而负载量主要通过改变沉积时间或氯铂酸钾浓度来调节。通过调变氯铂酸钾溶液的加入量调节 Pt 与 TiO_2 的质量比，分别在容量瓶中加入 1 mL、3 mL、5 mL、10 mL 和 20 mL 的氯铂酸钾溶液，定容至 500 mL，加入 1.0 g 的 TiO_2 后保持匀速搅拌，打开 1.5 W/cm^2 固定光强的 300 W 氙灯模拟光源，沉积时间为 60 min 以保证充分反应，样品记为 1-Pt/TiO_2、3-Pt/TiO_2、5-Pt/TiO_2、10-Pt/TiO_2、20-Pt/TiO_2。如表 4-3 所示，经电感耦合等离子体(ICP)光谱测试计算可知，Pt 负载量分别为 0.209wt%、0.597wt%、1.002wt%、1.991wt%、3.860wt%。

表 4-3　Pt/TiO_2 的 ICP 测试数据

样品	质量/g	溶剂量/mL	稀释因子	元素	Pt 元素含量/(mg/kg)
1-Pt/TiO_2	0.1079	50	50	Pt	2093.1
3-Pt/TiO_2	0.1036	50	50	Pt	5969.2

续表

样品	质量/g	溶剂量/mL	稀释因子	元素	Pt 元素含量/(mg/kg)
5-Pt/TiO$_2$	0.1081	50	50	Pt	10021.3
10-Pt/TiO$_2$	0.1022	50	50	Pt	19909.6
20-Pt/TiO$_2$	0.1034	50	50	Pt	38604.2

为了分析铂负载量对 TiO$_2$ 作为催化剂对重整玉米秸秆分解水反应体系制氢速率的影响，分别测试了 0.209wt% Pt/TiO$_2$、0.597wt% Pt/TiO$_2$、1.002wt% Pt/TiO$_2$、1.991wt% Pt/TiO$_2$、3.860wt% Pt/TiO$_2$ 在 4 h 循环测试的模拟光催化制氢实验，如图 4-4 所示，可知 Pt 作为助催化剂可对 TiO$_2$ 表面进行活化，提升催化活性的效果显著。在 Pt 负载量较低时，0.209wt% Pt/TiO$_2$、0.597wt% Pt/TiO$_2$ 的制氢速率分别为 8.98 μmol/h 和 12.26 μmol/h，接近 1%时逐步提升并达到最优效果的制氢速率（14.34 μmol/h），而继续增加铂负载量会导致催化反应速率明显降低。这可能是因为过多的铂颗粒负载影响了 TiO$_2$ 对光辐射的吸收，从而减弱其催化效果。

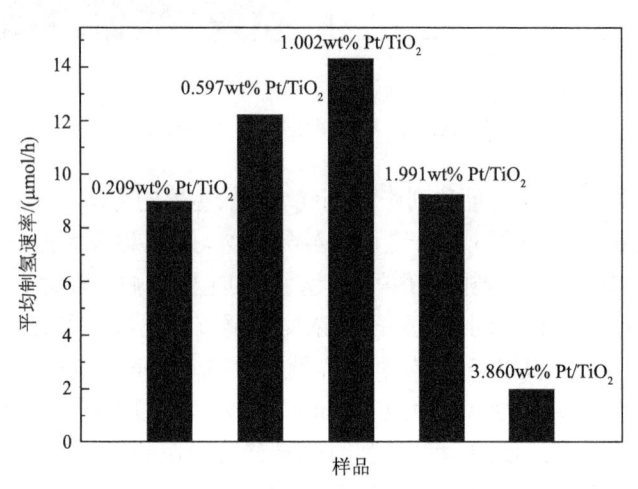

图 4-4 不同铂负载量的 TiO$_2$ 制氢速率对比

为检验 Pt/TiO$_2$ 的稳定性，如图 4-5 所示，选用最优样品 1wt% Pt/TiO$_2$ 在辐照下进行光催化制氢的循环实验（每个循环 4 h）。该反应体系在循环 24 h 后未出现明显衰减，平均制氢速率由 14.34 μmol/h 降低至 13.87 μmol/h，保持率为 96.72%，这表明以贵金属 Pt 为助催化剂的光催化体系在长时间的反应过程中稳定性良好。

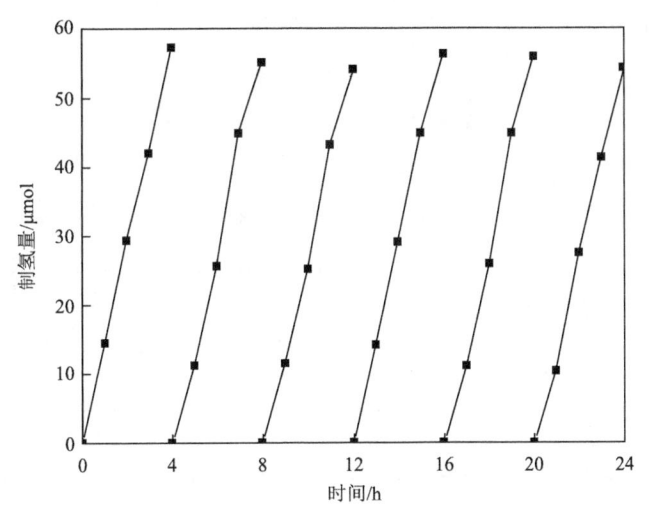

图 4-5　Pt/TiO$_2$ 光催化制氢循环实验

2. Cu$_2$O/TiO$_2$ 的表征与分析

作为贵金属的单质材料，Pt 的价格较为昂贵，因此采用金属 Cu 作为助催化剂原料并验证修饰二氧化钛的效果，可以为寻求贵金属替代物提供一种优化方案。通过调节 CuCl$_2$ 加入量合成了不同负载量的 Cu$_2$O 与 TiO$_2$ 的复合光催化剂样品 Cu$_2$O/TiO$_2$，并将其标记为 0.5wt% Cu$_2$O/TiO$_2$、1.0wt% Cu$_2$O/TiO$_2$、1.5wt% Cu$_2$O/TiO$_2$、2.0wt% Cu$_2$O/TiO$_2$、2.5wt% Cu$_2$O/TiO$_2$。为验证目标产物的成分，采用 XRD 对以上样品的晶体结构进行表征并与标准图谱进行对比，如图 4-6 所示。通过表征原材料 P25 TiO$_2$ 的晶体结构，可知其衍射峰对应于锐钛矿相的 TiO$_2$ 特征峰，Cu$_2$O/TiO$_2$ 复合材料样品的衍射峰与 Cu$_2$O、TiO$_2$ 的 XRD 特征峰吻合。经观察各峰强度较高，可知样品无其他杂质，且结晶度与纯度较高。因 Cu$_2$O 所占比例较低，且衍射峰的强度弱于 TiO$_2$，因此在谱图对比中 Cu$_2$O 的峰不明显，而在采用相同合成方法合成的纯 Cu$_2$O 材料与其标准图谱对比一致。在 2θ 为 29.6°、36.5°、42.4°、61.5°、73.2°、78.0°处的衍射峰分别对应 Cu$_2$O 的(110)、(111)、(200)、(220)、(311)、(222)晶面。通过对比 0.5wt% Cu$_2$O/TiO$_2$、1.0wt% Cu$_2$O/TiO$_2$、1.5wt% Cu$_2$O/TiO$_2$、2.0wt% Cu$_2$O/TiO$_2$、2.5wt% Cu$_2$O/TiO$_2$ 不同样品的 XRD 谱图，得知通过增加 Cu 元素加入的比例，Cu$_2$O 对应的特征峰逐渐增强，复合材料中 TiO$_2$ 对应的衍射峰与纯相的 TiO$_2$ 相比较弱，这说明 Cu$_2$O 成功负载于 TiO$_2$ 表面。

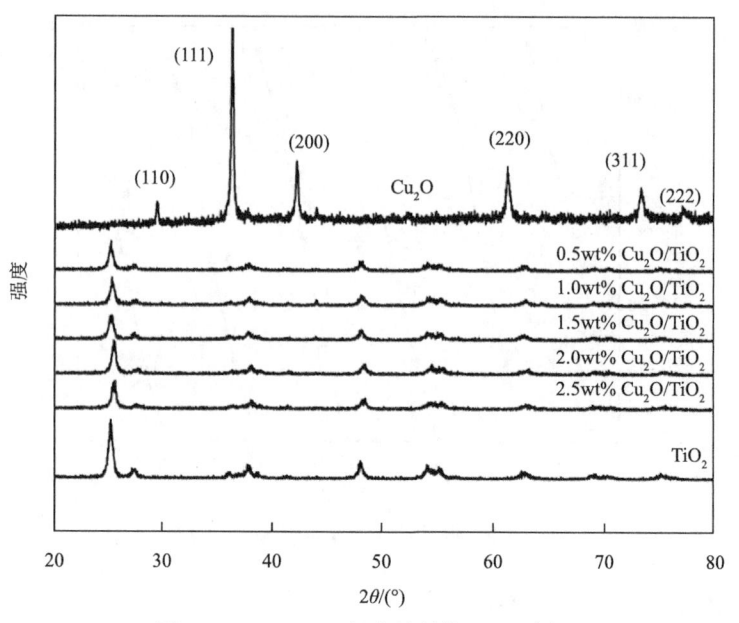

图 4-6 Cu$_2$O/TiO$_2$ 复合材料的 XRD 表征

为了表征非贵金属原料合成的 Cu$_2$O/TiO$_2$ 的催化性能，基于 LabSolar-IIIAG 的光催化在线分析系统，采用光辐照强度为 1.5 W/cm^2 的氙灯为光源，在 0.1 g 玉米秸秆粉末、100 mL 水的光催化重整玉米秸秆制氢反应体系中，分别测试了 0.5wt% Cu$_2$O/TiO$_2$、1.0wt% Cu$_2$O/TiO$_2$、1.5wt% Cu$_2$O/TiO$_2$、2.0wt% Cu$_2$O/TiO$_2$、2.5wt% Cu$_2$O/TiO$_2$ 不同样品在 4 h 阶段制氢量并计算每小时制氢速率的平均值。如图 4-7 所示，可以看出纯相的 TiO$_2$ 和 Cu$_2$O 的光催化重整玉米秸秆制氢速率远

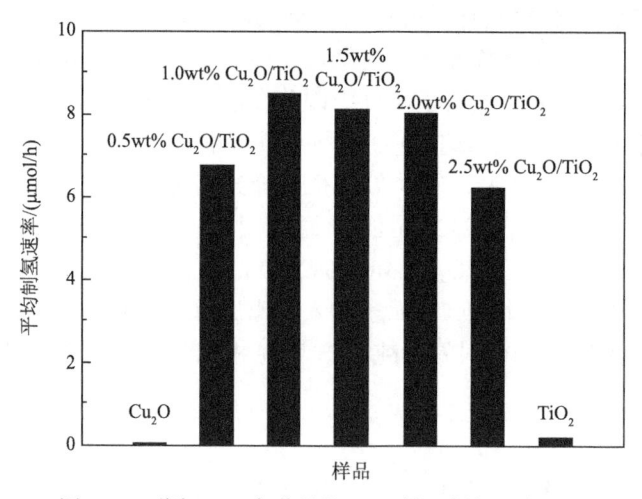

图 4-7 不同 Cu$_2$O 负载量的 TiO$_2$ 样品制氢速率对比

低于复合材料 Cu₂O/TiO₂，可以推测 TiO₂ 和 Cu₂O 形成了异质结，这种结构可以高效传导载流子并减少光生空穴和光生电子的复合。当 Cu₂O 负载量从 0.5wt%增加到 1.0wt%时，制氢速率逐步提升，当复合催化剂中 Cu₂O 含量占比为 1.0wt%时，制氢速率达到最佳，为 8.50 μmol/h。随着 Cu₂O 负载量增大，制氢速率开始下降，但其下降趋势与 Pt/TiO₂ 相比并不明显，可以推知与 Pt/TiO₂ 相比，Cu₂O/TiO₂ 材料组分的结合程度较弱。

为检验 Cu₂O/TiO₂ 材料的催化寿命和催化稳定性，如图 4-8 所示，选用最优样品 1.0wt% Cu₂O/TiO₂ 在辐照下进行了光催化制氢的 6 个循环实验(共 24 h，每个循环 4 h)。根据检测结果可知，该反应体系在循环 24 h 后出现衰减，平均制氢速率由 8.50 μmol/h 降低至 6.53 μmol/h，保持率为 76.82%，表明以 Cu₂O 为助催化剂的光催化体系在长时间的反应过程中稳定性一般。可能的原因是 Cu₂O 在长时间的光催化反应过程中被 TiO₂ 价带空穴 h⁺ 或羟基自由基·OH 氧化。

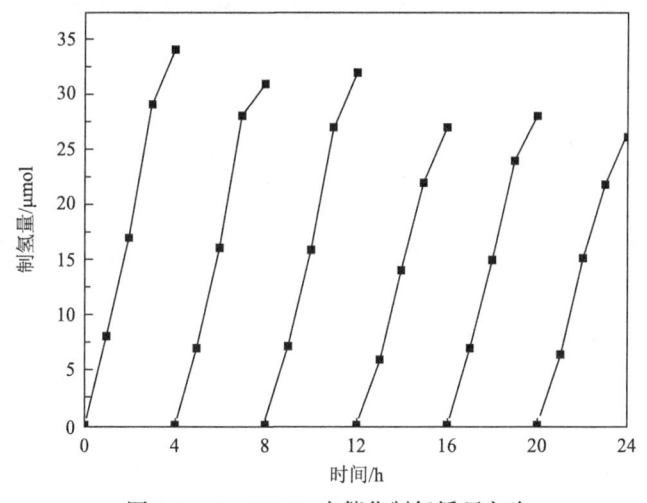

图 4-8 Cu₂O/TiO₂ 光催化制氢循环实验

4.1.4　g-C₃N₄ 体系光催化剂性能表征

为了分析以非金属为主体的有机催化剂对光催化重整玉米秸秆分解水制氢体系的催化作用，选用 g-C₃N₄ 作为研究对象进行负载改性，并研究该催化剂的成分、结构和制氢速率的影响因素。分别合成以硫化物为助催化剂的 WS₂/g-C₃N₄ 材料和以氢氧化物为助催化剂的 S-Ni(OH)₂/g-C₃N₄ 材料。

1. WS₂/g-C₃N₄ 的表征与分析

图 4-9(a)所示为 g-C₃N₄ 和 WS₂/g-C₃N₄ 复合材料样品 0.05-WCN、0.1-WCN、0.3-WCN、0.5-WCN、0.7-WCN、1-WCN 的 XRD 谱图。经简单观察各样品对应

的曲线可知，各峰均较明显且未出现偏移，可知材料结晶成分纯度较高。经查阅文献可知，在13.0°和27.4°的衍射峰与石墨相氮化碳g-C$_3$N$_4$的特征峰匹配，两个特征峰分别对应于面内结构填充基序的(100)面和芳香族体系的长程面内堆叠(002)面。而在复合样品中13.5°、33.2°、59.0°的衍射峰，分别对应于WS$_2$的(002)、(100)和(008)晶面。随着W含量的增加，对应于WS$_2$的衍射峰逐渐增强，而对应于g-C$_3$N$_4$的衍射峰逐渐减弱，说明以共煅烧法合成的复合材料各组分以较为紧密的方式结合，将有利于光催化反应过程的电子迁移。图4-9(b)比较了g-C$_3$N$_4$和WS$_2$/g-C$_3$N$_4$复合材料的FTIR。经文献查阅可知，在1630~1250 cm^{-1}处的强吸收峰归因于g-C$_3$N$_4$中C=N和C—N杂环的振动。在805 cm^{-1}处的吸收峰对应于g-C$_3$N$_4$内的三嗪单元[5]。3160 cm^{-1}处的峰值可归因于样品中附着的水分子。随着WS$_2$比例的增加，g-C$_3$N$_4$的特征峰强度明显降低，说明过量的WS$_2$将g-C$_3$N$_4$包覆。综合以上数据分析可知，WS$_2$的加入改变了部分g-C$_3$N$_4$的成分结构，这种掺杂形式的复合可能会形成具有活性位点的缺陷结构或紧密的异质结。

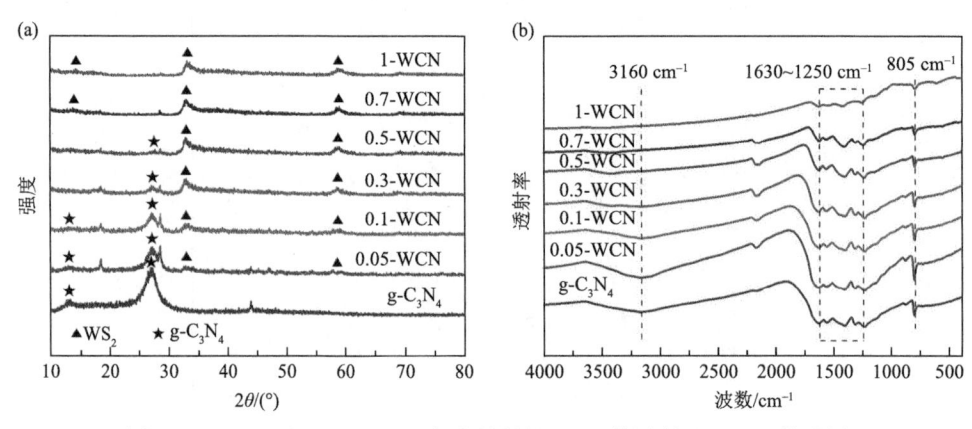

图4-9 g-C$_3$N$_4$和WS$_2$/g-C$_3$N$_4$复合材料的XRD谱图(a)和FTIR谱图(b)

为了进一步研究WS$_2$/g-C$_3$N$_4$形态、成分和微观结构，如图4-10所示，对样品0.3-WCN进行了TEM和HRTEM表征，可以清楚地观察到样品WS$_2$/g-C$_3$N$_4$具有片状纳米结构。其中，图4-10(a)~(d)分别为不同放大倍数的TEM图像，根据TEM成像原理，含金属元素的材料难以被光电子穿透，因此暗色条纹部分可对应WS$_2$组分；而含碳有机物易被光电子穿透，因此浅色半透明状条纹对应g-C$_3$N$_4$组分，可以观察到WS$_2$和g-C$_3$N$_4$分布均匀且互相重叠，推测这种结构有利于材料对光的吸收。如图4-10(e)所示，HRTEM图像清晰地显示了WS$_2$和g-C$_3$N$_4$间的明暗条纹。暗区域中的条纹间距经测量为0.61 nm，经文献查阅得知，对应于WS$_2$的(002)晶面。结合以上关于样品的微观结构分析与XRD和FTIR部分的结果，说明通过共煅烧法成功合成了WS$_2$/g-C$_3$N$_4$复合材料的异质结。此外，通过观察其他位置的 HRTEM 图像，如图 4-10(f)所示，WS$_2$、g-C$_3$N$_4$ 两者的晶体结构边缘存在着不同程度的缺陷结构，这些缺陷可能作为增强 WS$_2$/g-C$_3$N$_4$ 复合材料光催化活性的活性位点。

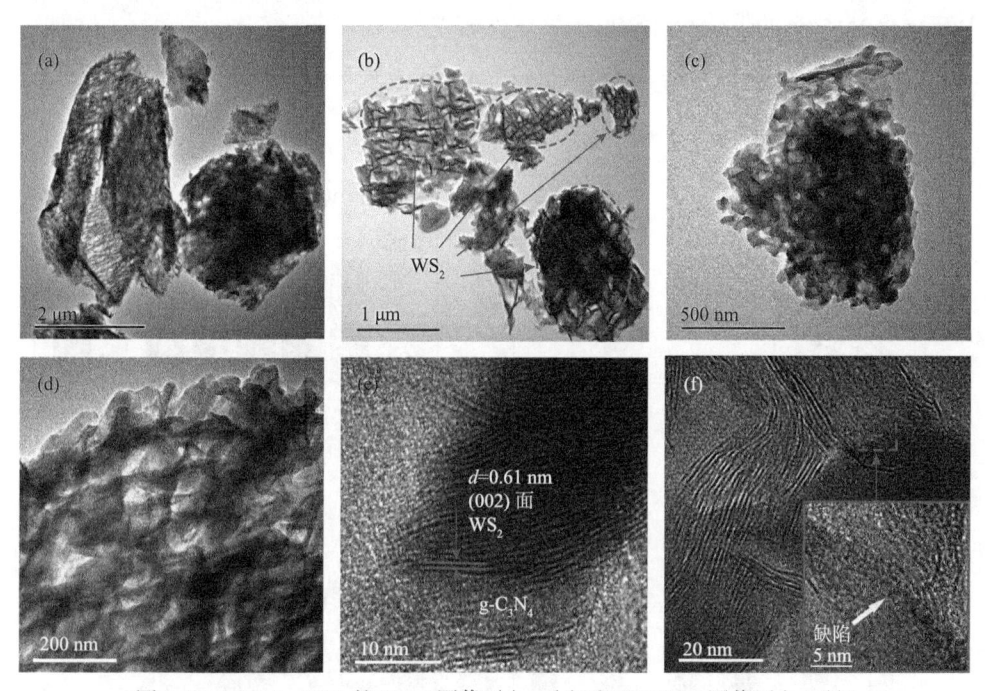

图 4-10　WS$_2$/g-C$_3$N$_4$ 的 TEM 图像[(a)～(d)]和 HRTEM 图像[(e)、(f)]

为了研究 WS$_2$/g-C$_3$N$_4$ 材料的光催化制氢性能，采用 LabSolar-ⅢAG 光催化在线分析系统分别评估纯相 g-C$_3$N$_4$ 和复合样品 0.05-WCN、0.1-WCN、0.3-WCN、0.5-WCN、0.7-WCN、1-WCN 在光催化重整玉米秸秆反应体系的制氢速率。如图 4-11(a)和(b)所示，作为助催化剂的 WS$_2$ 的负载显著提升了 g-C$_3$N$_4$ 的光催化制氢性能。并且在低负载量的 WS$_2$ 时，随助催化剂占比的增大其制氢量也逐渐增大。其中 0.3-WCN 样品的制氢速率达到 7.70 μmol/h，比纯相的 g-C$_3$N$_4$(0.23 μmol/h)约高 32 倍。然而，随着继续增大 WS$_2$ 的负载量，样品的催化制氢速率明显降低。以上结果表明，WS$_2$ 与 g-C$_3$N$_4$ 的协同催化效果较好，但 WS$_2$ 的负载量需要控制在适当范围内。此外，如图 4-11(b)所示，样品 0.3-WCN 的制氢速率略高于低载量贵金属催化剂 0.1wt% Pt/g-C$_3$N$_4$，单纯考虑催化活性，非贵金属的 WS$_2$ 作为一种经济型助催化剂具有存在取代 Pt 等贵金属的可能性。如图 4-11(c)所示，为了研究 WS$_2$/g-C$_3$N$_4$ 材料的稳定性，选取 0.3-WCN 样品进行了光催化制氢循环寿命测试(每循环 4 h)。在最后一个循环中，可以观察到样品制氢速率降低至 5.50 μmol/h，仅为初期反应速率的 71.43%，这表明 WS$_2$ 的催化稳定性一般。此外，在催化反应

24 h 后收集样品，然后通过 XRD 进行表征，并与反应前的样品进行比较，如图 4-11(d) 所示，在连续六个循环的催化反应后，样品的特征峰未出现偏移但峰强略有减弱。因此，作为以玉米秸秆为牺牲剂的制氢催化体系的催化剂而言，$WS_2/g-C_3N_4$ 材料的催化活性较好但稳定性较差。

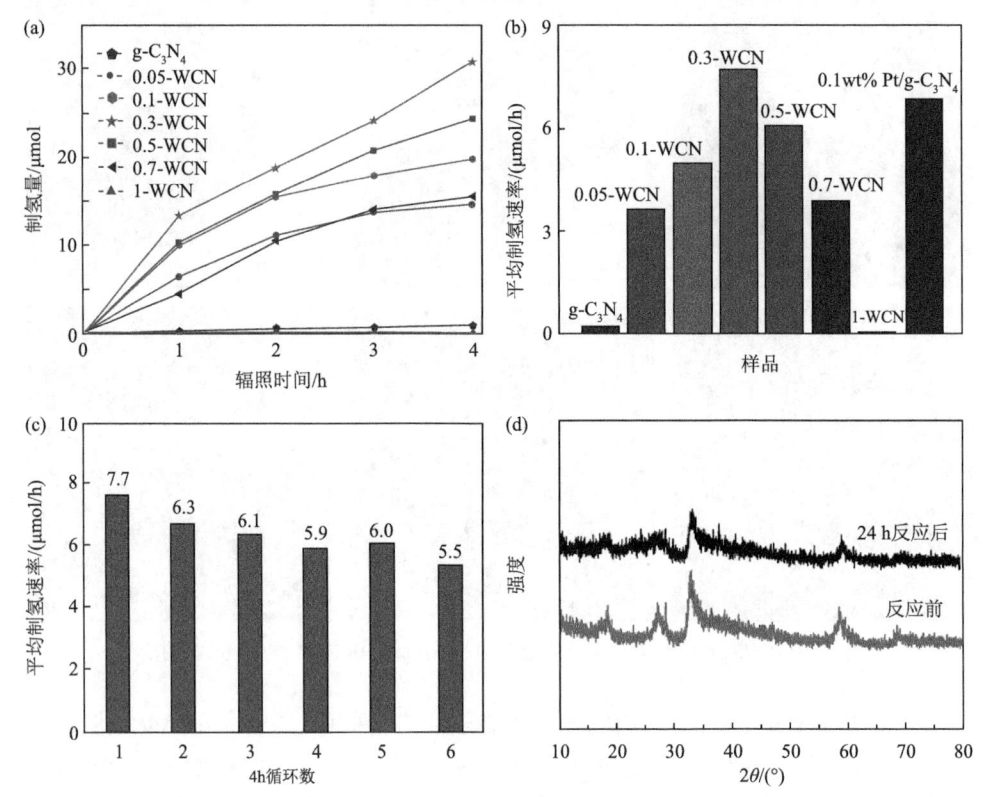

图 4-11 (a) $g-C_3N_4$、WCN 和 $WS_2/g-C_3N_4$ 的 4 h 阶段制氢量；(b) 不同样品平均制氢速率；(c) $WS_2/g-C_3N_4$ 光催化制氢 24 h 循环测试；(d) 反应前后 $WS_2/g-C_3N_4$ 催化剂的 XRD 对比

为了研究 $g-C_3N_4$ 和 $WS_2/g-C_3N_4$ 复合材料的光吸收特性，采用 UV-vis DRS 技术分别对样品 $g-C_3N_4$、0.3-WCN 和 1-WCN 进行了表征，如图 4-12(a) 所示，纯相的 $g-C_3N_4$ 在 350～470 nm 范围内表现出较强的吸收。此外，通过对比样品 0.3-WCN、1-WCN 和 $g-C_3N_4$ 的吸收度曲线，可知随着 WS_2 负载量的增加，$WS_2/g-C_3N_4$ 复合材料的吸收强度相对增强。这可归因于 WS_2 组分对光的吸收度高于 $g-C_3N_4$。结合图 4-12(b) 所示的 $g-C_3N_4$ 和 0.3-WCN 的 PL 光谱，可知 WS_2 与 $g-C_3N_4$ 的复合减弱了纯相 $g-C_3N_4$ 的光致发光强度，这说明 WS_2 的加入在光催化制氢过程中起到降低 $g-C_3N_4$ 半导体的光生载流子复合率的作用，可以间接提高光生电子的分离效率和迁移效率。

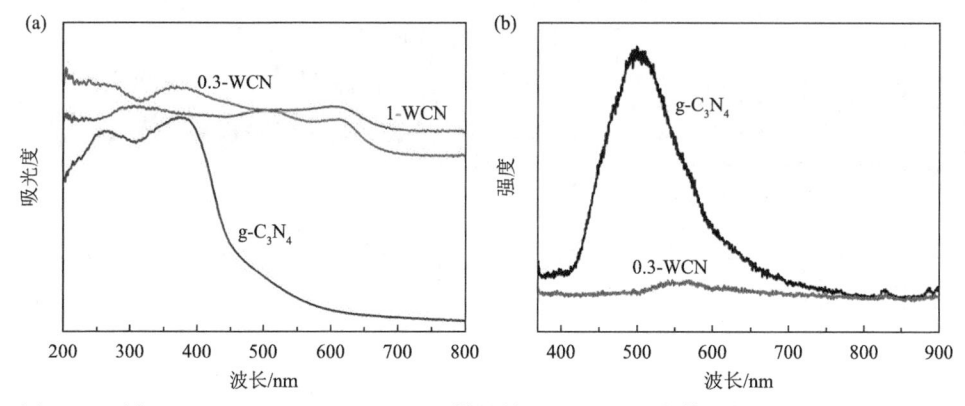

图 4-12 (a) g-C$_3$N$_4$、0.3-WCN 和 1-WCN 样品的 UV-vis DRS 光谱；(b) g-C$_3$N$_4$ 和 0.3-WCN 样品的 PL 光谱

2. S-Ni(OH)$_2$/g-C$_3$N$_4$ 的表征与分析

为了研究以溶胶-水热法合成的 S-Ni(OH)$_2$/g-C$_3$N$_4$ 材料的晶体结构,采用 XRD 技术对 S-Ni(OH)$_2$/g-C$_3$N$_4$ 各样品进行成分与结构的定性分析和半定量分析，并分析 S 掺杂对 S-Ni(OH)$_2$/g-C$_3$N$_4$ 材料晶体结构的影响。如图 4-13 所示，分别对样品 g-C$_3$N$_4$、1-NHSCN、5-NHSCN、8-NHSCN、20-NHSCN、50-NHSCN 进行表征并绘制 XRD 谱图。如图 4-13(a)所示，样品 g-C$_3$N$_4$ 在 13.7°和 27.3°处的衍射峰分别对应于 g-C$_3$N$_4$ 的(100)和(002)晶面，衍射峰清晰且无杂峰，说明以快速煅烧法合成的 g-C$_3$N$_4$ 材料的结晶度和纯度较高；在 12.2°、23.5°、34.0°和 59.8°处的衍射峰分别对应于 α 相的 Ni(OH)$_2$ 的(003)、(006)、(101)和(110)晶面，对比不同比例样品的 XRD 谱图可知，随着 S-Ni(OH)$_2$ 含量的增加，Ni(OH)$_2$ 的峰逐渐增强，g-C$_3$N$_4$ 的特征峰逐渐减弱，这是相对含量变化所致。另外，观察到(003)峰随着 S-Ni(OH)$_2$ 含量的增加发生了正位移，这可能是由于 S 元素与 Ni(OH)$_2$ 之间产生了较强的相互作用力，影响了 Ni(OH)$_2$ 的晶体结构，表现在 XRD 衍射峰的偏移。此外，图 4-13(b)所示为 S 掺杂前后的 Ni(OH)$_2$ 样品的 XRD 谱图对比，数据表明 Ni(OH)$_2$ 的(003)峰在硫掺杂后与复合的 S-Ni(OH)$_2$/g-C$_3$N$_4$ 材料有相同的位移方向。可知在高浓度的 S^{2-}下，Ni(OH)$_2$ 的晶体结构发生了轻微变化，这可能是由于 S 掺杂使得 Ni(OH)$_2$ 中的 O^{2-}被少量 S^{2-}取代。综合上述表征分析结果可知，经过 Na$_2$S 处理，Ni(OH)$_2$ 的结构发生变化，可能为硫化处理使部分 S 原子取代了 O 原子或缺陷结构的产生所致。为了进一步分析 S 元素掺杂所导致的(003)晶面正位移的原因，有必要采用 XPS 技术对材料中的 Ni 元素和 S 元素最外层电子结构进行表征。

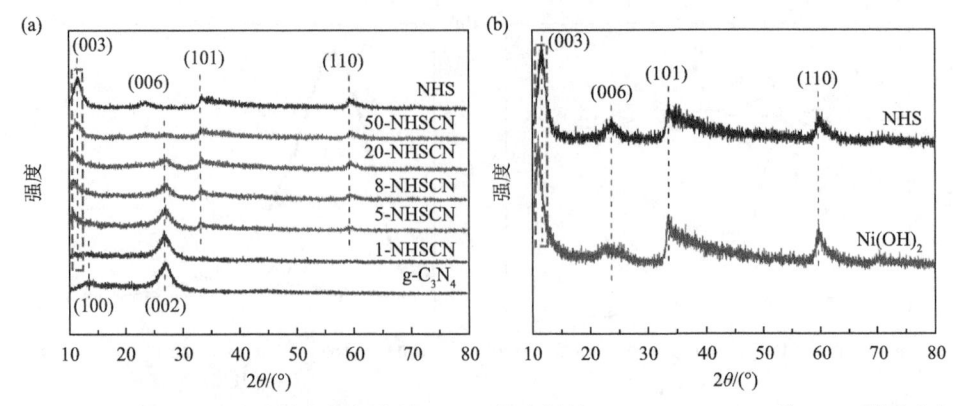

图 4-13　(a) 纯 g-C$_3$N$_4$、硫掺杂氢氧化镍 NHS、复合材料 S-Ni(OH)$_2$/g-C$_3$N$_4$ 的 XRD 谱图对比；
(b) 硫掺杂氢氧化镍 NHS、纯 Ni(OH)$_2$ 的 XRD 谱图对比

为表征 S-Ni(OH)$_2$/g-C$_3$N$_4$ 材料的成分与结构，采用 X 射线光电子能谱（XPS）进行了定性分析，并通过对比纯相的 g-C$_3$N$_4$ 材料和复合材料的全谱进行了半定量分析。如图 4-14 所示，通过 XPS 光谱表征，获知了 g-C$_3$N$_4$ 和复合材料 S-Ni(OH)$_2$/g-C$_3$N$_4$ 中各元素的价态、成键和结构等信息。其中，图 4-14(a) 中 g-C$_3$N$_4$ 和 S-Ni(OH)$_2$/g-C$_3$N$_4$ 的 XPS 光谱对比分析，S-Ni(OH)$_2$/g-C$_3$N$_4$ 出现了一个较弱的 S 2p 峰，这表明材料表面成功掺杂 S 元素。但该峰的强度较弱，表明 S 掺杂的量相对较少。图 4-14(b) 为 g-C$_3$N$_4$ 和 S-Ni(OH)$_2$/g-C$_3$N$_4$ 中 C 1s 的精细光谱。经查阅文献可知，在结合能为 284.8 eV 处的特征峰对应于 C—C 键，为无定形石墨碳的典型特征峰。S-Ni(OH)$_2$/g-C$_3$N$_4$ 在结合能为 285.7 eV 处的特征峰归因于 Ni 元素和 g-C$_3$N$_4$ 之间形成了一个新的化学键，表明 Ni 和 g-C$_3$N$_4$ 之间存在较强的相互作用，这可能大大提高了光电子从 g-C$_3$N$_4$ 到 Ni(OH)$_2$ 的迁移效率。此外，如图 4-14(c) 所示，g-C$_3$N$_4$ 样品中的 N 1s 的精细光谱显示了在结合能为 398.7 eV、400 eV 和 401.1 eV 处的特征峰，经查阅文献可知，分别对应于 g-C$_3$N$_4$ 标准样品中的 C═N—C、N—C$_3$ 和 N—H 键。图 4-14(d) 显示了 Ni 2p 在 S-Ni(OH)$_2$/g-C$_3$N$_4$ 中的精细光谱。在结合能为 856.0 eV 和 873.6 eV 处的特征峰分别对应于复合材料 S-Ni(OH)$_2$/g-C$_3$N$_4$ 的 Ni(OH)$_2$ 组分中的 Ni—O 键 Ni 2p$_{3/2}$ 和 Ni 2p$_{1/2}$ 轨道[6]。S-Ni(OH)$_2$/g-C$_3$N$_4$ 材料中的 2 个特征峰出现在结合能为 858.1 eV 和 875.3 eV 处，可归因于 Ni(OH)$_2$/g-C$_3$N$_4$ 复合材料经 Na$_2$S 处理后有部分 O 元素被 S 元素取代，导致 Ni—S 键的形成。图 4-14(e) 显示了 S-Ni(OH)$_2$/g-C$_3$N$_4$ 中 S 2p 的精细光谱，在结合能为 163.5 eV 和 169.2 eV 处的特征峰分别归属于 S^{2-} 的 S 2p$_{3/2}$ 和 S 2p$_{1/2}$ 轨道。总结上述表征结果，推知在 Na$_2$S 处理后，通过 Ni(OH)$_2$ 和 g-C$_3$N$_4$ 之间的相互作用，部分 S 元素以 Ni—S 化学键的形式掺杂到复合材料 S-Ni(OH)$_2$/g-C$_3$N$_4$ 中，Ni—S 作为缺陷存在于 Ni—O 结构中，这种结构可作为反应的活性位点而有效提

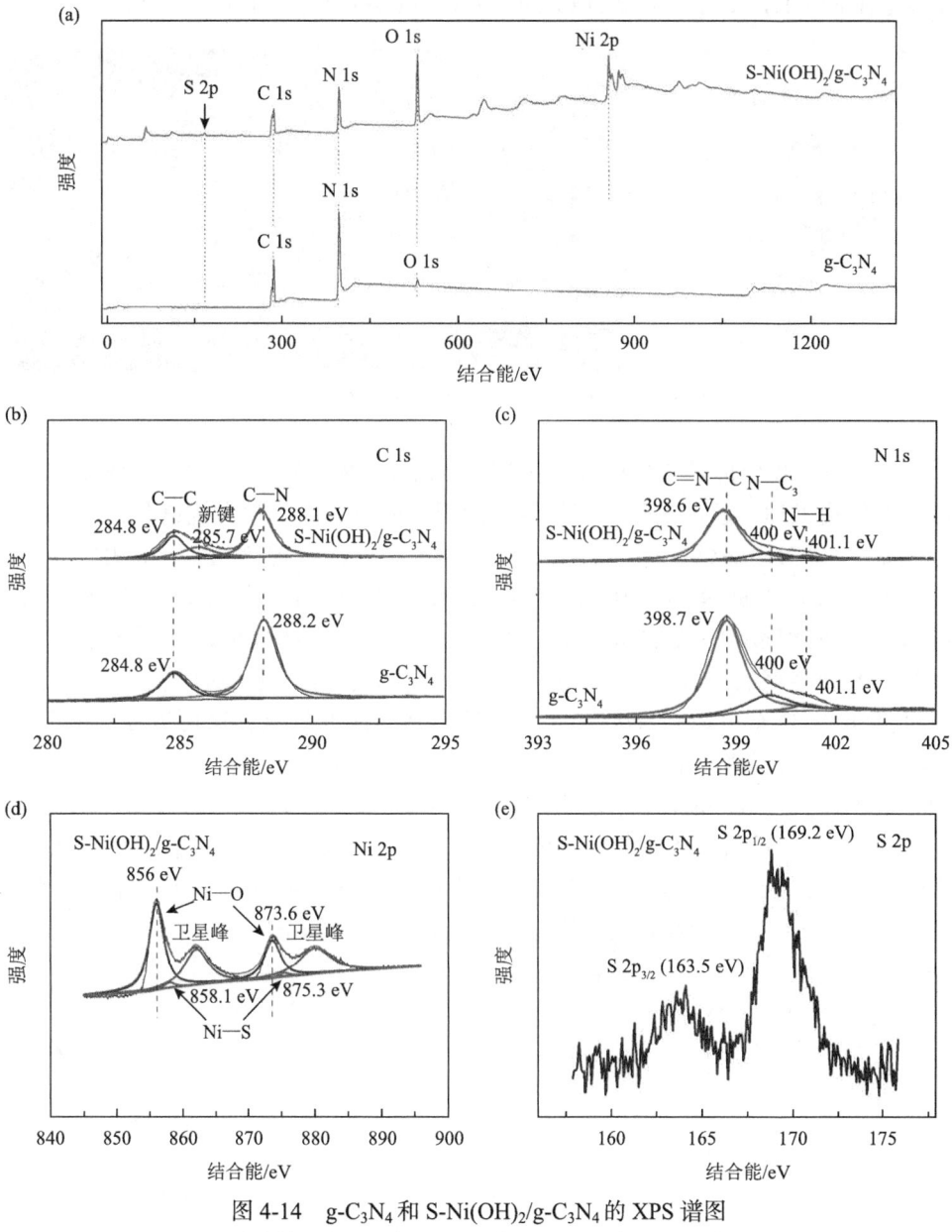

升催化剂的活性。

图 4-14　g-C$_3$N$_4$ 和 S-Ni(OH)$_2$/g-C$_3$N$_4$ 的 XPS 谱图
(a) 全谱；(b) C 1s 谱；(c) N 1s 谱；(d) Ni 2p 谱；(e) S 2p 谱

为了进一步研究 S-Ni(OH)$_2$/g-C$_3$N$_4$ 的微观形态并确定 XPS 表征中推测的异质结，采用 TEM 和 HRTEM 技术对 S-Ni(OH)$_2$/g-C$_3$N$_4$ 进行了表征。图 4-15(a) 和 (b) 表明该复合材料具有 Ni(OH)$_2$ 和 g-C$_3$N$_4$ 的二维纳米结构。图 4-15(c) 显示了 S-Ni(OH)$_2$/g-C$_3$N$_4$

中的晶格结构。晶面间距测量为 0.22 nm，归因于 Ni(OH)$_2$ 的 (101) 晶面，这表明硫掺杂发生在 Ni(OH)$_2$ 表面，g-C$_3$N$_4$ 以异质结形式与 Ni(OH)$_2$ 相互作用。

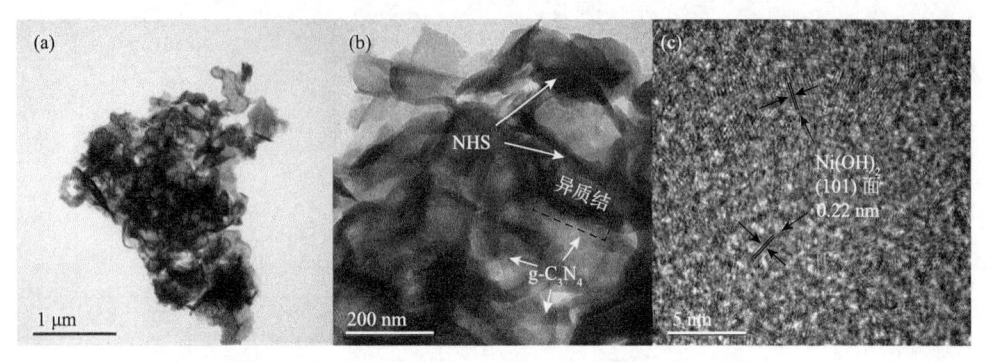

图 4-15　S-Ni(OH)$_2$/g-C$_3$N$_4$ 的 TEM 和 HRTEM 表征

为了进一步分析复合材料 S-Ni(OH)$_2$/g-C$_3$N$_4$ 在催化重整玉米秸秆分解水制氢过程的作用机理，通过电化学表征样品的极化曲线和电化学阻抗谱（EIS），对比 g-C$_3$N$_4$、Ni(OH)$_2$/g-C$_3$N$_4$ 和 S-Ni(OH)$_2$/g-C$_3$N$_4$ 的不同比例样品 1-NHSCN、5-NHSCN、10-NHSCN、20-NHSCN、50-NHSCN 的催化活性和内阻抗。如图 4-16(a) 所示，S-Ni(OH)$_2$/g-C$_3$N$_4$ 的起始电位远低于 g-C$_3$N$_4$、Ni(OH)$_2$/g-C$_3$N$_4$ 的起始电位，表明经 S 掺杂后的 S-Ni(OH)$_2$ 对析氢的催化活性比纯相的 Ni(OH)$_2$ 更好。此外，也可推知 S 掺杂可以在 Ni(OH)$_2$ 上提供丰富的活性位点，这可以提高电子向 Ni(OH)$_2$ 表面的迁移速率以进行析氢反应。如图 4-16(b) 所示，S-Ni(OH)$_2$、g-C$_3$N$_4$ 和 S-Ni(OH)$_2$/g-C$_3$N$_4$ 的 EIS 谱表明，S-Ni(OH)$_2$/g-C$_3$N$_4$ 高频区半圆曲线的直径小于 g-C$_3$N$_4$，并且材料内阻随着 S-Ni(OH)$_2$/g-C$_3$N$_4$ 中 S-Ni(OH)$_2$ 比例的增加而降低。这说明 S-Ni(OH)$_2$/g-C$_3$N$_4$ 的内部电荷转移能力通过负载 S-Ni(OH)$_2$ 而得到有效增强，S-Ni(OH)$_2$ 可以为 g-C$_3$N$_4$ 的光生载流子提供更快的迁移通道。

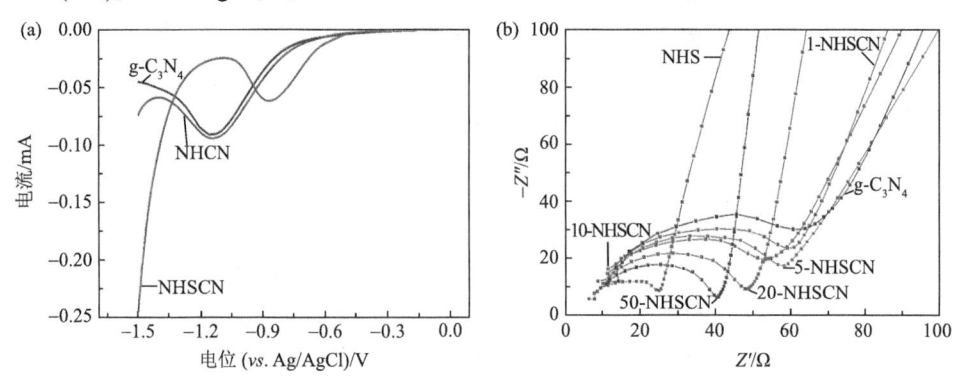

图 4-16　(a) g-C$_3$N$_4$、Ni(OH)$_2$/g-C$_3$N$_4$ 和 S-Ni(OH)$_2$/g-C$_3$N$_4$ 的极化曲线对比；(b) g-C$_3$N$_4$、Ni(OH)$_2$/g-C$_3$N$_4$ 和 S-Ni(OH)$_2$/g-C$_3$N$_4$ 的电化学阻抗谱对比

第 4 章　玉米秸秆作为牺牲剂的光催化复合材料制备及制氢性能

为了研究 S-Ni(OH)$_2$/g-C$_3$N$_4$ 材料在光催化重整玉米秸秆分解水反应中的制氢性能，采用 LabSolar-ⅢAG 光催化在线分析系统检测了不同比例的 S 掺杂样品 1-NHSCN、5-NHSCN、10-NHSCN、20-NHSCN 和 50-NHSCN 的制氢速率和催化寿命，并综合评估该材料作为光催化剂的制氢性能。如图 4-17(a) 和 (b) 所示，分别为 S-Ni(OH)$_2$/g-C$_3$N$_4$ 在 4 h 阶段制氢量检测和平均速率对比，可以发现 S 掺杂显著提升了 g-C$_3$N$_4$ 的制氢速率，验证了前述表征分析得出的结论。其中，样品 10-NHSCN 的产氢率可达到 5.24 μmol/h，高于同系列的其他样品。此外，为了证明硫掺杂对 g-C$_3$N$_4$ 具有特定的催化提升作用，测试了对照组样品 g-C$_3$N$_4$、Ni(OH)$_2$、S-Ni(OH)$_2$ 和 Ni(OH)$_2$/g-C$_3$N$_4$ 的制氢速率，如图 4-17(c) 所示，S-Ni(OH)$_2$/g-C$_3$N$_4$ 的制氢速率远高于其他对照样品，也进一步验证了 S 掺杂的有效性。此外，对其进行了 12 h 循环制氢稳定性测试，如图 4-17(d) 所示，表明连续辐照 12 h 后，平均光催化制氢速率与同种新样品相比，保留的百分比仅为 50.02%，这可能是由于长期辐照期间 g-C$_3$N$_4$ 的光生空穴对 S 元素活性位点的光腐蚀。

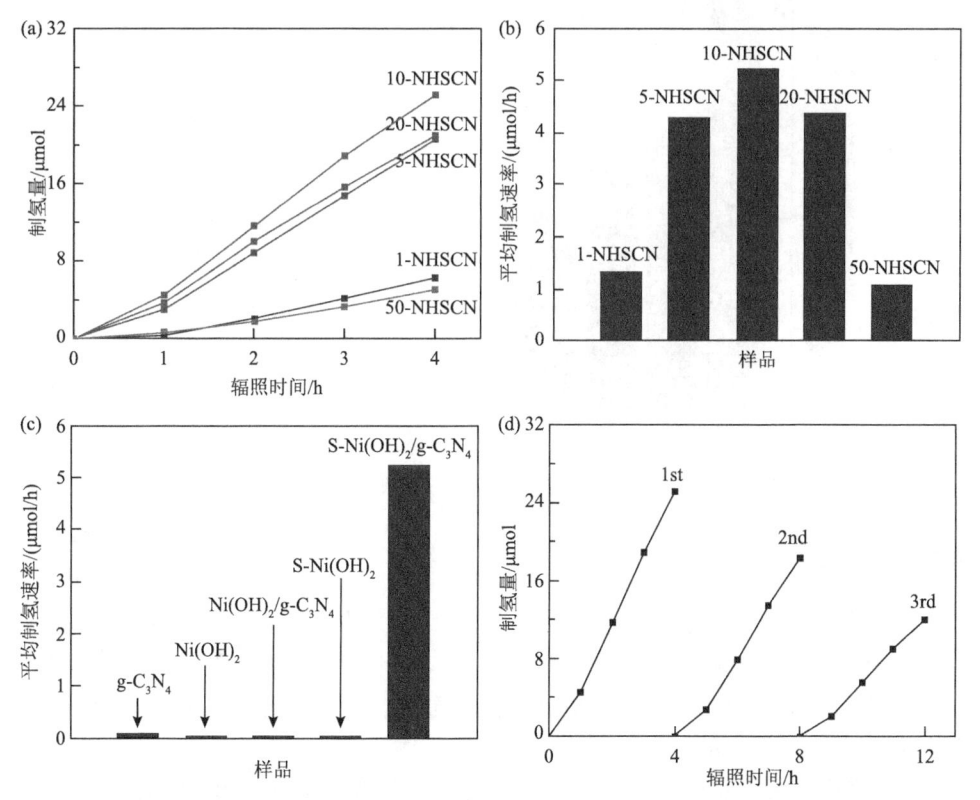

图 4-17　(a) 不同硫掺杂含量的 S-Ni(OH)$_2$/g-C$_3$N$_4$ 材料制氢 4 h 阶段制氢量；(b) 不同样品平均制氢速率；(c) 平均制氢速率对照实验结果；(d) 12 h 制氢循环寿命测试

综合本章研究的 Pt/TiO$_2$、Cu$_2$O/TiO$_2$、WS$_2$/g-C$_3$N$_4$、S-Ni(OH)$_2$/g-C$_3$N$_4$ 四种不同催化剂的平均制氢速率及催化寿命，如图 4-18 所示，以贵金属材料为代表的 Pt/TiO$_2$ 催化剂优化后的平均制氢速率可达 14.34 μmol/h，经 24 h 循环反应后平均制氢速率仍可达到初期速率的 96.72%；以过渡金属氧化物材料为代表的 Cu$_2$O/TiO$_2$ 催化剂优化后平均制氢速率达到 8.50 μmol/h，经 24 h 循环反应后平均制氢速率达到最初的 76.82%；以过渡金属硫化物为代表的 WS$_2$/g-C$_3$N$_4$ 催化剂平均制氢速率最高为 7.70 μmol/h，经 24 h 循环反应后平均制氢速率为初期的 71.43%；以过渡金属氢氧化物为代表的 S-Ni(OH)$_2$/g-C$_3$N$_4$ 催化剂平均制氢速率最高为 5.24 μmol/h，经 24 h 循环反应后平均制氢速率为初期的 50.02%。

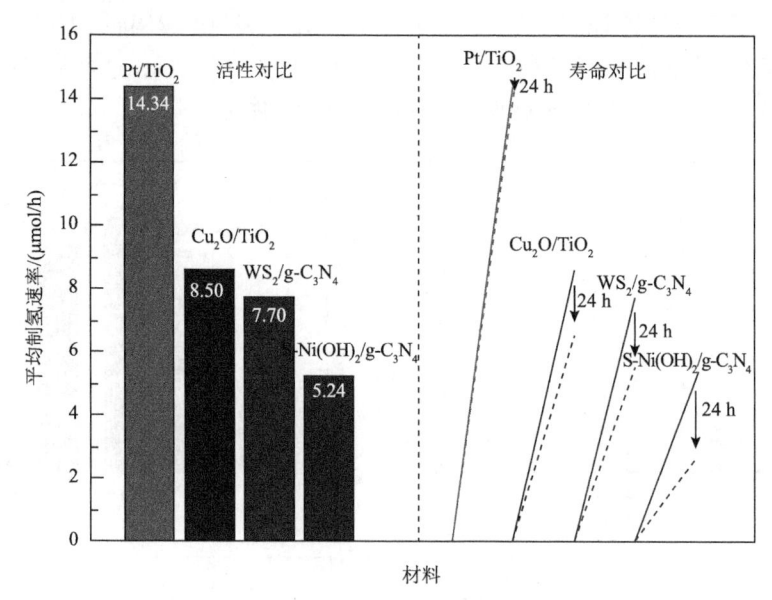

图 4-18 不同催化剂在玉米秸秆反应体系中的制氢性能对比

4.1.5 小结

为了提高实验的数据对比度和可重复性，更高的制氢量和更稳定制氢速率有益于光催化重整玉米秸秆制氢反应后续关于参数调节与机理方面的研究。其中，助催化剂对半导体材料制氢性能的影响效果显著，因此，分别研究了不同种类的光催化剂在该体系中的制氢性能表现。综上所述，得出以下结论：

(1) 采用光沉积法合成了以贵金属材料为代表的 Pt/TiO$_2$ 催化剂，采用 XRD 和 SEM 表征分析了 TiO$_2$ 原材料为锐钛矿晶相结构，平均颗粒尺寸约为 20 nm；

(2)通过调节 Pt 负载量并采用 ICP 表征 Pt 和 Ti 的质量比,经调变表面光沉积负载 Pt 含量优化后的平均制氢速率可达 14.34 μmol/h,经 24 h 循环反应后制氢速率仍可达到最初的 96.72%;

(3)总结助催化剂的修饰作用对催化剂制氢性能的影响,采用光沉积法合成的 1%的贵金属 Pt 修饰的 TiO_2 光催化剂的活性远高于未修饰的 TiO_2 催化剂;

(4)设计并采用共沉淀法合成了以过渡金属氧化物材料为代表的 Cu_2O/TiO_2 催化剂,采用 XRD 表征了样品的成分与晶体结构,Cu_2O 的过量负载对 TiO_2 的催化性有抑制作用,但与 Pt 负载相比程度较弱,说明采用共沉淀方法合成的复合材料相间结合力较弱;

(5)通过调节 Cu_2O 负载量优化后,平均制氢速率达到 8.50 μmol/h,经 24 h 循环反应后制氢速率达到最初的 76.82%;

(6)设计并采用共煅烧法成功合成了具有纳米薄片结构微观形貌的以过渡金属硫化物为代表的 $WS_2/g-C_3N_4$ 催化材料,采用 XRD、FTIR、TEM、UV-vis DRS、PL 技术表征了材料的晶体结构、官能团、微观形貌、异质结和光学特性;

(7)通过调节 W 元素载量优化制氢性能,$WS_2/g-C_3N_4$ 材料平均制氢速率最高为 7.70 μmol/h,经 24 h 循环反应后平均制氢速率为初期的 71.43%;

(8)设计并采用水热法合成了以过渡金属氢氧化物为代表的 S 掺杂的 $Ni(OH)_2/g-C_3N_4$ 材料,采用 XRD、FTIR、TEM、XPS、电化学等技术表征了材料的晶体结构、官能团、成键及元素价态、微观形貌、异质结、析氢电位等物理化学特性;

(9)通过调节 Ni 元素含量,材料平均制氢速率最高为 5.24 μmol/h,经 24 h 循环反应后平均制氢速率为初期的 50.02%。

综合对比不同材料催化活性与稳定性,Pt/TiO_2 材料相对具有更高的活性和稳定性,可能得益于 TiO_2 光催化剂较宽的禁带结构,这种结构具备导带的强还原性和价带的强氧化性且更稳定。而选用硫化物复合或 S 掺杂等形式的合成方案对 $g-C_3N_4$ 材料的光催化重整玉米秸秆制氢活性提升效果显著。

4.2 以玉米秸秆为牺牲剂的光催化制氢研究

4.2.1 玉米秸秆为牺牲剂光催化制氢实验

以玉米秸秆为牺牲剂的光催化制氢流程如图 4-19 所示。光催化实验是以 1wt% Pt/TiO_2 为催化剂。

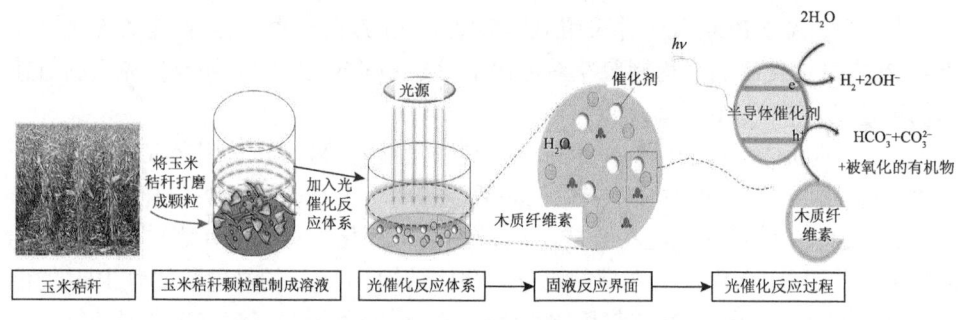

图 4-19 以玉米秸秆为牺牲剂的光催化制氢示意图

4.2.2 光催化制氢结果分析

基于光催化原理，TiO_2 催化剂吸收波长在紫外区域，具有一定能量的光子将价带上的电子激发至导带，在价带上留下一个空穴，这样便形成了一个电子-空穴对[7]。生成的电子具有很强的还原性，能将水或水中的氢离子还原为氢气，而空穴则具有很强的氧化能力，能将水分子或水中的氢氧根氧化为具有强氧化性的羟基自由基。当反应体系中有氧气存在时，除羟基自由基外，同时也可通过氧气的还原生成过氧化物和超氧化物等自由基中间体。而当反应体系中不含氧时，光催化反应中的氧化过程往往通过光生空穴和羟基自由基进行。本节中的光催化实验均进行了真空除氧，因此光催化制氢反应可用如化学反应式(4-1)～式(4-4)表示：

$$TiO_2 + h\nu \longrightarrow TiO_2(e^-, h^+) \tag{4-1}$$

$$h^+ + OH^-_{ads} \longrightarrow \cdot OH \tag{4-2}$$

$$h^+ + H_2O_{ads} \longrightarrow \cdot OH \tag{4-3}$$

$$2e^- + 2H^+ \longrightarrow H_2 \tag{4-4}$$

式中，$h\nu$ 为入射光子；e^- 为 TiO_2 最外层跃迁至导带的光生电子；h^+ 为 TiO_2 最外层由电子跃迁留下的光生空穴；$\cdot OH$ 为 TiO_2 固-液相界面产生的羟基自由基；ads 表示吸附状态。

同时在含有牺牲剂的光催化体系中光生空穴或羟基自由基可以将有机物直接或间接氧化，可用反应式(4-5)和式(4-6)表示：

$$\cdot OH + D \longrightarrow \cdot D^+ + H_2O \tag{4-5}$$

$$h^+ + D + 玉米秸秆 \longrightarrow D\cdot + H^+ + CO_2 \tag{4-6}$$

式中，D 为玉米秸秆中可直接作为牺牲剂的光催化活性位点；·D⁺为被羟基自由基氧化的活性位点自由基；D·为被氧化后的活性位点产生的强氧化性的自由基。

玉米秸秆的主要成分为木质纤维素，其由纤维素、半纤维素以及木质素三种组分组成，在光催化反应体系中，通过加入玉米秸秆，使其中的木质纤维素及其他小分子物质作为牺牲剂与空穴或羟基自由基发生氧化还原反应，重整并生成各类中间产物，不可逆消耗由空穴反应生成的羟基自由基，减少电子-空穴对的复合，促进光催化分解水制氢反应的进行，并实现光催化玉米秸秆氧化重整和光催化分解水制氢的同步进行。

由表 4-4 可知，当反应体系中没有催化剂或只使用未负载 Pt 的 TiO_2 为光催化剂时几乎无法测得有明显的产氢，但当使用 Pt/TiO_2 为催化剂时有了明显的制氢量提升，这是因为只有光催化剂接受辐照产生光生-电子空穴对才能使得反应进行，同时贵金属 Pt 作为助催化剂，氢气的还原位点负载在二氧化钛表面，促进了电子的转移，极大地减少了电子和空穴的复合，从而提高制氢速率。此外当辐照中不含有紫外光波段时，光催化制氢将难以进行，这是因为二氧化钛的禁带宽度较大，吸收波长在紫外区域。而当向反应体系中加入玉米秸秆颗粒时，相比于光催化分解纯水制氢，其制氢量也大幅增高。因此玉米秸秆的投入有利于光催化分解水制氢的进行，且玉米秸秆具有作为反应物(牺牲剂)同时实现光催化重整和分解水制氢的潜力。

表 4-4 不同条件下的制氢量

条件	制氢量/μmol	
	可见光	紫外-可见光
去离子水	0	0
去离子水 + 催化剂(TiO_2)	0	0
去离子水 + 催化剂(Pt/TiO_2)	0	1.696
去离子水 + 玉米秸秆颗粒	0	0
去离子水 + 玉米秸秆颗粒 + 催化剂(TiO_2)	0	0
去离子水 + 玉米秸秆颗粒 + 催化剂(Pt/TiO_2)	0	37.009

注：催化剂，1×10^{-3} g/mL；秸秆颗粒，0.3×10^{-3} g/mL；反应液体积，100 mL；辐照时间，4 h；氙灯光功率，50 W；可见光波段，420～780 nm，紫外-可见光波段，320～780 nm。

1. 基本形貌与晶型结构

为了进一步研究玉米秸秆在光催化反应后的变化，利用 SEM、XRD、FTIR 和 TGA 对光催化后的混合物样品及黑暗条件下的对照实验的混合物样品进行表征测定。

图 4-20 所示为玉米秸秆颗粒与二氧化钛催化剂混合物的扫描电镜图片。由图 4-20(a)可以看出,玉米秸秆表面虽然附有 TiO_2,但是秸秆表面并没有发生明显的变化。而在氙灯照射后,由图 4-20(b)可以明显地看出玉米秸秆表面出现了较多的孔洞,这一现象可能是由在紫外光下光催化剂所产生的羟基自由基和空穴与纤维素和半纤维素发生氧化还原反应所导致的。

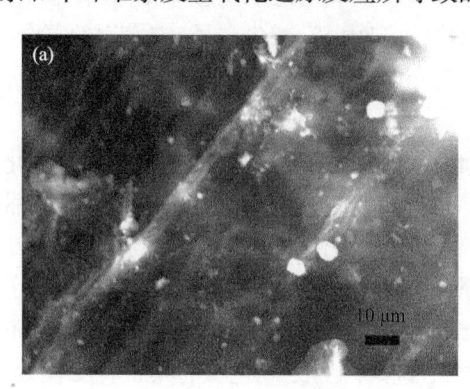

图 4-20 玉米秸秆颗粒的扫描电镜图
(a)黑暗条件下 6 h 后; (b)氙灯照射下 6 h 后

图 4-21 所示为在黑暗条件下 6 h 后和在氙灯照射下 6 h 后,玉米秸秆颗粒与催化剂混合物的 XRD 谱图。由图 4-21 可以看出,黑暗条件下处理的玉米秸秆和光催化反应后的玉米秸秆在 22.0°和 16.0°附近均有衍射峰,这两种衍射峰均为结晶纤维素的典型衍射峰,而位于 18.7°的峰谷位置代表无定形纤维素。玉米秸秆在

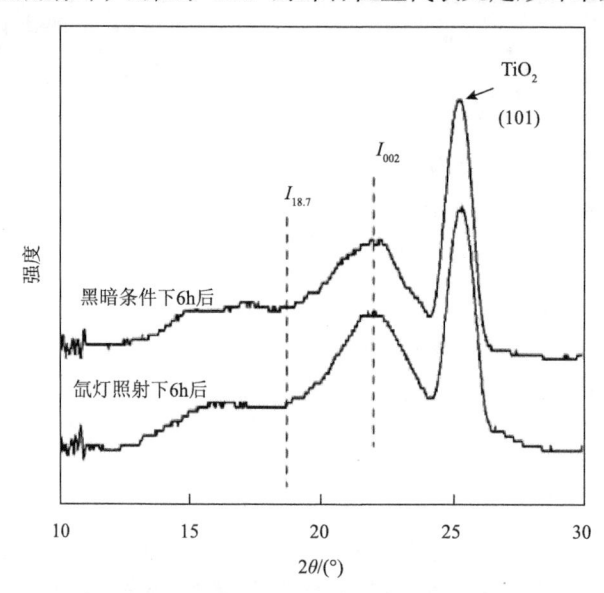

图 4-21 玉米秸秆与催化剂混合物的 XRD 谱图

光催化反应后，在 22.0°处的峰略微变尖，这说明光催化反应后玉米秸秆的相对结晶度发生了一定的改变。根据相对结晶度的测量和计算，在氙灯照射下 6 h 后，相对结晶度由 36.40%增加到 44.73%，这可能是由于可抽提物、半纤维素及无定形纤维素在光催化反应过程中被分解，导致结晶纤维素的含量相对上升。

2. 红外光谱分析

在黑暗条件下 6 h 后和在氙灯照射下 6 h 后，玉米秸秆颗粒与催化剂混合物的红外光谱如图 4-22 所示。在 400~1000 cm^{-1} 波数范围内的吸收峰，是由 TiO$_2$ 中的 Ti—O 键的伸缩振动引起的[8]。在 1640 cm^{-1} 处的峰是由纳米二氧化钛和玉米秸秆中吸附水的水分子伸缩弯曲振动引起的。在 3427 cm^{-1}、2922 cm^{-1} 和 1060 cm^{-1} 处出现的峰，分别对应玉米秸秆中木质纤维素的 O—H 键、C—H 键、—CH$_2$ 键的伸缩振动。在 1110 cm^{-1} 和 1163 cm^{-1} 处的峰分别对应 C—O 键和 C—C 键的伸缩振动。而在 1516 cm^{-1} 处的峰为木质纤维素中木质素的 C═C 的伸缩振动峰。通过对比光催化前后的混合物样品的红外光谱，可以发现玉米秸秆中木质纤维素对应的 C—H 键、O—H 键和 C—O 键的峰强度有了明显的减弱，这说明这些键的强度在光催化 6 h 后减弱了。

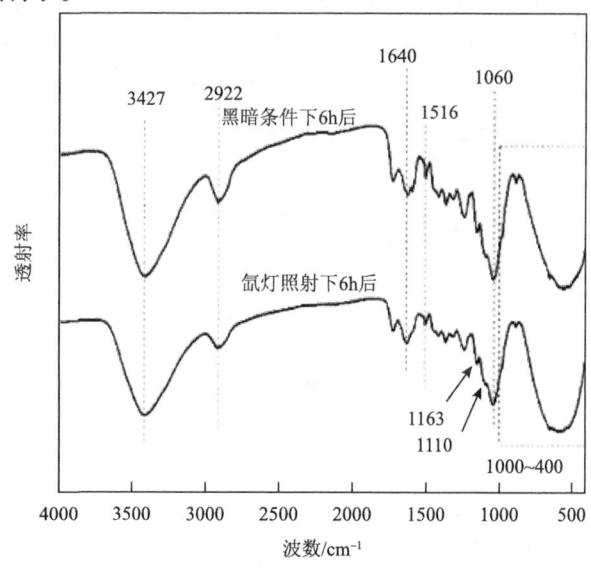

图 4-22 玉米秸秆与催化剂混合物的红外光谱

3. 热重分析

图 4-23 分别是在黑暗条件下 6 h 后(1#)及在氙灯照射下 6 h 后(2#)玉米秸秆颗粒与二氧化钛催化剂混合物的 TG 曲线图和 DTG 曲线图。由图 4-23 可以看出，

样品的失重过程大致可以分为三段：第一阶段，样品中的自由水和结合水开始蒸发；第二阶段，热稳定性较低的可抽提物先开始分解，温度进一步上升达到纤维素与半纤维素的热分解叠加区域，失重剧烈，这一过程以吸热为主；第三阶段，残留物开始炭化，失重率相比上一阶段减少。对于失重，黑暗条件下 6 h 后，玉米秸秆颗粒与催化剂混合物的失重明显大于光催化后的玉米秸秆与催化剂混合物的失重，而二氧化钛在 700℃ 内表现出极高的热稳定性，所以可以推测光催化反应后混合物中催化剂的比重上升，这可能是由于玉米秸秆中的一些小分子物质、可抽提物、纤维素及半纤维素在光催化过程中被消耗，使得玉米秸秆在混合物中的比重下降。同时由 DTG 曲线可知，两个样品都出现了位于 298.17~328.33℃ 之间的肩峰，这是由于纤维素和半纤维素热解的 2 个 DTG 峰的分离。而在 180~230℃ 区域也存在一个肩峰，该峰的出现是由于玉米秸秆样品中存在一定量的热稳定性较差的可抽提物，但相比于曲线 1# 中的肩峰，在氙灯照射下 6 h 后，玉米秸秆颗粒与催化剂混合物的 DTG 曲线（2#）中该肩峰明显减弱，这说明光催化反应后玉米秸秆样品中的可抽提物的含量减少了，同时 298.17~328.33℃ 之间的肩峰在光催化后明显增强，这可能是因为一部分可抽提物除去后，半纤维素和纤维素在玉米秸秆中的相对比例增加。由 TGA 结果分析可知，光催化反应前后玉米秸秆的质量发生明显变化，这可能是由于其部分组成成分作为牺牲剂参与到光催化反应中，氧化分解后溶入水溶液中，从而导致玉米秸秆在混合物中的质量下降。

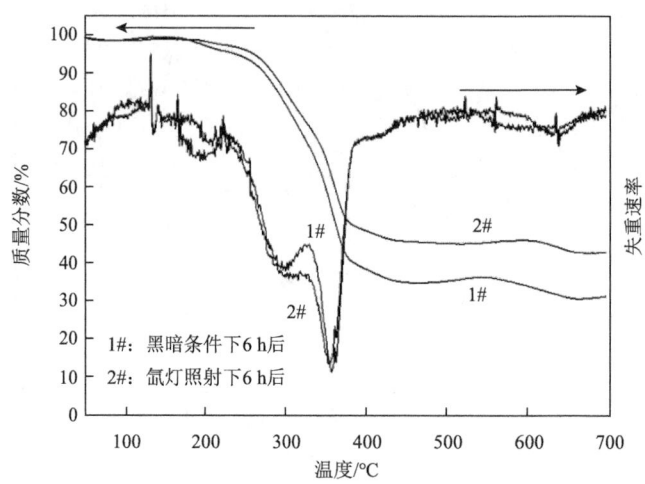

图 4-23 玉米秸秆与催化剂混合物的 TG 和 DTG 曲线

4. 辐照时间

图 4-24 所示为三种不同条件下制氢速率随辐照时间的变化规律图。通过对比 a 和 b 两条曲线可知，秸秆颗粒浓度过高时氢气的产率稳定但会被抑制。这可能

是因为在反应物充足的同时，由致密的纤维素构成的玉米秸秆所带来的辐射吸收的饱和或光散射现象抑制了氢气的产量。而通过对比 b 和 c 两条曲线可知，在高催化剂浓度的情况下，制氢速率明显提高，但随着反应时间的延长，在反应 4 h 后制氢速率出现大幅的下降。辐照时长对制氢速率的影响是催化剂浓度、秸秆颗粒浓度、催化剂活性和实验等其他因素的综合影响。其中对于催化剂种类和浓度固定的光催化反应实验，催化剂活性在固定一段时间内对催化反应影响是相似的，在以总制氢量为评价标准时可以忽视催化剂活性的影响，而在分析随时间连续变化的制氢过程时，在一定程度上仍需考虑催化剂活性的影响因素。因此对于在本节的实验条件内且不考虑高催化剂浓度的情况下，前 4 h 的制氢速率的变化规律大体一致，选用 4 h 为辐照时间，可用于对光催化重整玉米秸秆并同时分解水制氢的相关研究。

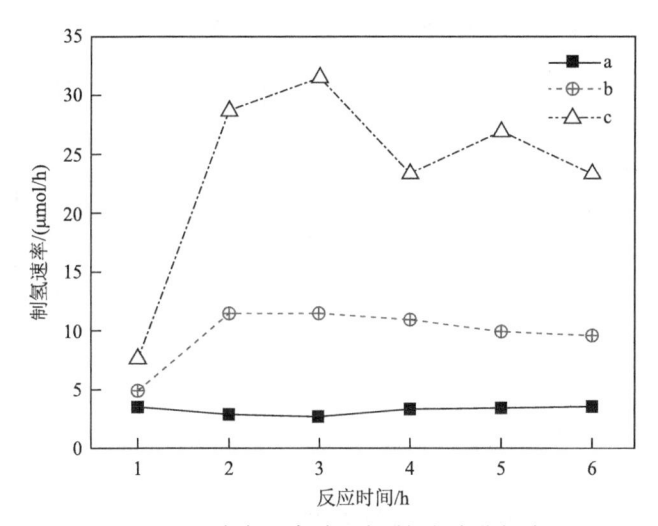

图 4-24 制氢速率随反应时间的变化规律

a：催化剂浓度为 1×10^{-3} g/mL，秸秆颗粒浓度为 0.5×10^{-2} g/mL；b：催化剂浓度为 1×10^{-3} g/mL，秸秆颗粒浓度为 0.5×10^{-3} g/mL；c：催化剂浓度为 5×10^{-3} g/mL，秸秆颗粒浓度为 0.5×10^{-3} g/mL；玉米秸秆颗粒粒径≤180 μm

5. 秸秆颗粒浓度

在生物质作为牺牲剂的光催化制氢反应体系中，光催化重整生物质的同时水也作为氧化剂参与制氢反应，被光生电子还原。因此水/反应物的比例也是影响反应的一个重要因素。对于贵金属负载的 TiO_2 在纯水条件下接受紫外光辐照时制氢速率较低，而当加入少量的生物质牺牲剂时制氢速率急剧提升。但当体系中不存在水分子时，如在纯乙醇的条件下，氢气的产率受到了明显的限制，选择性也受到了影响。大量实验对不同催化剂和不同反应物条件下的最佳反应物浓度进行了相关研究。例如，对于在紫外光照射下以 Pt/TiO_2 为光催化剂时，乙醇和水的最佳体积比为80%。

图 4-25 所示为催化剂浓度为 1×10^{-3} g/mL、玉米秸秆颗粒粒径≤180 μm、辐照时间为 4 h 时，秸秆颗粒浓度对制氢量和制氢速率的影响图。由图 4-25(a) 可知，秸秆颗粒浓度对制氢量有较大的影响，制氢量随着秸秆颗粒浓度的增加先升高后降低。在秸秆颗粒浓度为 0.3×10^{-3} g/mL 时，制氢量最大，之后随着颗粒浓度的增加，制氢量呈现出下降趋势，这可能是因为木质素和纤维素在紫外光区存在的吸收峰与同样需要利用紫外光进行光催化分解水的 TiO_2 形成一种相互竞争的关系。随着秸秆颗粒浓度的增加，木质素将会吸收更多的紫外光从而影响了光催化效率，另一方面，玉米秸秆对辐射吸收的饱和及光散射现象降低了氢气产量。同时由图 4-26 可知，秸秆颗粒浓度的增加也会影响光的透射率，从而降低制氢速率。但过低的玉米秸秆颗粒浓度使得反应物的浓度不足，也会造成制氢量和制氢速率的下降。

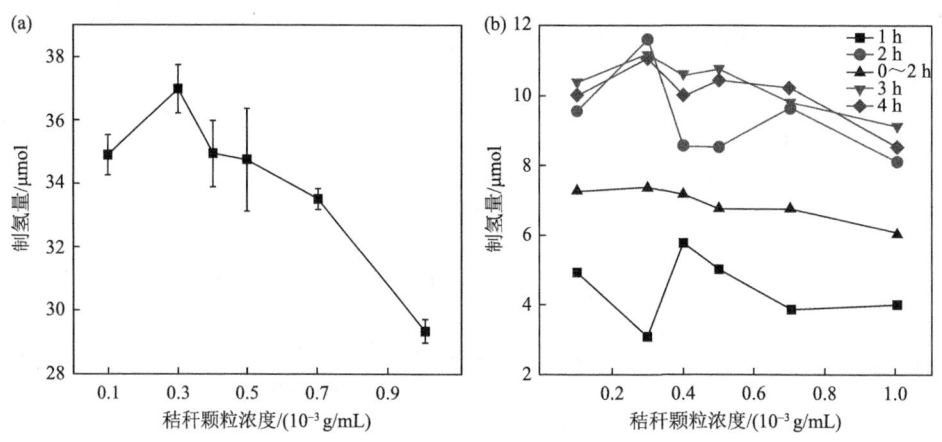

图 4-25 秸秆颗粒浓度对产氢的影响
(a)秸秆颗粒浓度对制氢量的影响；(b)秸秆颗粒浓度对制氢速率的影响

从图 4-25(b)可以看出，第一小时的制氢速率较低，这是由于反应初期，催化剂的活性有一个从低到高逐渐升高的过程。反应进行到两小时及以后，催化剂活性稳定，制氢速率有了明显的提升，而当在玉米秸秆颗粒浓度在 0.3×10^{-3} g/mL 时，第一小时的制氢速率减小而第二小时的制氢速率增大，玉米秸秆颗粒浓度在 $0.3\times10^{-3}\sim0.4\times10^{-3}$ g/mL 时，第一小时的制氢速率增大而第二小时的制氢速率减小，这可能是在此范围内秸秆颗粒浓度的增加所带来的反应速率的增加与其负面影响及催化剂活性变化三种影响因素的综合效果。从图 4-25(b)可以看出，第一小时的制氢速率的变化曲线与第二小时的制氢速率的变化曲线近似于水平轴对称，实际上随着秸秆颗粒浓度的变化，前两小时反应的平均制氢速率的变化并不显著，但从第三小时和第四小时的制氢速率的变化曲线可以看出,其制氢速率随着秸秆颗粒浓度的增大出现了先增后减的变化趋势。

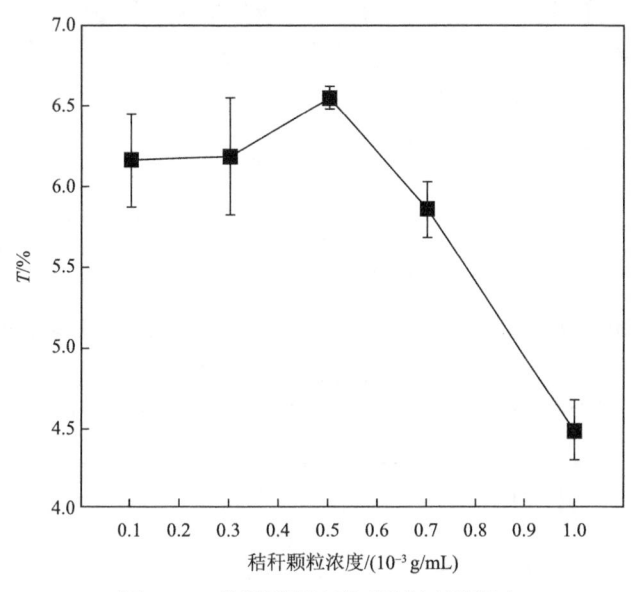

图 4-26 秸秆颗粒浓度对透射率的影响

6. 催化剂浓度

对于液相的光催化反应,其速率直接取决于光催化剂和入射光子的数量。而最佳的催化剂浓度的大小取决于催化剂的光吸收特性和颗粒的团聚。图 4-27 所示分别为秸秆颗粒浓度为 $0.3×10^{-3}$ g/mL、玉米秸秆颗粒粒径≤180 μm、辐照时间为 4 h 时,催化剂浓度对产氢的影响图。由图 4-27(a)可知,催化剂浓度对制氢量有较大的影响,制氢量随着催化剂浓度的增加先升高后降低。这表明催化剂浓度存在一个最佳范围,当低于或高于这个范围时,制氢量便会下降。当催化剂浓度在 $4×10^{-3}$~$6×10^{-3}$ g/mL 时,制氢量最高且曲线平缓,在此范围内随着催化剂浓度的改变,制氢量的变化不大。当催化剂浓度小于 $4×10^{-3}$ g/mL 时,随着催化剂浓度的上升,制氢量明显增大,这表明在反应底物充足的情况下,催化剂浓度越高,制氢速率越大,一定时间内的制氢量也就越大。而当催化剂浓度大于 $6×10^{-3}$ g/mL 时,制氢量随着催化剂浓度的上升而降低,这表明过高的催化剂浓度会抑制光催化反应的速率。结合图 4-27 和图 4-28 可知,透射率随着催化剂浓度的增加而快速地下降,而过低的透射率可能会对光催化制氢起到负面作用。此外过高的固体颗粒浓度并不能使光催化剂产生更高的自由基浓度,从而不利于生物质进行有效的降解和转变,也不利于后续的光催化水解。

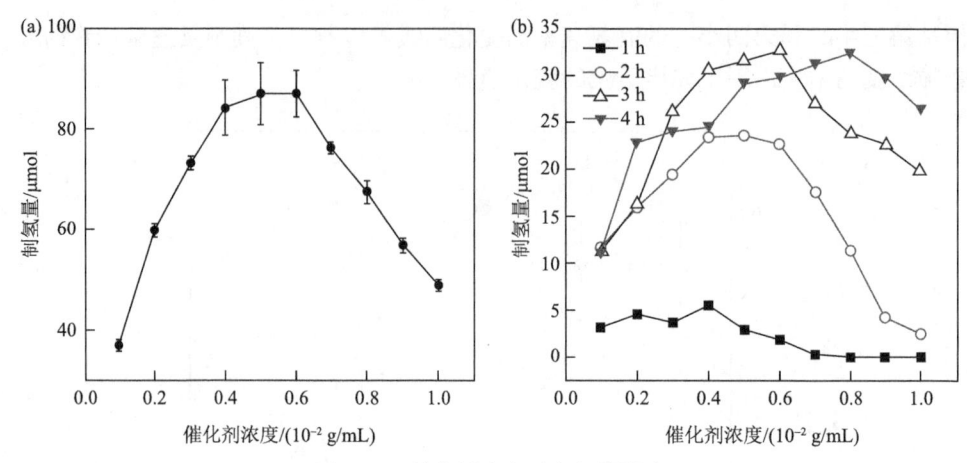

图 4-27 催化剂浓度对产氢的影响
(a) 催化剂浓度对制氢量的影响；(b) 催化剂浓度对制氢速率的影响

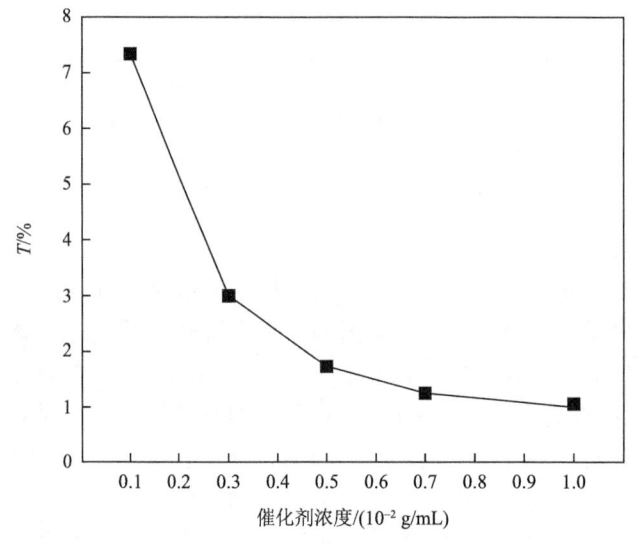

图 4-28 催化剂浓度对透射率的影响

可以看出，无论是研究催化剂浓度还是玉米秸秆颗粒浓度对光催化制氢的影响，在本制备方法下，第一小时的制氢速率会较低，但与秸秆颗粒浓度对制氢速率影响不同，随着催化剂浓度的增加各个时间段的制氢速率均呈现出先增后减的变化规律，说明了催化剂浓度对以玉米秸秆为牺牲剂的光催化分解水制氢反应有显著的影响。

7. 秸秆颗粒粒径

图 4-29 所示为秸秆颗粒浓度为 0.3×10^{-3} g/mL、催化剂浓度为 5×10^{-3} g/mL、

辐照时间为 4 h 时，玉米秸秆颗粒粒径对制氢量的影响图。由图可知，制氢量随着粒径的减小而先增后减，但相对于催化剂浓度和秸秆颗粒浓度等因素对制氢速率的影响，当粒径小于 250 μm 时粒径的变化引起的制氢量变化不大，表明过小的粒径对于制氢量及制氢速率的影响并不显著。可以看出，秸秆颗粒粒径在 250~380 μm 时，氢气的产量最高。当粒径大于 380 μm 时，随着粒径的增大，制氢量下降，这可能是因为相对表面积变小，与液体和催化剂的接触变得不充分，抑制光催化分解木质纤维素。而当粒径小于 250 μm 时，制氢量有轻微的减小，这可能是由于粒径降低，比表面积增大，导致木质纤维素及小分子物质分解后的产物吸附在催化剂颗粒表面，造成木质纤维素与液体的接触面积减小，从而导致制氢量的减少。

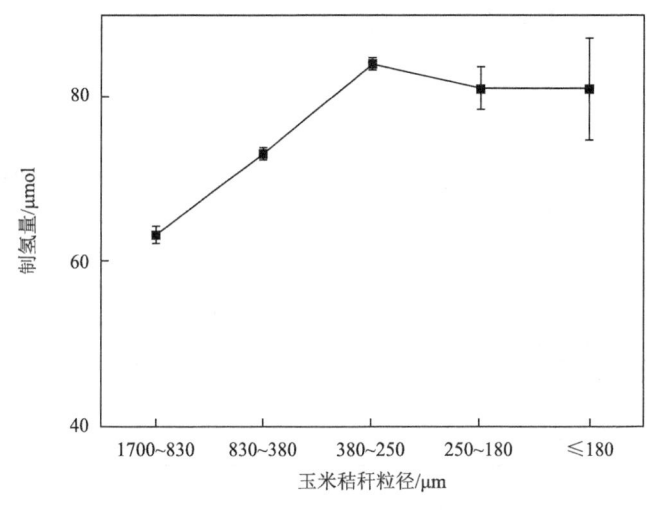

图 4-29　玉米秸秆颗粒粒径对制氢量的影响

8. 正交实验

通过单因素实验，从秸秆颗粒浓度、催化剂浓度和秸秆粒径三个因素中分别选取具有最高制氢量且起伏明显的梯度进行正交实验，使用 $L_9(3^4)$ 进行正交设计（表 4-5），辐照时间为 4 h。

表 4-5　正交实验因素水平表

水平	A 秸秆颗粒浓度/(10^{-3} g/mL)	B 催化剂浓度/(10^{-2} g/mL)	C 秸秆颗粒粒径/μm
1	0.1	0.3	1700~830
2	0.3	0.5	380~250
3	0.5	0.7	≤180

由表 4-6 可知，影响以玉米秸秆为牺牲剂光催化分解水制氢速率的因素的主次顺序为催化剂浓度＞秸秆颗粒浓度＞秸秆颗粒粒径，正交实验中制氢量最高的条件组合为 $A_2B_2C_2$，即秸秆颗粒浓度为 0.3×10^{-3} g/mL、催化剂浓度 5×10^{-3} g/mL 和秸秆粒径大小为 380～250 μm。根据正交实验对最优条件进行验证性实验，其辐照 4 h 的制氢量为 85.045 μmol。

表 4-6 正交实验数据与结果

实验号	A	B	C	制氢量/μmol
1	1	1	1	51.518
2	1	2	2	48.571
3	1	3	3	16.384
4	2	1	2	80.580
5	2	2	3	80.893
6	2	3	1	42.411
7	3	1	3	65.446
8	3	2	1	80.402
9	3	3	2	48.170
k_1	38.824	65.848	58.110	
k_2	67.961	69.955	59.107	
k_3	64.673	35.655	54.241	
R	29.137	34.300	4.866	

4.3 玉米秸秆光催化制氢体系对制氢的影响因素

光催化重整玉米秸秆分解水制氢反应液相体系主要为水，而现实中大规模用水往往不能保证水的纯度，前期猜想纯水掺入不同种类杂质以及杂质的不同浓度均会对反应产生不同程度的影响。因此，有必要探究光催化制氢反应在含有污染物的复杂液相环境中的表现及各种污染物对其制氢的影响规律。例如，敬登伟等[10]提出以模拟有机污染物的废水作为制氢原料，研究了各种常见有机污染物浓度及环境 pH 对以 CdS 为催化剂的制氢体系的影响。Yu 等[11]研究了 KCl、KNO_3、$Zn(CH_3COO)_2$ 和 $Zn(NO_3)_2$ 对以 Pd 负载的 TiO_2 为催化剂的制氢体系的影响规律。李芳芹等[12]对近年来以污染物作为电子供体的新型光催化制氢体系进行了综述报道。结合 4.1 节中催化剂的研究结论，以 Pt/TiO_2 为光催化剂，将天然玉米秸秆加入光解水反应体系，采用单因素制备方法，研究该反应体系在无机污染物中作为牺牲剂的催化表现。本节实验将研究玉米秸秆中不同成分的含量及其制氢性能对比、污水或海水中常见的离子种类及其浓度对制氢性能的影响、反应液的 pH 对该光催化分解水制氢反应体系的影响，并基于实验数据分析相应的作用机理。

本节所用试剂如表 4-7 所示。

表 4-7　实验试剂名称、生产厂家及规格

试剂名称	生产厂家	规格/纯度
二氧化钛(TiO_2)	上海麦克林生化科技有限公司	P25，AR
氯铂酸钾(K_2PtCl_6)	上海阿拉丁生化科技股份有限公司	98.00%
硫酸(H_2SO_4)	福晨化学试剂有限公司	98.00%
氢氧化钠(NaOH)	济南恒兴化学试剂制造有限公司	99.50%
磷酸氢二钠(Na_2HPO_4)	辽宁泉瑞试剂有限公司	AR
硫酸钠(Na_2SO_4)	天津市致远化学试剂有限公司	AR
硫酸锌($ZnSO_4 \cdot 7H_2O$)	福晨化学试剂有限公司	AR
硫酸镁($MgSO_4$)	天津市光复精细化工研究所	AR
硫酸钙($CaSO_4 \cdot 2H_2O$)	辽宁泉瑞试剂有限公司	AR
硫酸亚铁($FeSO_4 \cdot 7H_2O$)	天津市永大化学试剂有限公司	AR
硝酸钠($NaNO_3$)	天津市致远化学试剂有限公司	AR
硝酸钾(KNO_3)	天津市大茂化学试剂厂	AR
氯化钠(NaCl)	福晨化学试剂有限公司	AR
氯化钾(KCl)	天津市致远化学试剂有限公司	AR
无水碳酸钠(Na_2CO_3)	天津市北辰区方正试剂厂	AR
无水碳酸钾(K_2CO_3)	天津市北辰区方正试剂厂	AR
磷酸氢二钾(K_2HPO_4)	辽宁泉瑞试剂有限公司	AR
磷酸二氢钾(KH_2PO_4)	辽宁泉瑞试剂有限公司	AR
α-纤维素	上海麦克林生化科技有限公司	AR
葡萄糖	上海源叶生物科技有限公司	AR
木聚糖	国药集团化学试剂有限公司	AR
木质素	合肥巴斯夫生物科技有限公司	AR
碱性木质素	合肥巴斯夫生物科技有限公司	AR
丙酮	天津大茂化学试剂厂	99.00%
十二烷基硫酸钠	天津市北辰区方正试剂厂	AR

续表

试剂名称	生产厂家	规格/纯度
乙二胺四乙酸二钠(EDTA-2Na)	辽宁泉瑞试剂有限公司	AR
四硼酸钠($Na_2B_4O_7 \cdot 10H_2O$)	天津市北辰区方正试剂厂	AR
乙二醇乙醚($C_4H_{10}O_2$)	辽宁泉瑞试剂有限公司	AR
α-高温淀粉酶	合肥巴斯夫生物科技有限公司	AR
石油醚	辽宁泉瑞试剂有限公司	AR
十六烷基三甲基溴化铵	天津市北辰区方正试剂厂	AR
硫酸铁[$Fe_2(SO_4)_3 \cdot 9H_2O$]	天津市永大化学试剂有限公司	AR
硫酸钾(K_2SO_4)	天津市致远化学试剂有限公司	AR
硫酸铜($CuSO_4 \cdot 5H_2O$)	福晨化学试剂有限公司	AR
无水乙醇	辽宁泉瑞试剂有限公司	99.50%

4.3.1 天然玉米秸秆反应条件优化[9]

由于本节所采用的光催化石英反应器为柱形结构，液面距离液底部的高度约为5 cm，因此，催化剂和玉米秸秆的投入浓度将对反应体系的透射率及制氢性能产生较大的影响。为了研究固相物的浓度对制氢性能的影响，以催化剂：玉米秸秆=1：1的固定质量比，分别调变总体分散相的质量浓度为0.5 g/L、1.0 g/L、2.0 g/L、10.0 g/L、20.0 g/L。如图4-30所示，反应容器透射率随分散相浓度增大而减小，而在低浓度范围 0.5~2.0 g/L，平均制氢速率随分散浓度增大而增大；而在超过2.0 g/L浓度后，平均制氢速率随浓度增大而减小，从动力学角度分析，这是因为过低的催化剂：玉米秸秆浓度会降低两组分的接触概率，而过高的浓度会降低催化剂接收的光辐照强度。

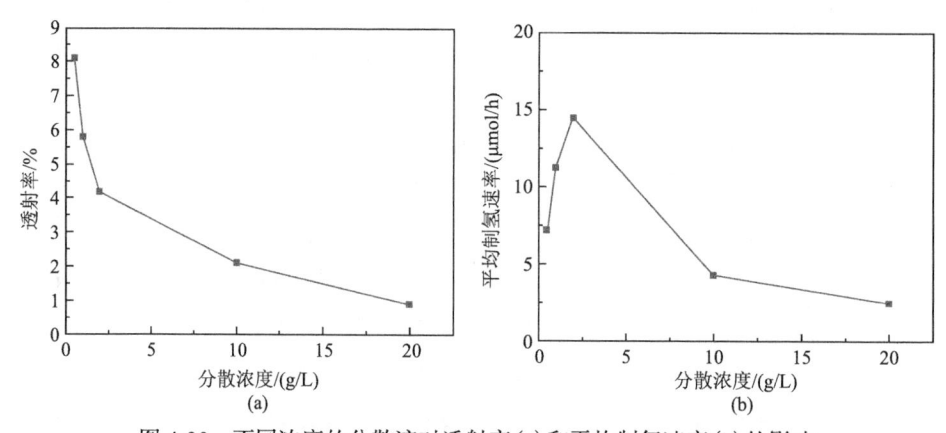

图4-30 不同浓度的分散液对透射率(a)和平均制氢速率(b)的影响

玉米秸秆是多种有机物组成的混合物，其成分较为复杂，不能通过计算调整其与催化剂的比例。因此，基于上述实验结果，在固定的分散浓度为 2.0 g/L 的条件下，调节催化剂与玉米秸秆的不同质量比，分别为 1∶9、3∶7、1∶1、7∶3、9∶1，对比不同反应体系的平均制氢速率以确定最佳比例，如图 4-31 所示，可知光催化剂∶玉米秸秆的最佳比例接近 1∶1。因此，后续实验研究中反应容器所加入的成分及含量固定，其中光催化剂为 0.1 g，玉米秸秆为 0.1 g，水为 100 mL。

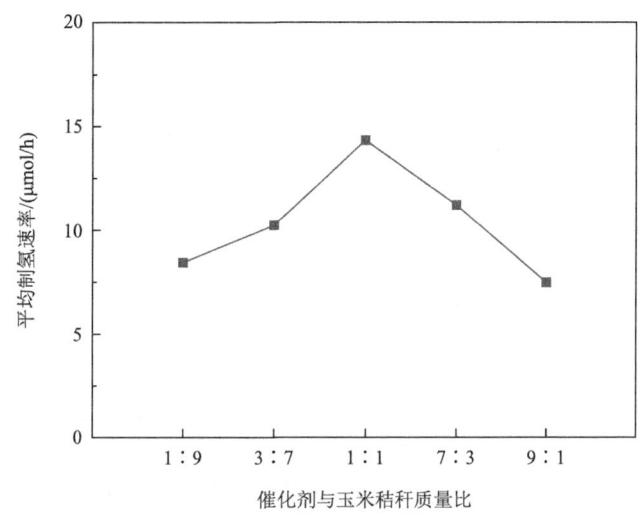

图 4-31　催化剂与玉米秸秆不同比例对平均制氢速率的影响

本节所选用的玉米秸秆经物理研磨并筛分为不同粒径，为研究不同粒径对光催化重整玉米秸秆分解水制氢速率的影响，分别取不同样品 0.1 g 进行制氢实验。如图 4-32 所示，可知粒径范围在 250～380 μm 的平均制氢速率相对较高，这是因为选用过大直径的玉米秸秆颗粒会降低其比表面积；而过小直径的玉米秸秆颗粒中可溶性成分过高，这些成分的溶液浓度过高可能会改变反应液对紫外光的透射性。

由于玉米秸秆中结构复杂，不同的成分在研磨过程中表现出不同的韧性，可以合理推测经过筛分的不同粒径范围的玉米秸秆样品有不同的成分含量，为了验证这一推测，采用范氏(Van Soest)法对不同直径范围<100 μm、100～180 μm、180～250 μm、250～380 μm、380～850 μm、850～1800 μm 的样品进行木质纤维素中纤维素、半纤维素和木质素含量的测定。如表 4-8 所示，可知颗粒较小的样品(直径范围：<250 μm)中半纤维素和其他成分含量相对较高，纤维素和木质素占比相对较低。其中，范围在<100 μm 的样品中的纤维素、半纤维素、木质素、其他成分含量分别为 15.13%、27.74%、2.11%、55.02%。颗粒较大的样品(直径范围：250～1800 μm)中的木质纤维素成分及含量较稳定，范围在 250～380 μm 的

样品和在 850~1800 μm 的样品中的木质纤维素各组分含量相差较小。可能的原因是样品中具有纤维骨架结构的成分如纤维素、木质素在研磨过程中具有更好的弹性和韧性，相比于半纤维素和其他成分，该成分更易以较大颗粒形式保留；较小的颗粒中以无定形的半纤维素和其他成分为主，该部分包括可溶性和不可溶成分，这一结果与 4.2.2 节中产氢部分的推测相一致。

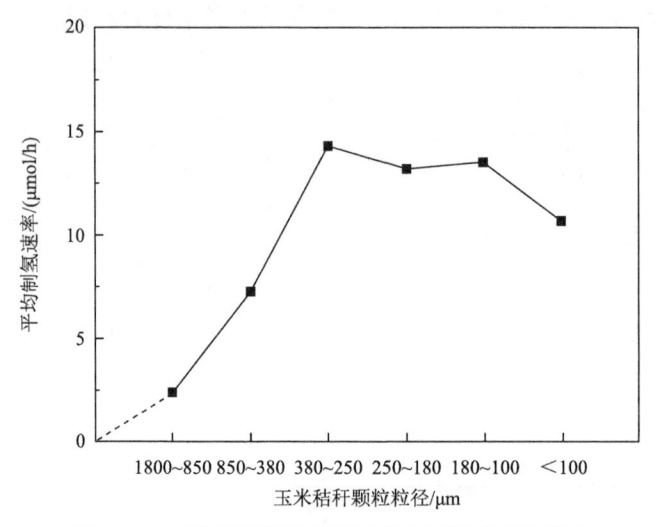

图 4-32 玉米秸秆颗粒粒径对平均制氢速率的影响

表 4-8 玉米秸秆不同颗粒大小样品的成分含量

样品颗粒大小/μm	纤维素/%	半纤维素/%	木质素/%	其他成分/%
<100	15.13	27.74	2.11	55.02
100~180	17.34	25.65	2.87	54.14
180~250	22.68	21.37	3.73	52.22
250~380	28.0	21.50	4.46	46.04
380~850	29.85	20.21	4.86	45.08
850~1800	28.58	20.47	4.23	46.72

基于上述对光催化重整玉米秸秆分解水制氢反应体系的优化结果，后续将以 0.1 g 光催化剂投入量、0.1 g 玉米秸秆投入量(粒径范围：250~380 μm)和 100 mL 水作为最优反应体系进行实验。

4.3.2 玉米秸秆中不同组分对光催化制氢的影响

在作者课题组之前的研究工作基础上，为更全面地分析玉米秸秆中所含不同成分对光催化制氢的影响，取粒径范围在 250~380 μm 的玉米秸秆样品，采用范氏法分别测定玉米秸秆及其各部位的木质纤维素所占重量比。如表 4-9 所示，可知玉米秸秆未做分类的总体成分中，纤维素、半纤维素、木质素含量分别为 28.00%、21.50%、4.46%。其中，秸叶和秸穗中半纤维素的占比相对较高，分别为 32.14%、30.65%，略高于平均水平的 28.00%；秸皮中纤维素、木质素的占比相对较高，分别为 31.68%、5.73%，略高于平均水平的 28.00%、4.46%；秸髓中木质素的含量相对较低，半纤维素和其他成分占比相对较高，分别为 28.68%、42.34%，其他成分中包括蛋白质、小分子糖类和脂类等化合物。

表 4-9　玉米秸秆不同部位的成分含量

组分名称	纤维素/%	半纤维素/%	木质素/%	其他成分/%
秸叶	28.49	32.14	3.30	36.07
秸穗	28.34	30.65	2.96	38.05
秸皮	31.68	21.37	5.73	41.22
秸髓	26.96	28.68	2.02	42.34
玉米秸秆（总）	28.00	21.50	4.46	46.04

根据上述实验采用范氏法对玉米秸秆的定量分析可知，不同部位成分含量有细微差距。为了进一步研究不同部位的成分和结构，采用 XRD 技术对不同部位样品进行了表征。图 4-33 为玉米秸秆不同部位的 XRD 谱对比图，在 2θ=16.0° 和 21.9°

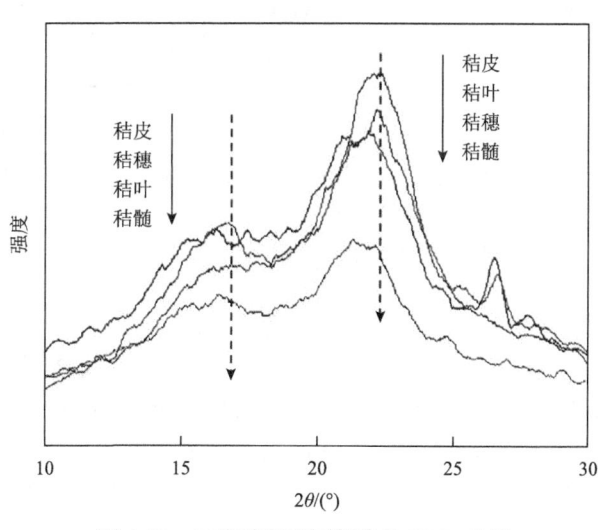

图 4-33　玉米秸秆不同部位的 XRD 表征

附近的衍射峰对应于玉米秸秆中纤维素的晶面结构,各部位的 XRD 谱图的峰形和位置相近,可知玉米秸秆不同部位的成分与结构相同。而根据 3.1 节 XRD 表征中结晶尺寸计算公式(3-1),可知在 2θ=16.0°附近衍射峰的结晶尺寸:秸髓＜秸叶＜秸穗＜秸皮;在 2θ=21.9°附近衍射峰的结晶尺寸:秸髓＜秸穗＜秸叶＜秸皮。其中,秸皮的结晶尺寸较高,这可能是因为秸皮中的低结晶尺寸的半纤维素含量较低,而高结晶尺寸的木质素和纤维素含量较高。秸髓的结晶尺寸较低,可能的原因是秸髓中半纤维素和其他无定形物质含量较高。

图 4-34 为玉米秸秆不同部位的 TG 曲线对比,可知在 100℃下,各样品均有微量失重,归因于水分的蒸发;在 200℃下,秸皮和秸髓有明显的加速失重,可能的原因是秸皮和秸髓中含有的较多的碳水化合物等物质的分解;在 300~400℃阶段,各样品均有加速失重,且失重比例超过 50%,归因于木质纤维素的大量分解。另外,对比失重率:秸叶＜秸皮＜秸穗＜秸髓,可知热失重总量与结晶度相关。结合上述表征,发现结晶度越低的部位热失重比例越高,可以推断无定形成分的稳定性低于结晶成分。

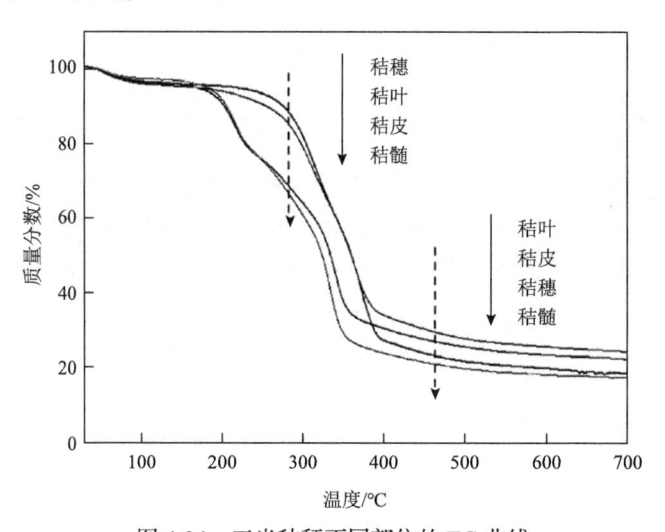

图 4-34　玉米秸秆不同部位的 TG 曲线

为了研究光催化重整玉米秸秆分解水制氢反应体系中的固相组分光催化剂 Pt/TiO$_2$ 和天然玉米秸秆的光学特性,采用 UV-vis DRS 技术表征不同样品在 200~800 nm 波长辐照下对光的吸收度。如图 4-35 所示,Pt/TiO$_2$ 对＜400 nm 波长的紫外光吸收度较高,玉米秸秆对＜450 nm 波长的光吸收度较高,甚至高于 Pt/TiO$_2$,归因于其中的木质素对紫外光的吸收作用,这可能会减少光催化剂对入射光子的吸收。

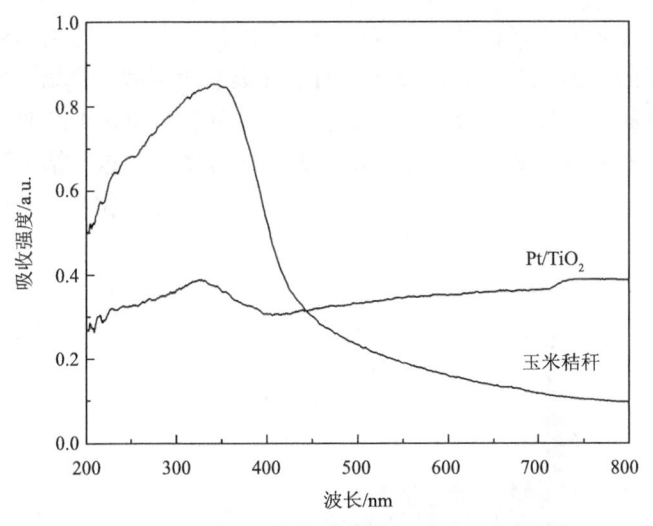

第 4 章　玉米秸秆作为牺牲剂的光催化复合材料制备及制氢性能

图 4-35　玉米秸秆和光催化剂的 UV-vis DRS 谱对比

图 4-36 为秸秆不同部位在连续 4 h 光催化反应后的制氢量对比，可知制氢量为：秸皮＞秸髓＞秸穗＞秸叶。结合 TG 曲线分析结论，秸皮和秸髓中的低稳定性物质含量高于其他部分，因此其作为牺牲剂参与反应更容易发生分解失去更多的自由电子。因此，可以推断出在玉米秸秆中作为牺牲剂的有效成分主要是存在于其中的碳水化合物等小分子物质，其中木质纤维素中的大分子化合物的能垒较高，直接催化其发生反应的可能性不大。结合 UV-vis DRS 表征结果可以推断，木质素具有两面性，一方面可提供自由电子促进光催化过程，另一方面可吸收紫外波段的光子抑制光催化过程。

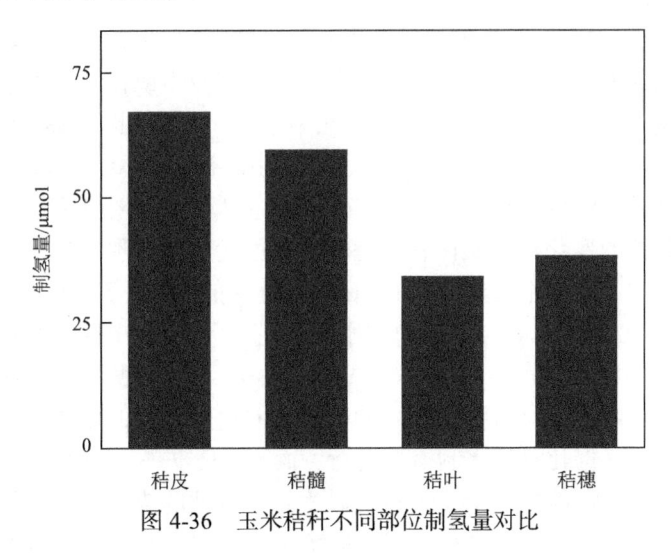

图 4-36　玉米秸秆不同部位制氢量对比

为了进一步研究玉米秸秆中不同组分对光催化的影响，选用α-纤维素和葡萄糖作为纤维素的模型化合物、木聚糖作为半纤维素的模型化合物、木质素和碱性木质素作为木质素的模型化合物进行制氢量对比分析。如图4-37所示，可知制氢量：葡萄糖＞木聚糖＞碱性木质素＞α-纤维素＞木质素，这一结果验证了上述分析各组分对制氢量影响的推断，即玉米秸秆中所含小分子化合物对光催化产氢提升效果远高于以大分子形式存在的多糖化合物。

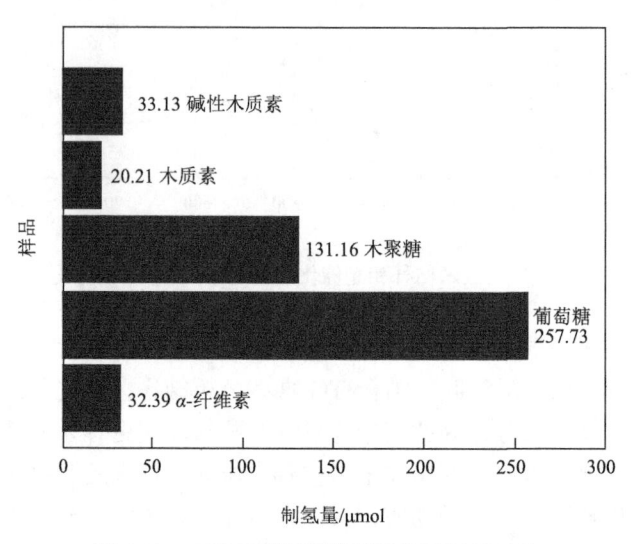

图4-37 玉米秸秆不同模拟组分制氢量对比

4.3.3 pH对玉米秸秆反应体系制氢性能影响与机理

pH对在液相中进行的光催化反应也有一定的影响，包括半导体材料的能带位置、催化剂表面的电荷和电动势、物质形态、物理吸附或化学吸附过程、不同物质的氧化还原电位、反应中间产物的稳定性和颗粒的团聚。图4-38所示为不同pH条件下，秸秆颗粒浓度为1×10^{-3} g/mL、催化剂浓度为1×10^{-3} g/mL、辐照时间为4 h时，玉米秸秆制氢量图。可知，反应体系中pH的变化对制氢量有着比较显著的影响。酸碱性的变化对光催化有机物的影响可能主要体现在吸附或化学吸附。在本节实验条件下，当不调整体系的pH时，体系的pH在5附近。当调整pH至3~5时，光催化重整玉米秸秆制氢的制氢量要高于pH为中性时的制氢量，这是因为二氧化钛的零点电荷为pH=6.6，故酸性条件下材料表面吸附氢离子显电正性，可能更利于阴离子有机物官能团的吸附和催化剂颗粒的分散，同时富含氢离子的环境也利于光催化分解水制氢的进行。而当pH进一步减小时，制氢量出现了下降的趋势，这可能是由于pH过低时生物质特性的改变和二氧化钛可能的腐蚀倾向不利于光催化反应的进行。当pH增大到9时，在弱碱环境下，二氧化钛材料表面转变为电负性从而对于阴离子官能团的吸收减弱，故二氧化钛催化剂在弱碱条件下制氢的表现可能不如酸性和中性。但是从图 4-38 中可以看出，当 pH 从 9 开始逐渐增大时，制氢量逐渐增大，这是因为在富含氢氧根的环境中更有效地形成了羟基自由基，因此在高 pH 的条件下，对于有机物的光催化重整具有更高的选择性。同时在碱性环境下木质纤维素的溶解也有利于空穴的木质纤维素的光催化重整从而加速空穴的消耗提高产氢性能。此外，虽然 pH 对催化剂表面电子和空穴的转移影响不大，但二氧化钛的导带电势会受到 pH 的影响，其还原电势随反应体系 pH 增大而增加，故较高的还原电势可能更有利于制氢反应的进行。

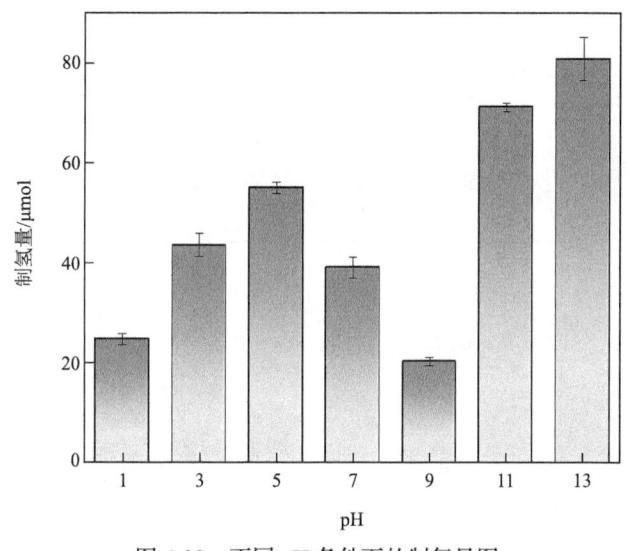

图 4-38　不同 pH 条件下的制氢量图

研究反应溶液中的 pH 对制氢速率的影响，选用 Na$_2$SO$_4$ 作为空白对照物，以不同浓度加入体系并对比其制氢量数据可知，Na$^+$ 和 SO$_4^{2-}$ 对光催化产氢过程几乎无影响，如图 4-39 所示。因此采用 H$_2$SO$_4$ 和 NaOH 分别作为本小节 pH 研究的酸碱调节剂，并以 Na$^+$ 和 SO$_4^{2-}$ 分别作为后续研究中阴离子和阳离子的对应离子。

反应液的 pH 对光催化重整玉米秸秆分解水制氢过程有重要影响，其具体作用位置包括催化剂的禁带结构、表面电荷、吸附能力以及玉米秸秆的表面结构、化学稳定性等，不同的 H$^+$ 和 OH$^-$ 的浓度直接影响分散相的固-液界面的物理化学特性。采用 pH 计测得未进行酸碱调节的浓度为 0.01 g/L 的玉米秸秆颗粒分散液相体系的 pH 约为 5。图 4-40 为玉米秸秆制氢体系反应液在不同 pH 环境条件下连续反应 4 h 后的制氢量对比。可知在 pH 范围为 5~7 时制氢量保持平稳，在 pH<5 和 pH 范围为 8~10 时制氢受到明显抑制，pH>10 时制氢受到明显提升。

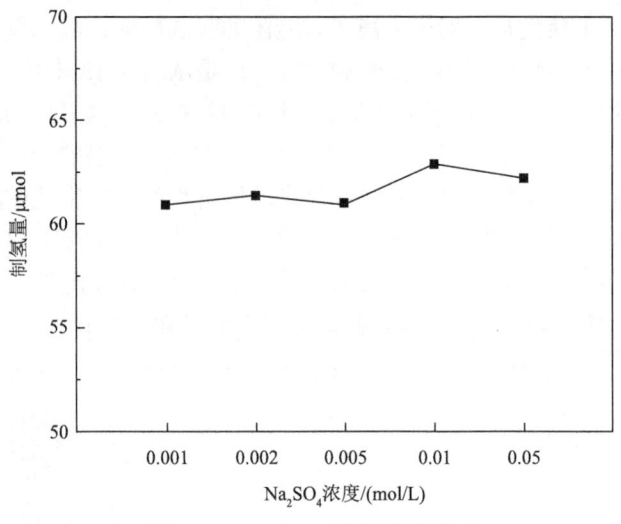

图 4-39 Na₂SO₄ 对制氢量的影响

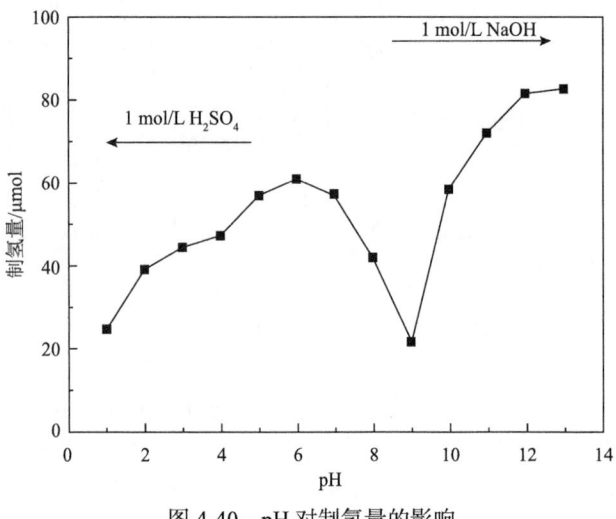

图 4-40 pH 对制氢量的影响

其中，pH＞10 时强碱环境促进以 TiO₂ 为催化剂的分解水制氢机理如化学反应式(4-1)～式(4-4)所示，基于光催化原理，TiO₂ 材料对紫外波段的光吸收度较高，具有一定能量的光子 hv 将价带上的电子 e^- 激发至导带，在价带上留下一个空穴 h^+，这样便形成了一个电子-空穴对，也称为光生载流子。生成的电子具有很强的还原性，能将 H_2O 或水电离可逆反应生成物 H^+ 直接还原为 H_2，而 h^+ 具有较强的氧化能力，能将 H_2O 或水电离可逆反应生成物 OH^- 进一步氧化为具有强氧化性的羟基自由基·OH。如式(4-5)和式(4-6)所示，在含有牺牲剂的光催化体系中，

H⁺或·OH 可以将有机物直接或间接氧化降解。

如表 4-10 所示，对在不同 pH 环境下的 Pt/TiO$_2$、玉米秸秆和二者混合颗粒分散体系进行了 Zeta 电位测量及分析。根据总体数据可知，在 pH 越大的情况下，反应体系内固体颗粒的表面正电荷数量越少，而在 pH 接近 9 时，催化剂与玉米秸秆颗粒的混合体系表面静电力接近零点，这可能会导致反应液相体系中的微观粒子发生团聚现象，一方面会使反应物暴露的活性位点数量急剧减少，对反应过程产生抑制作用；另一方面会降低材料对光辐射的利用率。

表 4-10 pH 对反应体系的表面静电荷的影响

样品	Zeta 电位/mV		
	Pt/TiO$_2$	玉米秸秆	混合体系
pH=2	21.10	15.21	16.09
pH=4	15.89	−5.01	6.66
pH=6	8.93	−11.84	3.33
pH=8	−10.21	−13.27	−12.02
pH=10	−31.06	−14.50	−18.15
pH=12	−39.96	−16.44	−29.62

结合不同 pH 条件下的 Zeta 电位、制氢量数据分析可知，pH 调节至 5~7 时大于 pH 在 7~10 范围的制氢量，这归因于酸性条件下，TiO$_2$ 表面吸附 H⁺发生质子化作用，使得表面带正电，更利于具有阴离子官能团的有机物的吸附和催化剂颗粒的分散，同时富含氢离子的环境也利于光催化分解水制氢的进行。当 pH<5 时产氢受到抑制，这归因于强酸环境对玉米秸秆的化学稳定性破坏和对 TiO$_2$ 的腐蚀倾向。当 pH>9 时，制氢量明显增加，可能的原因是富含 OH⁻的体系更利于·OH 的形成。

4.3.4 常见阴阳离子对玉米秸秆制氢反应体系的影响与机理

1. 阴离子

图 4-41 为几种常见的阴离子对体系制氢量影响对比，分别采用 Na⁺、K⁺作为阳离子，且各离子浓度均为 0.01 mol/L。通过对比可知，选用 Na⁺、K⁺作阳离子的产氢规律一致。其中，NO$_3^-$、SO$_4^{2-}$和 Cl⁻对制氢几乎无影响，可以推断强酸根离子因其强电离性在溶液中不易于该体系发生反应。HPO$_4^{2-}$表现出对产氢的促进作用，而 H$_2$PO$_4^-$表现出对产氢的抑制作用。由式(4-7)可知，H$_2$PO$_4^-$在水中发生电离反应，产生 H⁺，溶液显酸性，对应 Na⁺、K⁺作为阳离子的 pH 分别为 4.58 和 4.53，而式(4-8)

为 HPO$_4^{2-}$ 在水中发生的水解反应，产生 OH$^-$，溶液显碱性，对应 Na$^+$、K$^+$ 作为阳离子的 pH 分别为 7.81 和 7.88。由前文对 pH 的研究结果可知，碱性条件对光催化制氢有促进作用，而酸性条件对其有抑制作用。并且，根据光催化分解含有 HPO$_4^{2-}$ 的纯水对照实验结果可知，即使在纯水条件下，HPO$_4^{2-}$ 的存在也会明显提高制氢量。因此，H$_2$PO$_4^-$ 和 HPO$_4^{2-}$ 的对光催化制氢影响可归因于二者分别发生的电离和水解反应。

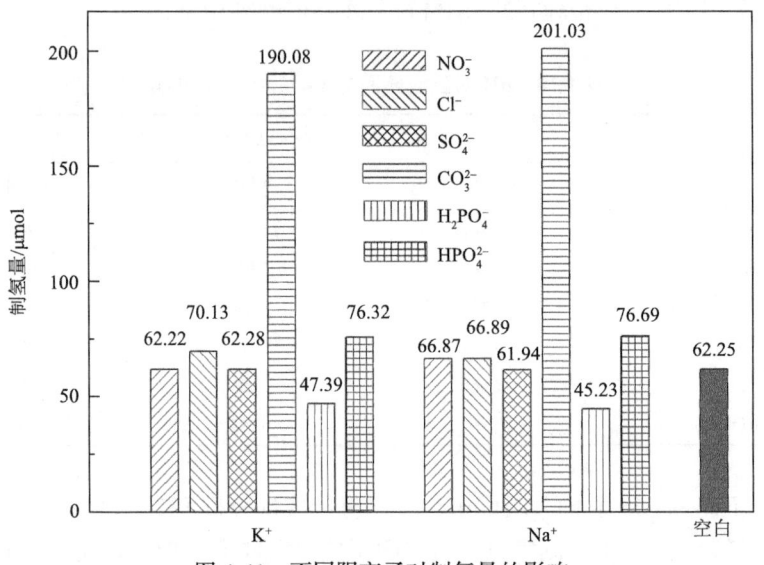

图 4-41 不同阴离子对制氢量的影响

H$_2$PO$_4^-$ 的电离过程如式(4-7)所示：

$$H_2PO_4^- \longrightarrow HPO_4^{2-} + H^+ \tag{4-7}$$

HPO$_4^{2-}$ 的水解过程如式(4-8)所示：

$$HPO_4^{2-} + H_2O \longrightarrow H_2PO_4^- + OH^- \tag{4-8}$$

由图还可知，CO$_3^{2-}$ 对以玉米秸秆存在的体系制氢量有显著的提升作用，而在对照组纯水条件下的制氢量几乎无影响，对应 Na$^+$、K$^+$ 作为阳离子的 pH 分别为 11.12 和 11.17。其可能的原因是，CO$_3^{2-}$ 产生的碱性环境促进了木质纤维素分解为高活性的小分子碳水化合物等。

如图 4-42 所示，通过对比加入 HPO$_4^{2-}$ 或 CO$_3^{2-}$ 与纯玉米秸秆的制氢速率在不同时间的变化可以发现，加入以上两种阴离子的反应体系在实验 2 h 后的制氢速率维持效果较纯玉米秸秆更好，这可能是因为 HPO$_4^{2-}$ 和 CO$_3^{2-}$ 均在反应过程中为制氢反应提供具有促进作用的活性成分。

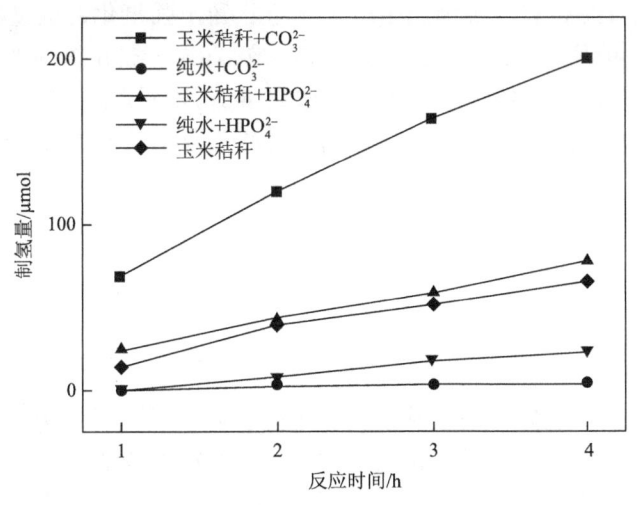

图 4-42 碳酸根和磷酸氢根对制氢量的影响

2. 阳离子

图 4-43 为阳离子对该体系的制氢量影响对比，各阳离子浓度均为 0.01 mol/L，对应的阴离子均为 SO_4^{2-}。可知所有阳离子中，K^+、Na^+、Ca^{2+} 和 Mg^{2+} 对制氢量无影响(0.01 mol/L 的阴离子对应的 pH 分别为 5.01、4.98、5.09、5.04)，可以推断强碱型金属离子均对该体系制氢无影响，归因于这种离子具有的强电离性。而 Fe^{3+}、Cu^{2+} 和 Zn^{2+} 均对产氢表现出不同程度的抑制作用(0.01mol/L 的阴离子对应的 pH 值分别为 1.95、4.21、4.60)。

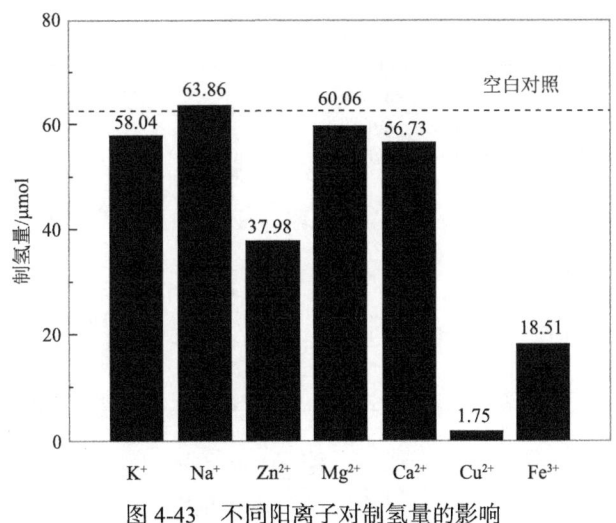

图 4-43 不同阳离子对制氢量的影响

关于 Fe^{3+} 对制氢的抑制作用机理如下：TiO_2 经光照（$h\nu$）后其自由电子被激发至强还原性的导带位置，称为光生电子（e_{cb}^-），留下强氧化性位置称为光生空穴（h_{vb}^+），如式(4-9)所示。Fe^{3+} 在反应过程中夺取 TiO_2 导带位置的光生电子还原为 Fe^{2+}，与析氢反应竞争而使制氢量减少，如式(4-10)所示。光生空穴夺取 Fe^{2+} 中的电子产生新的 Fe^{3+}，这一循环反应随着时间推移逐渐趋近于动态平衡，如式(4-11)所示。

$$TiO_2 + h\nu \longrightarrow h_{vb}^+ + e_{cb}^- \tag{4-9}$$

$$Fe^{3+} + e_{cb}^- \longrightarrow Fe^{2+} \tag{4-10}$$

$$Fe^{2+} + h_{vb}^+ \longrightarrow Fe^{3+} \tag{4-11}$$

由于光生电子-空穴对的生成是一个可逆过程，结合式(4-10)和式(4-11)可知，Fe^{3+} 通过促进电子和空穴复合抑制光催化过程，如式(4-12)所示：

$$h_{vb}^+ + e_{cb}^- \longrightarrow h\nu \tag{4-12}$$

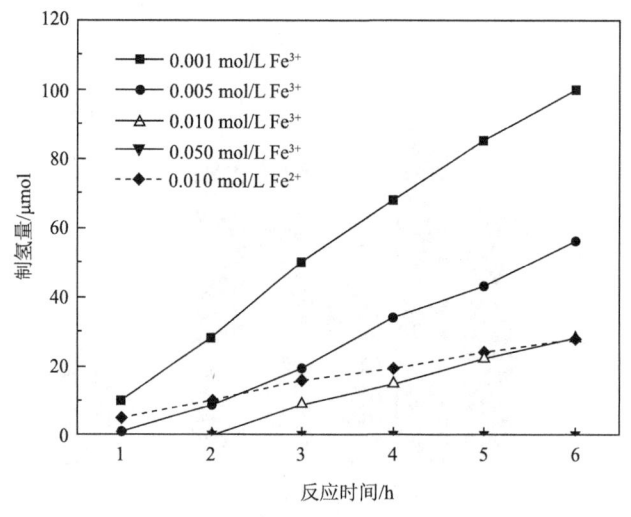

如图 4-44 所示，随着 Fe^{3+} 加入浓度的增大，其对产氢的抑制作用逐渐增加，这是由于初始浓度越高的 Fe^{3+} 达到反应平衡所需的时间越长（0.001 mol/L Fe^{3+}、0.005 mol/L Fe^{3+}、0.010 mol/L Fe^{3+}、0.050 mol/L Fe^{3+} 的 pH 分别为 2.00、1.98、1.95、1.87）。作为对比，分别加入浓度均为 0.01 mol/L 的 Fe^{3+} 和 Fe^{2+}，并对比制氢量，可知在前 5 h Fe^{3+} 加入的体系的制氢量高于 Fe^{2+} 加入的体系（0.01 mol/L Fe^{2+} 的 pH 为 4.13），而在 6 h 时制氢量相同，可以推断出在与光催化剂的竞争作用过程中，连续反应 6 h 后达到了反应平衡。

图 4-44 铁离子对制氢量的影响

Cu²⁺和 Zn²⁺对该体系的抑制作用主要归因于其氧化性和弱电离性。在反应过程中，Cu²⁺和 Zn²⁺获得 TiO₂ 导带位置的光生电子，分别还原为单质 Cu 和 Zn 并附着于催化剂表面影响其催化活性，如式(4-13)和式(4-14)所示。如图 4-45 所示，随着 Cu²⁺和 Zn²⁺浓度增加，其对光催化的抑制作用逐渐增强。因此，可以推断出具有弱电离性的非强碱型金属离子均参与光催化反应并起到不同程度的促进或抑制作用。

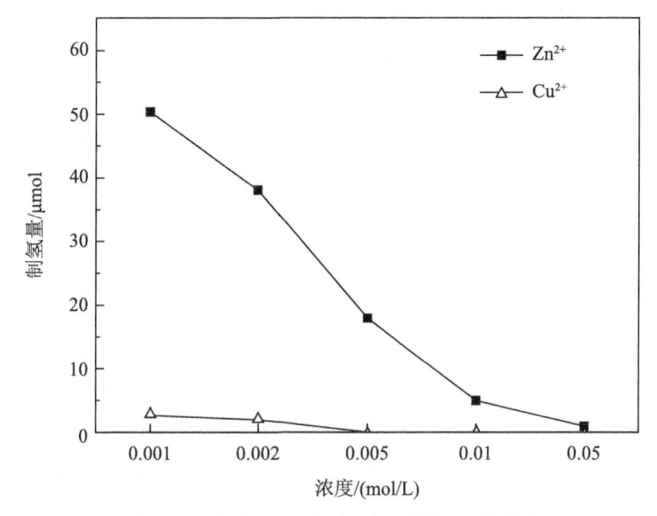

图 4-45　锌离子和铜离子对制氢量的影响

$$Cu^{2+} + 2e_{cb}^- \longrightarrow Cu \tag{4-13}$$

$$Zn^{2+} + 2e_{cb}^- \longrightarrow Zn \tag{4-14}$$

综合以上结果，由于金属离子的氧化性 $Zn^{2+} < Fe^{2+} < Cu^{2+} < Fe^{3+}$，其中 Fe^{3+} 还原为 Fe^{2+} 并发生可逆反应，铁元素仍以游离态存在于反应体系中。而 Cu²⁺和 Zn²⁺因得到具备强还原性的光生电子而发生不可逆过程，其中 Cu²⁺的得电子能力比 Zn²⁺更强，与析氢反应的竞争更强，并且更多的 Cu²⁺还原吸附在光催化剂表面，大大降低了光催化剂的表面活性。

4.3.5　小结

本节主要研究模拟光照条件下的光催化重整玉米秸秆分解水制氢反应的液相环境参数对制氢性能的影响规律及机理分析。主要采用 XRD、FTIR、UV-vis DRS、TG 和 Zeta 电位分析等表征手段对天然玉米秸秆的晶体成分、表面官能团、吸光度、热失重及表面静电荷等物理特性进行分析；采用范氏法测定玉米秸秆中不同成分的含量及秸秆不同部位的成分的含量；采用 300 W 氙灯作为模拟光源对玉米秸秆制氢反应体系中液相环境的 pH、常见阴阳离子及其浓度等因素对制氢性能的影响并分析相应的作用机理。通过实验与表征分析，得出具体结论如下：

(1) 调整玉米秸秆颗粒粒径及浓度、催化剂浓度得出结论：最佳反应条件为 0.1 g 光催化剂、0.1 g 玉米秸秆(粒径范围：250～380 μm)和 100 mL 水。

(2) 玉米秸秆中主要成分为木质纤维素，本节实验采用范氏法测定选自吉林省吉林市种植的玉米秸秆，木质纤维素占总量的 54.0%，其中纤维素占比为 28.0%，半纤维素占比为 21.5%，木质素占比为 4.46%。

(3) 玉米秸秆经物理研磨筛分后粒径较小的部分半纤维素和其他成分的相对含量较高，粒径较大的部分纤维素和木质素的相对含量较高。

(4) 玉米秸秆中不同部位分为秸叶、秸穗、秸髓和秸皮，根据 XRD 表征结果，在 16.0°和 21.9°的衍射峰对应于结晶纤维素，并得出结晶尺寸从低至高的顺序为：秸髓＜秸穗＜秸叶＜秸皮；采用 TG 表征并对比不同样品的热失重曲线，失重率从小到大顺序为：秸叶＜秸皮＜秸穗＜秸髓，结合 XRD 表征得出结论：结晶度越低的部位热失重比例越高，可以推断无定形成分的稳定性低于结晶成分。

(5) 对比 Pt/TiO$_2$ 和玉米秸秆的吸光度得知，玉米秸秆紫外光波段的吸光度高于 Pt/TiO$_2$，归因于玉米秸秆中木质素组分对紫外光的吸收作用。

(6) 在相同条件下检测不同牺牲剂的制氢速率，从高至低的顺序为：葡萄糖＞木聚糖＞碱性木质素＞α-纤维素＞木质素，可以推测玉米秸秆中分子量越小的成分，对制氢反应的提升效果越好。

(7) 调节不同 pH 对"玉米秸秆 + 催化剂 + 水"分散体系中的固相成分表面静电荷及制氢性能的影响规律：在 pH≈9 时，催化剂与玉米秸秆颗粒的混合体系表面静电力接近零点，对应 pH=9 时的制氢速率也相对较低，归结于分散体系中固体颗粒的团聚作用；pH 调节至 5～7 时大于 pH 在 7～10 时的制氢量，归因于酸性条件下 TiO$_2$ 表面吸附 H$^+$ 带正电从而更利于阴离子有机物官能团的吸附和催化剂颗粒的分散，对应的制氢量相对较高。

(8) 玉米秸秆制氢量受液相环境 pH 影响规律为：在 pH 为 5～7 时制氢表现平稳、pH＜5 和 pH 为 8～10 时制氢受到抑制、pH＞10 时制氢受到提升。

(9) NO$_3^-$、SO$_4^{2-}$、Cl$^-$ 等强酸根离子和 K$^+$、Na$^+$、Ca^{2+}、Mg^{2+} 等强碱金属离子对该光催化体系制氢量几乎无影响；弱酸根离子和弱碱金属离子分别对制氢有不同程度的提升或抑制作用，其中 CO$_3^{2-}$ 和 HPO$_4^{2-}$ 对该体系制氢有显著提升作用；H$_2$PO$_4^-$、Fe^{3+}、Fe^{2+}、Cu^{2+} 和 Zn^{2+} 对该体系制氢有抑制作用。阴离子作用机理为电离和水解作用对环境 pH 的影响；阳离子的氧化性越强，可能对光催化制氢抑制作用更强。根据对 pH 的调节得出的结论，可以进一步研究强碱、强酸处理玉米秸秆对光催化制氢反应的影响。

参 考 文 献

[1] 林东尧. 光催化重整玉米秸秆分解水制氢性能研究[D]. 吉林: 东北电力大学, 2023.

[2] 周云龙, 叶校源, 林东尧. 在紫外光下以玉米秸秆为牺牲剂提升光催化分解水制氢[J]. 化工学报, 2019, 70(7): 2717-2726.

[3] 朱明远. 超声波和碱液预处理对光催化重整玉米秸秆制氢效率研究[D]. 吉林: 东北电力大学, 2021.

[4] Zhou Y L, Lin D Y, Ye X Y, et al. Facile synthesis of sulfur doped Ni(OH)$_2$ as an efficient co-catalyst for g-C$_3$N$_4$ in photocatalytic hydrogen evolution[J]. Journal of Alloys and Compounds, 2020, 839(25): 155691.

[5] Lin D Y, Zhou Y L, Ye X Y, et al. Construction of sandwich structure by monolayer WS$_2$ embedding in g-C$_3$N$_4$ and its highly efficient photocatalytic performance for H$_2$ production[J]. Ceramics International, 2020, 46(9): 12933-12941.

[6] 周云龙, 林东尧, 叶校源, 等. 常见离子对玉米秸秆为牺牲剂的光催化制氢影响[J]. 化工学报, 2022, 73(2): 722-729.

[7] Zhou Y L, Ye X Y, Lin D Y. Enhance photocatalytic hydrogen evolution by using alkaline pretreated corn stover as a sacrificial agent[J]. International Journal of Energy Research, 2020, 44(1): 4616-4628.

[8] 曲亮. 尿素处理对玉米秸秆光催化制氢性能影响的研究[D]. 吉林: 东北电力大学, 2022.

[9] 叶校源. 酸碱处理对光催化重整玉米秸秆制氢的影响规律及机理[D]. 吉林: 东北电力大学, 2020.

[10] 敬登伟, 汤文东, 邢婵娟, 等. 硫化镉复合光催化剂在模拟有机污染物体系中光催化制氢研究[J]. 燃料化学学报, 2011, 39(2): 135-139.

[11] Yu Y, Zhu L, Liu G, et al. Pd quantum dots loading Ti^{3+}, N co-doped TiO$_2$ nanotube arrays with enhanced photocatalytic hydrogen production and the salt ions effects[J]. Applied Surface Science, 2021, 540: 148239.

[12] 李芳芹, 孙辰豪, 任建兴, 等. 以污染物作为电子给体的新型光催化制氢体系的研究进展[J]. 化工进展, 2021, 40(9): 4791-4805.

第5章　玉米秸秆牺牲剂改性及光催化制氢性能分析

将玉米秸秆等农业废弃物作为牺牲剂参与光催化重整制氢是秸秆消纳和氢气生产的理想结合。但秸秆中富含的木质纤维素往往成分结构复杂且聚合度高，相比于使用甲醇等小分子的有机物或一些无机盐，以木质纤维素生物质为牺牲剂的光催化制氢反应的制氢速率相对较低[1]。同时生物质在作为牺牲剂或反应物参与光催化反应时其化学和物理状态对整个反应有一定的影响，如溶解的木质纤维素对光催化制氢有更好的促进作用等[2]。因此对玉米秸秆这类天然生物质进行改性是提升其光催化重整制氢性能的重要手段，而不同的预处理手段对玉米秸秆的改性结果各不相同。木质纤维素生物质的预处理方法通常可以分为物理法、化学法、生物法和组合法。本章主要就玉米秸秆改性方法进行简要论述，分析不同改性方法对光催化制氢性能的影响。

5.1　玉米秸秆改性方法

5.1.1　物理法

物理法通过减小材料粒径以增大表面积，从而提高木质纤维素在反应中的接触面积。通常物理方法与其他方法联用。其中机械破碎法对样品进行切割、破碎和球磨等，常用于其他方法之前，使后续方法更方便、更高效。Yoo等[3]利用热机械破碎法处理大豆皮，使得酶解后的木糖产量增加了132.2%。而微波法通过极化作用使木质纤维素中的化学键因分子碰撞而断裂，达到改变结构和组分的效果。Binod等[4]利用微波预处理甘蔗渣，结果表明微波处理结合其他方法可有效去除木质素。超声法通过破坏分子内的氢键和改变纤维素结晶度，从而提高纤维素的可及性。Zhang等[5]研究认为超声处理的方法无法对原料的组成产生很大的改变，但可以降低纤维素的结晶度和去除木质素。机械粉碎法一般都会选择利用切削或粉碎等工艺方法把木质纤维素的原料划分成10～30 mm的小薄片，然后再利用球磨等研磨工艺把木质纤维素原料研磨到2～0.2 mm及更小的尺寸。采用上述提到的机械粉碎方法进行预处理后，致密木质纤维素结构被彻底破坏，使木质纤维素材料的颗粒度和结晶程度大大降低。操作简单、过程简便易实施是机械粉碎预处理方法的一个优点,但机械粉碎法成功的关键还在于成本,在大多数情况下,机械粉碎所需要消耗的能源远远高于传统的生物质工艺和产业化预处理步骤时所需要的理论能源消耗,因此机械粉碎法这一技术门槛低、能源消耗较高的预处理方法并不太适用于小规模的企业生产。

基于微波独特的极化效应,通过微波法诱导木质纤维素内部化学键在高频分子摩擦碰撞下发生断裂,从而实现对其微观结构和组分分布的定向调控。传统的加热工艺能源浪费严重,辐照技术一般可以替代加热工艺,用来优化改良木质纤维素和其他生物质材料的水解性能。当高能射线照射到生物质上时,其中木质纤维素内的各种分子之间会发生相互碰撞,因而会造成分子之间的连接键断裂,使生物质材料的结构框架变得松散,导致其聚合程度降低。虽然辐照预处理技术操作简便、用时也较短,且与传统的加热技术相比能耗小,但它的安装费用和成本对于在工业上的应用来说还是比较昂贵的,很少在实际应用中单独采取。

超声处理通过空化效应解离纤维素的超分子氢键网络,并诱导结晶区重构,从而实现纤维素基质酶解位点的定向暴露。超声波的输出频率通常会被要求高于 20 kHz,目前被广泛地应用在与石油化工、机械制造和医疗设备生产等密切相关的技术领域[6]。通过超声波技术手段对原材料进行机械振荡方式的预处理,可以提升原材料的预处理效果,但提升的程度会因处理方式的差异而有所不同。李国民实验室[7]研究了超声波对木质纤维素在不同氨水含量及低温预处理条件下的作用和影响。当超声波通过介质传播时,其引发的空化效应会以微射流的形式作用于木质纤维素,声波猛烈冲击纤维素的表面结构使纤维素的表面积扩大并且对木质素造成破坏,进而会导致纤维素的裂纹和孔道进一步增加,从而严重地破坏纤维素的分子结构,使得更多纤维素暴露出来。

5.1.2 化学法

木质纤维素生物质的化学预处理方法中常见的有酸法、碱法和有机溶剂法等。酸处理作为目前应用最广泛的处理方法之一,其通过水解半纤维素,破坏木质纤维素的结构,达到提升纤维素的可及性的目的。但是考虑酸预处理中特有的毒性、腐蚀性和易形成抑制物等问题,工业中往往更倾向于稀酸预处理,即酸浓度小于 10%的酸处理。Saha 等[8]将小麦秸秆在 0.75% H_2SO_4、121℃、1 h 的条件下处理,得到了更高的糖产量。Lu 等[9]在 180℃下用 1%(w/w)稀硫酸处理油菜秆 10 min,纤维素酶解率达到 63.2%。虽然稀酸处理木质纤维素能实现较高的半纤维素移除率,但是腐蚀和抑制物等问题仍未解决。

碱处理则是通过破坏酯键等化学键来移除木质纤维素中木质素等组分,从而增大了纤维素在反应过程中的有效接触面积。碱处理过程中往往会使纤维素发生润胀，并伴随皂化反应。常用的碱有氢氧化钠和氢氧化钙等。Xu 等[10]用 NaOH 和 Ca(OH)$_2$ 在室温下处理柳枝，获得最高 59.4%的酶解率。Reilly 等[11]在 35℃下用 7.4%(w/w) Ca(OH)$_2$ 处理小麦秸秆 2 h，获得了更高的甲烷产量。碱处理可以在低温下进行，但处理时间较长，同时反应后的预处理液往往需要调节 pH。

离子液体是一种通常对木质纤维素进行化学预处理的绿色溶剂，其实质上是一种有机盐类，这类物质的熔点一般都高于 100℃，因此常温下一般以盐类性质的液体形式存在。木质纤维素经过离子液体处理后，其组成成分往往能够被离子液体有选择性地溶解，离子液体的溶解作用通常能够使纤维素分子与半纤维素分子摆脱化学键的束缚，而且离子液体混合体系能够有效降低反应体系的黏度。离子液体的预处理手段相比于目前传统预处理手段，具有安全、性能高、较为环保、毒性低等四大优势，但这种预处理技术的操作复杂性和后期工业维护费用昂贵，研究者对于这些离子液体的环境危害性问题研究得并不是很透彻，后续仍然需要进一步深入探究。

有机溶剂法往往是利用甲醇、乙醇和丙酮等有机溶剂来破坏木质纤维素内的化学键，达到移除木质素和增大纤维素接触面积的目的。Yuan 等[12]利用甲醇-氢氧化钠溶液处理玉米秸秆，结果表明玉米秸秆的结构被明显破坏，葡聚糖和木聚糖后续的酶解率分别可达 97.2%和 80.3%，且该预处理方法使整体能耗更低。有机溶剂法的优势在于对木质素的提取，但有机溶剂的易燃、易挥发等特性会使操作过程有一定的危险性。

5.1.3 生物法

生物法是运用微生物，如真菌等分解木质纤维素生物质中木质素实现增大纤维素可及性的一种预处理方法[13]。除了使用菌种的区别以外，生物质类型、原料直径、温度、时间都是生物法预处理的影响因素。生物法的优势在于能耗较低和对环境影响较小，但处理时间较长并且需要较大的空间。

5.1.4 组合法

由于不同处理方法对不同木质纤维素生物质的改性效果各不相同，且预处理方法本身对实验条件的要求各不相同，因此以结合不同处理方法的效果和特点为目的，使用组合法对生物质进行改性处理也成为目前研究的热点，但仍有机理不清晰和影响因素复杂等难点。

酸碱结合法预处理克服了酸和碱分别单一处理时的缺点，结合两者的处理优势，可以有效去除半纤维素和木质素，增加木质纤维素生物质的表面积和纤维素的接触面积。Zhao 等[14]先将甘蔗渣与 10% NaOH 以 1∶3 比例混合，90℃下处理 1.5 h，然后应用 10%过乙酸在 75℃处理 2.5 h，获得 92%的纤维素酶解率。此外微波-碱法预处理和蒸汽爆破-碱法预处理等物理化学联合处理法，通过对材料的结构进行物理破坏，使得后续的化学处理可以更加充分，或通过化学处理提升后续物理处理法的效果[15,16]。这些组合法也被广泛运用于玉米秸秆等木质纤维素生物质的处理。

综上所述，生物质的预处理工艺技术已经在酶解和水解等领域得到了广泛的运用，同时光催化重整天然生物质制氢也受到越来越多的关注。生物质预处理作为一种能有效改变生物质成分和结构等物化特性的处理手段，为克服光催化重整生物质制氢过程中天然生物质的稳定性和复杂性带来的不利影响提供了一种解决方案，但目前将生物质预处理运用于光催化重整生物质制氢的相关文献报道仍然较少。可以看出，无论是生物质和太阳能的利用，还是氢能的生产，通过预处理提升以玉米秸秆等天然生物质为牺牲剂的光催化制氢性能具有很大的发展潜力。

5.2 酸改性法制氢性能分析

若要高效利用玉米秸秆，应打破玉米秸秆中主要成分——木质纤维素中的大分子间坚固的纤维连接，使其断裂为小分子糖类，进而暴露更多的活性官能团。目前，玉米秸秆的降解或改性方法主要分为化学法和生物法。其中，化学法包括酸处理、碱处理等；生物法包括纤维素酶处理、纤维素降解菌处理等。化学法与生物法各有其优势，考虑到化学法具有效率高且反应条件易控等特点，本节所采用的方法为化学法中的酸碱处理法，将酸碱处理后的玉米秸秆固体残渣及其回收滤液提取物分别作为光催化反应物进行实验研究。采用 XRD、FTIR、SEM、TG、HPLC 等技术表征酸碱处理后玉米秸秆固相和液相产物的晶体结构、表面官能团、微观形貌、热稳定性及液相成分等特性。研究酸碱处理法的不同浓度、温度、反应时间等因素对光催化制氢性能的影响，进而揭示其反应机理。旨在通过酸碱处理提高光催化制氢速率，并揭示以玉米秸秆为牺牲剂的作用机理，另外可以提高光催化重整玉米秸秆反应对玉米秸秆的利用率，提高该反应体系的制氢效率，同时可解决农业废弃作物焚烧、制氢成本高等问题。

5.2.1 酸改性材料制备方法

实验用水为蒸馏水。所用试剂及规格如表 5-1 所示，所用仪器如表 5-2 所示。

表 5-1　实验试剂名称、生产厂家及规格

试剂名称	生产厂家	规格/纯度
二氧化钛 P25(TiO$_2$)	上海麦克林生化科技有限公司	AR
氯铂酸钾(K$_2$PtCl$_6$)	上海阿拉丁生化科技股份有限公司	98.00%
硫酸(H$_2$SO$_4$)	天津永飞化学试剂有限公司	98.00%
氢氧化钠(NaOH)	济南恒兴化学试剂制造有限公司	99.50%
甲醇	广州飞粤新材料科技有限公司	HPLC
纤维二糖	上海源叶生物科技有限公司	HPLC
木糖	上海源叶生物科技有限公司	HPLC
甘露糖	上海源叶生物科技有限公司	HPLC
半乳糖	上海源叶生物科技有限公司	HPLC
阿拉伯糖	上海源叶生物科技有限公司	HPLC
葡萄糖	上海源叶生物科技有限公司	HPLC

表 5-2　实验仪器名称、型号及生产厂家

仪器名称	型号	生产厂家
X射线衍射分析仪(XRD)	XRD-7000	岛津公司
傅里叶变换红外光谱仪(FTIR)	Spectrum Two	岛津公司
气相色谱仪(GC)	GC7900	天美科学仪器有限公司
高效液相色谱仪(HPLC)	LC-16	岛津公司
扫描电子显微镜(SEM)	Tecnai G2 F20	FEI 公司
热重分析仪(TG)	TGA/DSC1	梅特勒-托利多公司
糖分析柱(酸性)	SUGAR SH1011	岛津公司
糖分析柱(中性)	SUGAR SP0810	岛津公司

为了研究玉米秸秆在酸性条件下水解产物、表面成分结构变化，以及作为反应物在光催化制氢反应中的作用，采用 H$_2$SO$_4$ 溶液作为处理液对秸秆进行处理，具体步骤如下：

(1)采用网筛选出粒径小于 380 μm 的秸秆颗粒，干燥保存；

(2)在烧瓶中加入 3.0 g 玉米秸秆和不同浓度的 H$_2$SO$_4$ 溶液，固液比 1：10(m/V)，在恒温水浴加热条件下处理，并保持匀速搅拌(200 r/min)；

(3)经 H$_2$SO$_4$ 溶液处理，充分反应后，将混合液进行抽滤，在抽滤过程中加入

去离子水清洗3次,直至滤液pH=7;

(4)将抽滤的固体成分放入鼓风干燥箱中60℃下干燥12 h后取出,采用球磨机研磨2 h后,筛选粒径范围为250~380 μm的秸秆粉末装入干燥器在室温下保存;

(5)将抽提的滤液装入棕色细口瓶中,在0~5℃条件下保存。

5.2.2 酸改性材料表征及性能分析[17]

1. 酸处理后固相玉米秸秆表征与分析

为了研究酸处理对玉米秸秆形态和结构的影响,分别对玉米秸秆原料和酸处理后的玉米秸秆样品进行了扫描电镜分析。如图5-1(a)所示,天然玉米秸秆原料表面光滑有序,纤维结构完整无损伤。如图5-1(b)所示,在60℃下用8%的稀H_2SO_4溶液处理4 h后,玉米秸秆表面变得粗糙且多孔,结构轻微受损。这是通过酸处理去除半纤维素,导致木质纤维素结构破坏。

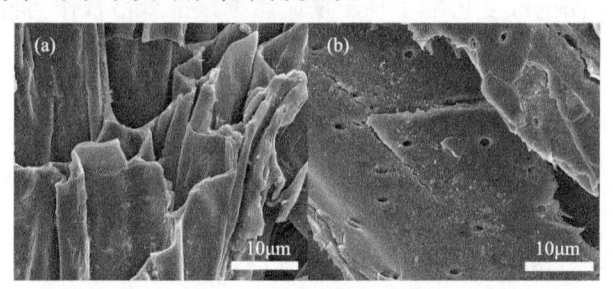

图5-1 未处理玉米秸秆(a)和酸处理后玉米秸秆(b) SEM图像

图5-2为天然玉米秸秆和酸处理玉米秸秆的XRD谱图对比。可以发现在22°和16°处有两个峰,对应于纤维素的标准峰。结果表明,酸处理后峰的强度明显增强。其中,玉米秸秆的相对结晶度从42.15%增加到56.31%,这是由于酸处理去除了半纤维素和其他无定形提取物。

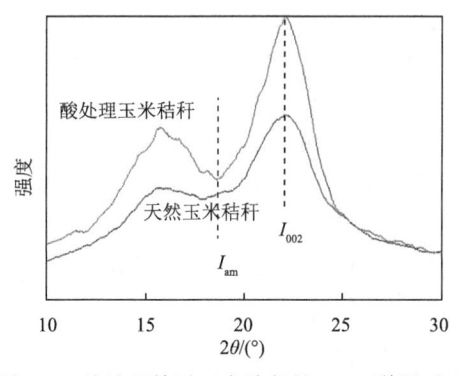

图5-2 酸处理前后玉米秸秆的XRD谱图对比

通过对未处理和酸处理后的玉米秸秆进行 FTIR 分析,研究玉米秸秆中的化学和组分变化。如图 5-3 所示,与未处理的玉米秸秆相比,经酸处理的玉米秸秆在 3404 cm^{-1}、2930 cm^{-1}、1734 cm^{-1}、1646 cm^{-1} 和 1053 cm^{-1} 处的峰的强度明显减弱。3404 cm^{-1}、2930 cm^{-1} 和 1053 cm^{-1} 处的峰分别对应玉米秸秆中木质纤维素的 O—H 键、C—H 键、—CH$_2$ 键的伸缩振动峰。1646 cm^{-1} 处的峰对应于木质纤维素中共轭羰基 C=O 键的伸缩振动峰。1734 cm^{-1} 处的峰对应于半纤维素中羧酸酯和酮的 C=O 键的拉伸振动峰,该峰的减弱表明酸处理去除了一部分半纤维素。上述特征峰强度的减弱表明在酸处理后的玉米秸秆中,酚羟基、甲基、亚甲基和羧基含量相对降低,进一步说明玉米秸秆表面活性官能团可能在酸处理后有一定程度的减少,该现象可归因于半纤维素的酸水解溶出及木质素-碳水化合物复合体(LCC)的结构解离,导致原本键合在这些组分中的特征官能团发生降解。酚羟基等表面活性官能团的存在可利于光催化制氢,因此酸处理后秸秆表面活性官能团的改变可能不利于反应后续以玉米秸秆作为牺牲剂的光催化分解水制氢。

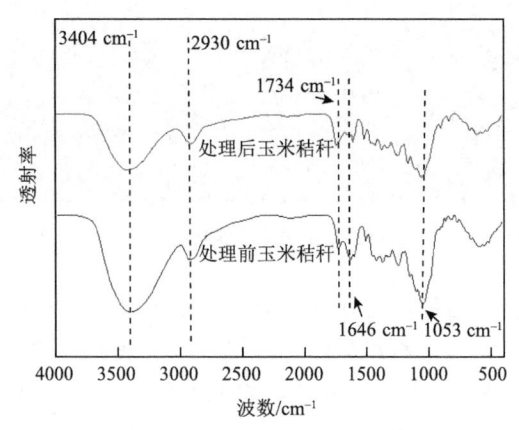

图 5-3 酸处理前后玉米秸秆的红外光谱图

图 5-4 为未处理和不同条件下酸处理后的玉米秸秆的 TG 和 DTG 曲线图。可知,酸处理后的秸秆样品在热分解过程中大致经历三个过程:在 50~200℃时样品中的自由水和结合水开始蒸发(第一阶段);升温至 160~400℃时木质纤维素开始受热分解(第二阶段);继续升温至 400~700℃时残余物开始炭化,失重率较前阶段降低(第三阶段)。

由图 5-4(a) 和 (d) 的 TG 和 DTG 曲线可以看出,随着酸处理使用的 H$_2$SO$_4$ 浓度增加,处理后秸秆样品的失重明显增加,且在 280~375℃处的失重速率也明显增加。此外,由图 5-4(d) 的 DTG 曲线可知,由半纤维素热解导致的肩峰(240~

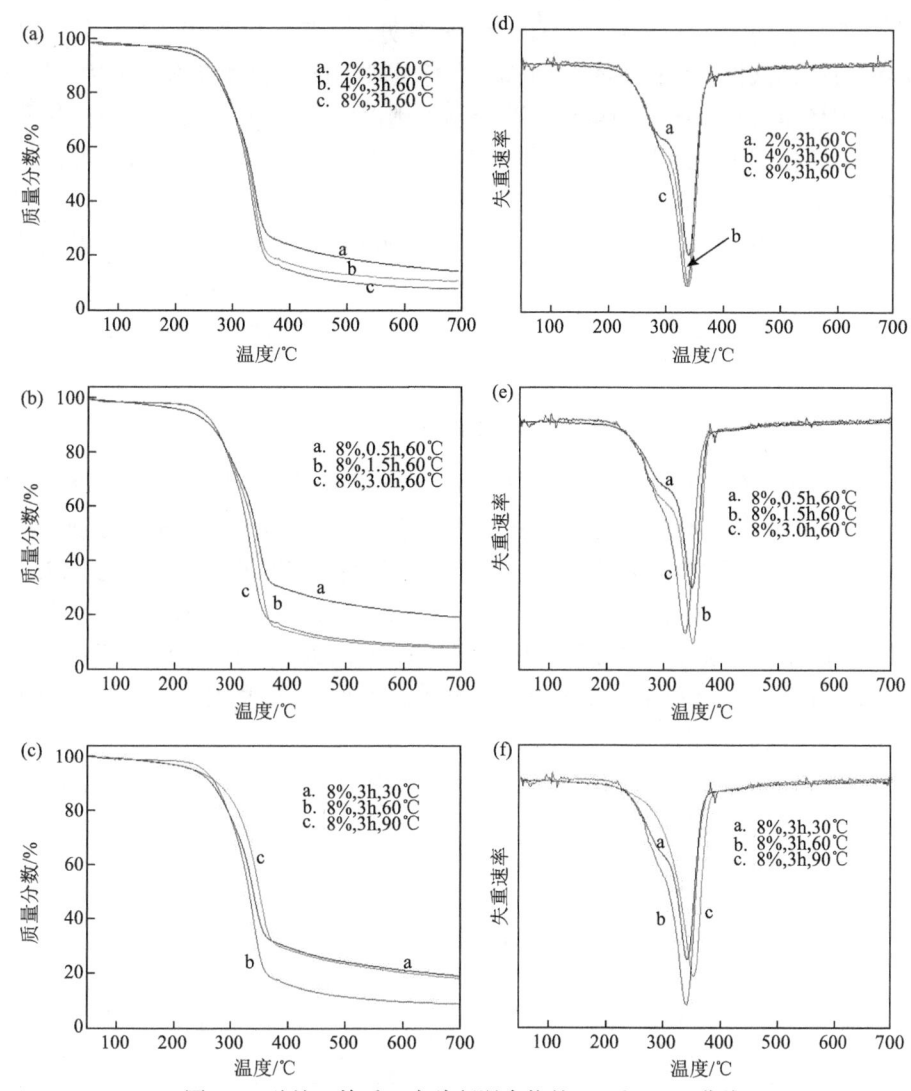

图 5-4 酸处理前后玉米秸秆混合物的 TG 和 DTG 曲线

(a)和(d)为不同 H_2SO_4 浓度；(b)和(e)为不同预处理时间；(c)和(f)为不同预处理温度

290℃)随着 H_2SO_4 浓度增大而逐渐减小,这说明随着酸浓度的增加更多半纤维素被去除。图 5-4(b)和(e)为不同预处理时间下酸处理玉米秸秆样品的 TG 和 DTG 曲线图。由图 5-4(b)可知,当预处理时间从 0.5 h 增加到 1.5 h 时对应样品的失重明显增加,而当预处理时间增加至 3.0 h 时样品的质量减少相差极小。而根据图 5-4(e)可知,当预处理时间为 1.5 h 时失重速率最大,而当预处理时间为 3 h 时样品最大失重速率所对应的反应温度向低温区移动,说明该样品的稳定性下降。同时半纤维素热解导致的肩峰明显减弱,这说明随着预处理时间的增加更多半纤维素被去除。图 5-4(c)和(f)为不同预处理温度下酸处理玉米秸秆样品的 TG 和 DTG 曲线图。由图 5-4(c)可知，当预处理温度由 30℃增加至 60℃时对应样品的质量损失有了明显的增加，而当预处理温度增加到 90℃时对应样品的最终质量损失相较于 60℃时明显减少，且与预处理温度为 30℃时的酸处理秸秆样品的质量损失相近。而根据图 5-4(f)可知，随着处理温度的上升肩峰逐渐减弱，当预处理温度为 90℃时肩峰几乎消失，这说明酸处理的温度越高秸秆中半纤维素的去除效果越好。同时根据图 5-4(f)中样品最大失重速率所对应的反应温度随预处理温度的增加先降低后上升的现象可知，样品的稳定性也随着温度的增加而改变。

2. 酸处理可溶性回收产物的表征与分析

为了研究酸处理后玉米秸秆提取物的成分和功能，采用高效液相色谱法研究了 8%的 H_2SO_4 光催化反应前后的玉米秸秆滤液。如图 5-5(a)所示，分别为在黑暗条件下 12 h 的反应溶液(Ⅰ)和在辐照下 12 h 的反应溶液(Ⅱ)对应的 HPLC 谱图。辐照 12 h 后，保留时间(RT)为 9.18 min 和 10.32 min 时的峰强度和峰面积明显低于黑暗中的峰强度和峰面积。根据图 5-5(b)中的标准样品高效液相色谱图，9.12 min 和 10.26 min 处的峰值分别对应纤维二糖和木糖。而对应的阿拉伯糖峰值在 10.95 min 没有明显变化。

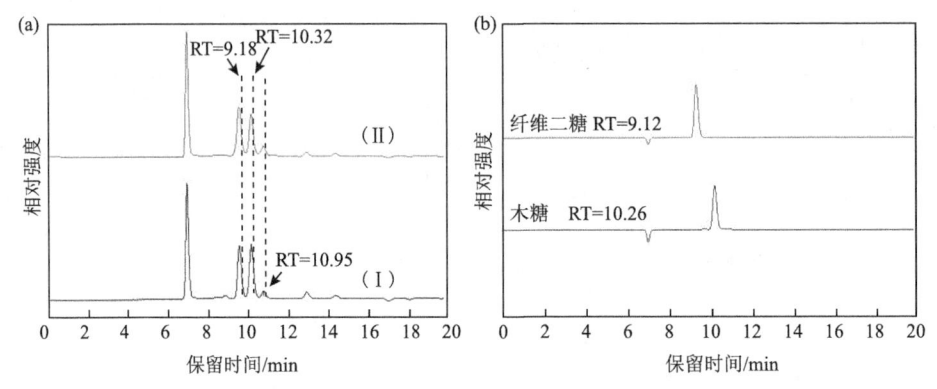

图 5-5　(a)可溶性回收产物 HPLC 谱图[在黑暗条件下 12 h(Ⅰ)和在辐照下 12 h(Ⅱ)的反应溶液]；(b)标准样品的 HPLC 谱图(标准样品为纤维二糖和木糖的混合溶液)

如图 5-6 所示，纤维二糖和木糖的形成机理是玉米秸秆中多糖在酸性条件下水解。纤维二糖和木糖分别来自纤维素和半纤维素。典型的反应过程如下：酸中的 H^+ 与 H_2O 结合生成 H_3O^+，并与多糖中的糖苷反应。糖苷中的一个 O 原子接收 H^+ 并变成 O^+。C—O 键断裂后，O^+ 与 H_2O 反应生成双氢氧根[18]。一些纤维二糖和木糖以低聚糖的形式存在，另一部分以聚合物的形式存在。低聚糖或分离的碳水化合物可以比多糖暴露更多的活性官能团，这可能为光催化过程提供更多的自由电子。

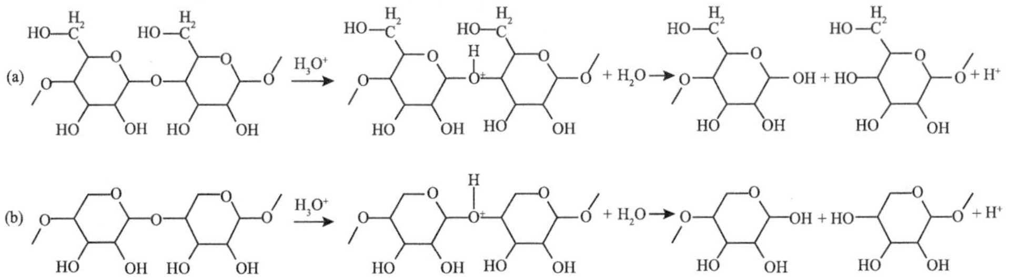

图 5-6　纤维素(a)和半纤维素(b)在酸性条件的水解过程

3. 酸处理玉米秸秆光催化制氢性能

以酸处理的玉米秸秆为牺牲剂替代物，其处理条件中 H_2SO_4 的浓度对光催化制氢性能有显著的影响。如图 5-7(a)所示，H_2SO_4 浓度的变化对制氢速率的影响较大，在处理时间和温度分别为 4 h 和 60℃的条件下，当 H_2SO_4 浓度调节为 8%时，相应的光催化制氢速率达到最佳值，测得为 6.69 μmol/h。酸处理时间也会影响制氢性能，如图 5-7(b)所示，当预处理时间从 1 h 提高至 3 h 时，该条件达到最优的光催化制氢速率 6.69 μmol/h。而在反应时间超过 3 h 后，随着处理时间的延长，制氢速率无明显变化。图 5-7(c)为不同处理温度对制氢速率的影响。结果表明，最佳处理温度为 60℃。如图 5-7(d)所示，酸处理玉米秸秆作为牺牲剂的最佳制氢速率为 6.69 μmol/h，远低于天然玉米秸秆作为牺牲剂的 14.34 μmol/h。基于上述 HPLC 光谱结果，我们可以做出这样的假设，即玉米秸秆中可用作牺牲剂的活性物质通过酸处理被去除到滤液中。因此，有必要研究滤液在光催化分解水制氢反应中的作用，并对滤液中的可溶性提取物进行成分分析。

在酸处理浓度为 8%、处理时间为 4 h、处理温度为 60℃的条件下，收集处理后的玉米秸秆滤液作为牺牲剂，研究提取物对光催化制氢性能的影响。如图 5-8(a)所示，作为牺牲剂的滤液样品的光催化制氢率显著高于天然玉米秸秆或经酸处理的玉米秸秆。这是因为纤维二糖和木糖是光催化析氢的活性物质，被提取到滤液中，大大增加了牺牲剂和催化剂之间的接触面积。此外，随着牺牲剂样品体积的增加，制氢速率先升高后降低，当滤液添加量为 3 mL 时，制氢速率达到 30.58 μmol/h 的最优值。如图 5-8(b)所示，结合第 4 章中水相 pH 对制氢的影响部分结论，该部分表征制氢速率降低的可能原因是低 pH 导致光催化剂团聚并降低其活性表面积。

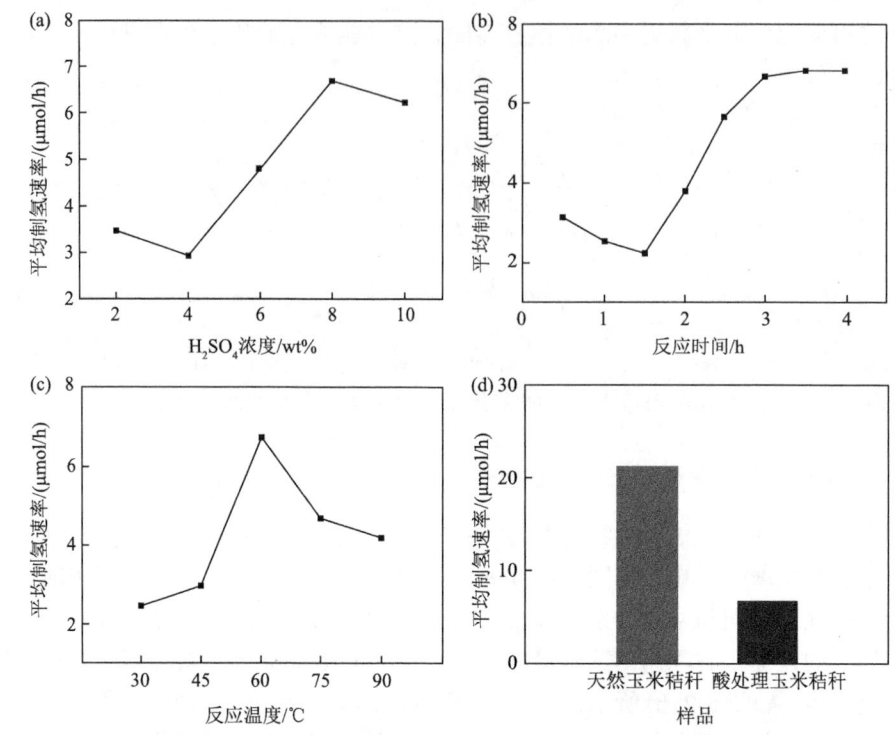

图 5-7 不同酸处理条件[(a)H₂SO₄浓度；(b)处理时间；(c)处理温度]对玉米秸秆制氢性能的影响；(d)天然玉米秸秆和酸处理玉米秸秆作为牺牲剂的制氢性能比较

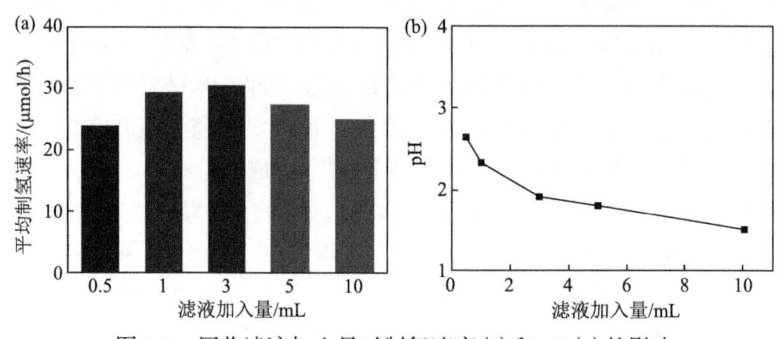

图 5-8 回收滤液加入量对制氢速率(a)和 pH(b)的影响

为了进行比较，采用控制变量法进行以下实验，如表 5-3 所示。结果表明，"水 + 催化剂 + 酸处理滤液"反应体系的最优制氢速率是"催化剂 + 水"的 72.8 倍，是"水 + 催化剂 + 天然玉米秸秆"的 2 倍，是"水 + 催化剂 + 酸处理玉米秸秆"的 4.57 倍。可知滤液中具有可直接参与光催化分解水制氢反应的活性成分。

第 5 章　玉米秸秆牺牲剂改性及光催化制氢性能分析

表 5-3　不同条件下制氢速率对比

实验条件	制氢速率/(μmol/h)
水	0
水 + 天然玉米秸秆	0
水 + 催化剂(Pt/TiO$_2$)	0.42
水 + 催化剂(Pt/TiO$_2$) + 天然玉米秸秆	14.34
水 + 催化剂(Pt/TiO$_2$) + 酸处理玉米秸秆固相产物	6.69
水 + 催化剂(Pt/TiO$_2$) + 酸处理后可溶性回收滤液	30.58

基于上述结果，可以得出结论，在以酸处理玉米秸秆后的回收滤液作为光催化分解水制氢反应的牺牲剂的条件下，可能的光催化机理是作为主要活性小分子成分的纤维二糖和木糖在光催化反应过程中被 TiO$_2$ 催化剂吸附，在光照条件下，与催化剂表面具有强氧化性的羟基自由基和光生空穴降解为二氧化碳和水。反应产生的大量自由电子被光催化剂以表面吸附的形式捕获，降低了光生载流子的复合率，间接提高了光生空穴电子对的分离效率，也间接提高了反应中整体的自由电子迁移效率，提高了催化剂表面的氧化还原能力，最终加速光催化分解水制氢的反应过程，如图 5-9 所示。

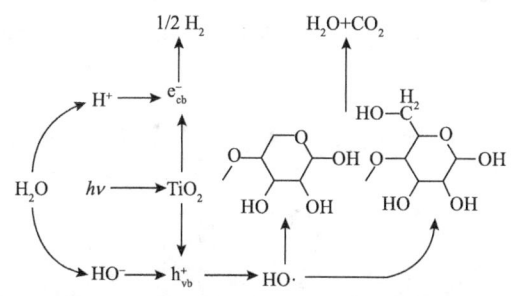

图 5-9　玉米秸秆可溶性回收产物纤维二糖和木糖作为牺牲剂的光催化制氢反应机理

4. 酸处理废液的光催化制氢

图 5-10 为不同酸处理废液使用量下的光催化制氢量。不同废液的使用量也意味着其在反应体系中的相对浓度的大小，由图 5-10 可知，制氢量随着酸处理废液使用量的增加先增大后减少，当向光催化反应体系加入 3 mL 酸处理废液时制氢量达到最大，为 133.365 μmol，这表明酸处理废液在体系中相对浓度会影响光催化制氢，而过高的废液浓度会抑制产氢。如图 5-11 所示，相比于使用 1 mL 酸处理废液，使用 5 mL 酸处理废液时催化剂颗粒的沉降速度明显更快，同时如图 5-12 所示，在低倍的扫描电镜图中 1S-TiO$_2$ 呈明显的块状且相对破碎，5S-TiO$_2$ 也呈块

状但结块现象更加明显,这表明过高的废液浓度引起了催化剂颗粒的团聚效应,使得催化剂颗粒与液相接触的有效面积减小,从而影响了光催化制氢反应。

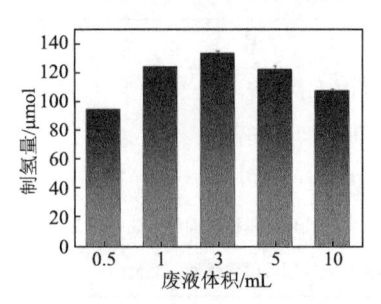

图 5-10 不同酸处理废液使用量对应的光催化制氢量

图 5-11 使用酸处理废液为牺牲剂时的光催化剂团聚现象
(a) 1 mL 酸处理废液;(b) 5 mL 酸处理废液

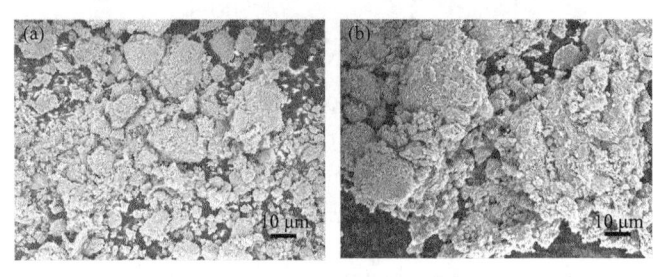

图 5-12 催化剂样品的扫描电镜图(放大倍数 1000×)
(a) 1S-TiO$_2$;(b) 5S-TiO$_2$

而由表 5-4 可知,随着酸处理废液使用量的增加,反应体系的 pH 减小,且当废液使用量分别为 0.5 mL、1.0 mL 和 3.0 mL 时,反应体系在光催化反应后的 pH 出现了轻微的上升,这说明氢离子可能在反应中被消耗,也表明不同废液量带来的不同氢离子浓度也可能影响着制氢反应。废液量为 5.0 mL 和 10.0 mL 时的光催化反应体系的 pH 在反应前后不变,这可能是由该条件下的氢离子浓度变化无法在本实验所使用的 pH 计中显示导致的。

表 5-4　不同酸处理废液使用量下光催化反应体系的 pH

	酸处理废液量/mL				
	0.5	1.0	3.0	5.0	10.0
光催化反应前 pH	2.64	2.33	1.90	1.81	1.51
光催化反应后 pH	2.75	2.45	2.03	1.81	1.51

5. 光催化制氢反应前催化剂样品的表征分析

为进一步探究酸处理废液对光催化制氢反应的影响，对光催化反应前后的催化剂样品进行了表征分析。由图 5-13 可知，在 Pt/TiO$_2$ 催化剂与不同用量的酸处理废液混合后，收集得到的催化剂样品的 XRD 谱图中衍射峰的位置和强度等均没有明显改变，也没有衍射峰的增加或消失。这表明酸处理废液的加入不会改变催化剂的晶型。

根据图 5-14 可知，随着酸处理废液量的改变，催化剂红外光谱有明显变化。3404 cm^{-1} 和 1640 cm^{-1} 处的峰随着酸处理废液量的增加其峰强度明显增加，其中 3404 cm^{-1} 处的峰为 O—H 键的伸缩振动峰，而 1640 cm^{-1} 处的峰是由羟基的伸缩弯曲振动或 C=O 的伸缩振动引起的。当酸处理废液的使用量增加至 3 mL 时，在 3S-TiO$_2$ 的红外光谱图中的 2928 cm^{-1} 和 2852 cm^{-1} 处出现了新的吸收峰，其中 2928 cm^{-1} 处的峰为 C—H 键和—CH$_2$ 键的伸缩振动峰，而 2852 cm^{-1} 处的峰是由—CH$_2$ 键的对称伸缩振动峰引起的。而当废液使用量增加到 10 mL 时，10S-TiO$_2$ 的红外光谱图中这两个峰的峰强进一步增强。这表明酸处理废液改变了催化剂表面活性官能团，使催化剂的表面增加了与—OH、C—H、—CH$_2$ 和 C=O 等相关的有机官能团，而这有可能是由酸处理废液中含有的各种糖类等物质吸附在催化剂表面所导致的。

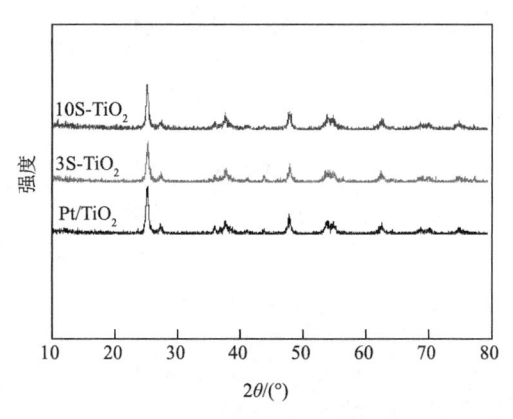

图 5-13　催化剂样品的 XRD 谱图

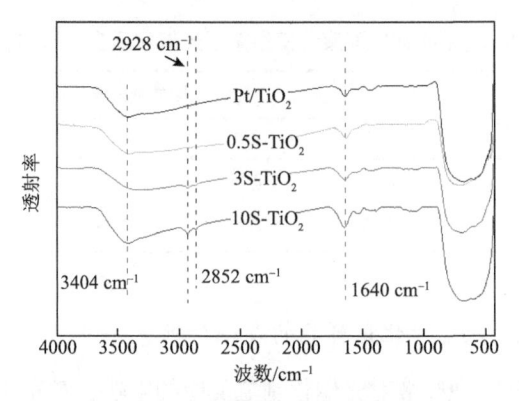

图 5-14 催化剂样品的红外光谱图

图 5-15 为不同酸处理废液使用量下催化剂样品的扫描电镜图。在催化剂的微观表面上二氧化钛的颗粒往往聚集成块状和球状,而在不同酸处理废液的使用量下催化剂样品的微观表面结构没有观察到明显变化。图 5-16 为 10S-TiO$_2$ 的 HRTEM 图,有机物在催化剂表面的大量吸附和覆盖可能会形成明显的非晶层,但由图 5-16(a)、(b)和(c)可知,在酸处理废液使用量最大的 10S-TiO$_2$ 样品的催化剂颗粒表面几乎很难找到如图 5-16(b)中圆圈所标识的非晶层。

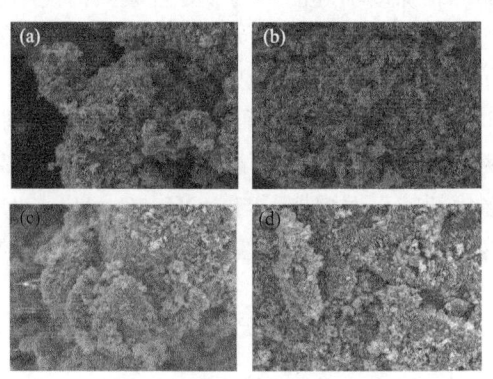

图 5-15 不同酸处理废液使用量下催化剂样品的扫描电镜图(放大倍数 10000×)
(a) Pt/TiO$_2$;(b) 0.5S-TiO$_2$;(c) 3S-TiO$_2$;(d) 10S-TiO$_2$

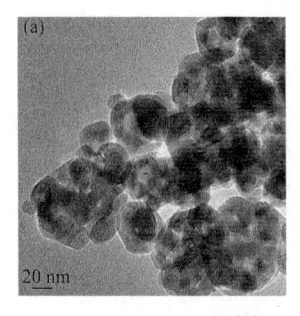

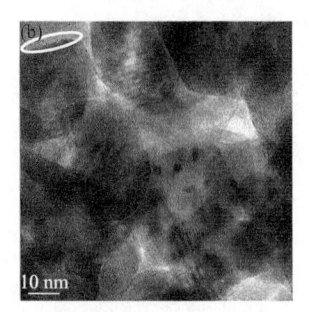

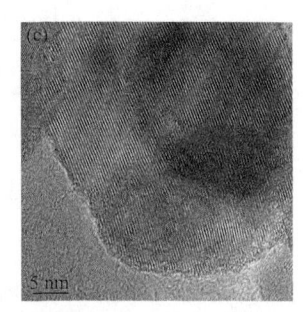

图 5-16 催化剂样品 10S-TiO$_2$ 的 HRTEM 图

根据上述表征分析结果可知，酸处理玉米秸秆的废液中的物质可以均匀吸附在催化剂表面，并可以明显改变催化剂表面活性官能团的种类和数量，但吸附量极少，催化剂微观表面结构和晶型结构没有太大改变。

6. 光催化制氢反应体系的高效液相色谱分析

图 5-17 为酸处理废液使用量为 3 mL 时，反应体系中液相的高效液相色谱图。可知，在辐照 12 h 后保留时间为 9.18 min 和 10.32 min 处的峰高和峰面积有明显的下降，而 10.95 min 处的峰高和峰面积有一定的增加。

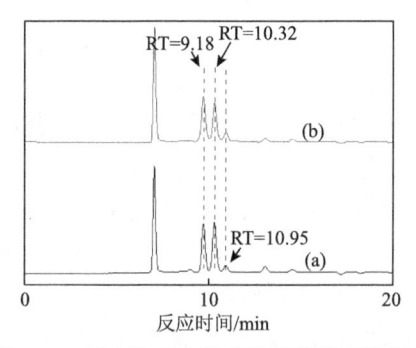

图 5-17 反应体系中液相的高效液相色谱图
(a) 黑暗条件下 12 h；(b) 氙灯照射条件下 12 h

5.3 碱改性法制氢性能分析

目前玉米秸秆等天然木质纤维素生物质在作为牺牲剂或反应对象参与光催化反应时其化学和物理状态对整个反应的影响机理尚不明确，天然生物质中纤维素、木质素和半纤维素等成分的光催化反应机理各不相同，反应产物的种类多，且反应过程难以控制。

将以碱处理法为玉米秸秆预处理方法，研究以碱处理玉米秸秆为牺牲剂的光催化分解水制氢反应及不同碱处理条件对产氢的影响。分析碱处理和光催化对玉米秸秆的组分和结构特性等物理化学特性的改变。

5.3.1 碱改性材料制备方法

1. 碱处理方法

利用氢氧化钠水溶液对玉米秸秆进行碱处理。其中氢氧化钠溶液的浓度范围为 0%～8%，预处理温度范围为 30～90℃，预处理时间为 0～3 h。所用玉米秸秆为 2018 年当季作物，主要成分如表 5-5 所示。

表 5-5　玉米秸秆主要成分

组成	纤维素	半纤维素	木质素	灰分	水分
含量/%	28.00	21.50	4.46	4.42	4.92

2. 光催化制氢实验方法

分别将催化剂(0.1 g)和玉米秸秆样品(0.1 g)一起分散于 100 mL 去离子水中，加入石英光催化反应器中，用磁子搅拌混合并分散均匀，形成悬浊液。光催化反应过程中保持搅拌，反应辐照时间为 4 h(部分辐照时间不为 4 h 的实验会在对应内容中给出具体辐照时间)，每隔 60 min 取样 1 次，气相色谱分析氢气的产量。将反应后的混合液收集并抽滤，得到玉米秸秆及催化剂混合物和反应液，其中玉米秸秆及催化剂混合物在真空干燥箱 60℃下干燥 6 h 后，干燥保存。同时，在黑暗条件下处理后的玉米秸秆及催化剂混合物样品也用同样的方法处理得到。

对于碱处理后废液的光催化制氢实验，将催化剂(0.1 g)和废液(5 mL)分散于 95 mL 的去离子水中，得到液体体积接近 100 mL 的悬浊液，加入石英光催化反应器中，用磁子搅拌混合并分散均匀，形成悬浊液，并通过循环冷却水将反应体系的温度控制在 5℃左右。反应开始前，进行真空除氧。除氧完成后开启光源，保持搅拌，每隔 60 min 取样 1 次，气相色谱分析氢气的产量。以碱处理玉米秸秆为牺牲剂的光催化制氢的示意图，如图 5-18 所示。

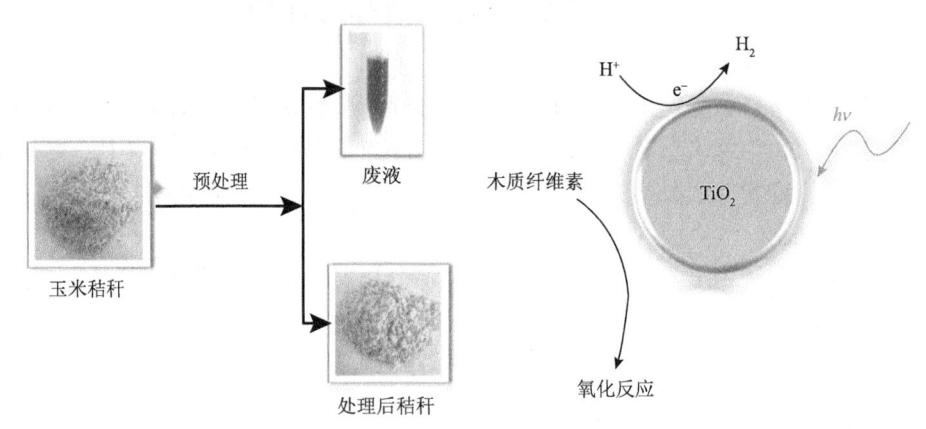

图 5-18　以碱处理玉米秸秆为牺牲剂的光催化制氢示意图

5.3.2　碱改性材料表征及性能分析

在本节进行了一系列的实验来研究以碱处理的玉米秸秆作为牺牲剂的光催化制氢性能。如表 5-6 所示，当将碱处理的玉米秸秆添加到反应体系中时，制氢产量进一步提高。因此,玉米秸秆的碱处理有利于使用玉米秸秆作为牺牲剂的反应体系中光催化制氢。如图 5-19 所示,为研究和验证碱处理玉米秸秆系统的稳定性,使用 1wt% Pt/TiO$_2$(0.1 g)和碱处理的玉米秸秆(0.1 g)溶于去离子水(100 mL)中,在辐照下进行光催化制氢的循环实验(每个循环 4 h)。所使用的碱处理玉米秸秆样品为玉米秸秆(3 g)在 60℃下用 NaOH 溶液(质量分数为 2%,30 mL)预处理 1.5 h 后得到的。该反应体系可以在 48 h 内维持氢气的产生,且制氢量未出现明显的衰减,这表明以碱处理玉米秸秆作为牺牲剂的光催化体系在光催化制氢过程中也具有良好的稳定性。另外,从表 5-6 可以看出,在反应体系中添加碱处理后的废液也有利于光催化分解水制氢。

表 5-6 不同条件下的光催化制氢量

条件	制氢量/μmol
去离子水 + 未处理的玉米秸秆	0
去离子水 + Pt/TiO$_2$(0.1 g)	1.696
去离子水 + 未处理的玉米秸秆(0.1 g) + Pt/TiO$_2$(0.1 g)	29.776
去离子水 + 碱处理后的玉米秸秆(0.1 g) + Pt/TiO$_2$(0.1 g)	84.902
去离子水 + 碱处理废液(5 mL) + Pt/TiO$_2$(0.1 g)	82.143

注:光催化反应条件为反应液体积 100 mL,照射时间 4 h,氙灯光功率 50 W,紫外可见光波长范围 320~780 nm,照射时间 4 h;碱处理条件为玉米秸秆在 60℃下用 NaOH 溶液(质量分数为 2%,30 mL)预处理 1.5 h。

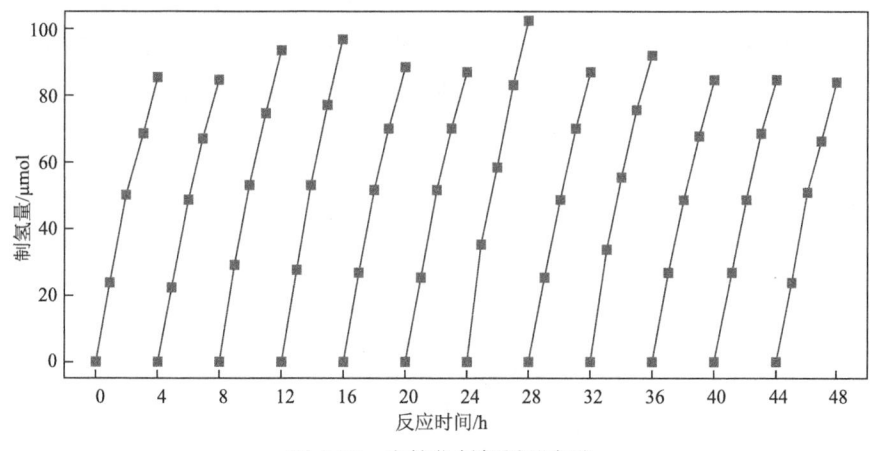

图 5-19 光催化制氢循环实验

1. 玉米秸秆的碱处理[18]

碱处理作为一种常用方法可以去除木质纤维素生物质(如玉米秸秆)中的大量

半纤维素和木质素。碱处理通过使生物质发生物理化学变化,如破坏木质素的醚键,使半纤维素与木质素之间的酯键皂化,减弱和破坏纤维素与半纤维素之间的氢键以及溶胀,从而改变木质纤维素生物质的形态和结构。本节的实验中,在60℃的恒温水浴加热条件下,用2%的NaOH溶液预处理玉米秸秆1.5 h,得到碱处理后的玉米秸秆样品。同时利用SEM、XRD、FTIR、UV-vis DRS和TGA,探讨了碱处理对玉米秸秆结构和形态变化的影响。

通过扫描电镜观测碱处理前后玉米秸秆样品的微观形貌和结构变化。如图5-20所示,未经任何处理的玉米秸秆表面相对光滑有序,纤维结构完整。而碱处理后的样品表面附有许多微小的碎片,整体变得粗糙且多孔,这是因为碱处理后玉米秸秆中木质素和半纤维素被去除,木质纤维素的结构被破坏。

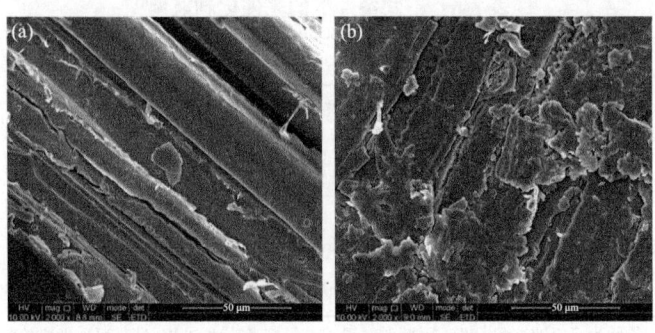

图5-20 玉米秸秆颗粒的扫描电镜图(放大倍数2000×)
(a)未处理玉米秸秆;(b)碱处理后的玉米秸秆

图5-21所示为未处理的玉米秸秆和碱处理后的玉米秸秆的XRD谱图。从图中可以看出,在碱处理前后,玉米秸秆在22.1°和16.0°附近都有明显的衍射峰。这两个峰是结晶纤维素的典型峰,并且在18.7°的峰谷位置代表无定形纤维素。根

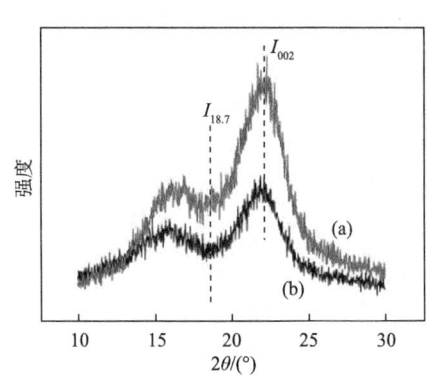

图5-21 碱处理前后玉米秸秆XRD谱图
(a)碱处理后玉米秸秆;(b)未处理玉米秸秆

据结晶度指标的测量和计算，玉米秸秆的相对结晶度在碱处理后从39.04%增加到51.06%，这可能是由于碱处理使得木质素、半纤维素和纤维素之间的氢键断裂，去除了玉米秸秆中大部分半纤维素和木质素，同时无定形的纤维素在碱液的润胀作用下可能被破坏溶出，使得定型纤维素在处理后的秸秆样品中所占比例增大，相对结晶度增大。

通过对未处理和碱处理后的玉米秸秆进行 FTIR 分析，研究分析玉米秸秆中的化学和组分变化[19]。如图 5-22 所示，与未处理的玉米秸秆相比，经碱处理的玉米秸秆在 1736 cm^{-1}、1603 cm^{-1} 和 1251 cm^{-1} 处的峰强度明显减小，其中玉米秸秆样品在 1736 cm^{-1} 处的特征峰在碱处理后直接消失。1736 cm^{-1} 处的峰对应半纤维素中羧酸酯和酮的 C=O 键的拉伸振动峰，而 1603 cm^{-1} 和 1251 cm^{-1} 处的峰对应木质素中酯基的 C=O 键和酚基的 C=C 键的特征峰[20]。这些峰的消失和减弱表明大多数半纤维素和部分木质素已通过碱处理除去。另一方面，在 3411 cm^{-1} 和 2906 cm^{-1} 处的强吸收峰分别对应纤维素的酚羟基、甲基和亚甲基的 O—H 键、C—H 键的振动峰。1634 cm^{-1}、1432 cm^{-1}、1160 cm^{-1} 和 896 cm^{-1} 处的峰对分别应于 C=O 键、O—H 键、C—O 键和 β-1,4-糖苷键（C—O—C），这些峰与纤维素有关。可以注意到，碱处理的玉米秸秆在 3411 cm^{-1}、2906 cm^{-1} 和 1634 cm^{-1} 处的峰强度显著增强，表明在碱处理后的玉米秸秆中，酚羟基、甲基、亚甲基和羧基含量更高，进一步说明纤维素在碱处理后的玉米秸秆样品中所占比重上升。这可能是由于纤维素中的氢键断裂和碱处理后半纤维素和木质素的去除。

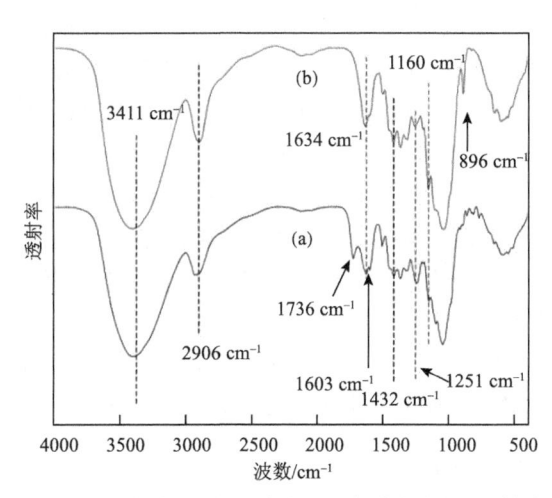

图 5-22　原始玉米秸秆(a)和碱处理玉米秸秆(b)的红外光谱图

图 5-23 为未处理和碱处理后的玉米秸秆样品的 TG 和 DTG 曲线图。可知，未经处理的玉米秸秆的热失重过程可以大致分为三个阶段：在第一阶段（≤

200℃)，样品中的自由水和结合水开始蒸发。在第二阶段(160~400℃)，具有低热稳定性的提取物开始分解，温度进一步升高至半纤维素的分解温度(225~325℃)，随着温度的继续升高纤维素开始分解(325~375℃)，从而导致剧烈的失重[21]，木质素的分解温度范围较宽(310~400℃)。第二阶段秸秆样品的分解主要是吸热反应。第三阶段(400~700℃)，残余物开始炭化，失重速率较前一阶段降低，对于木质纤维素来说，纤维素和半纤维素热解往往产生挥发分而木质素的分解往往产生焦炭。

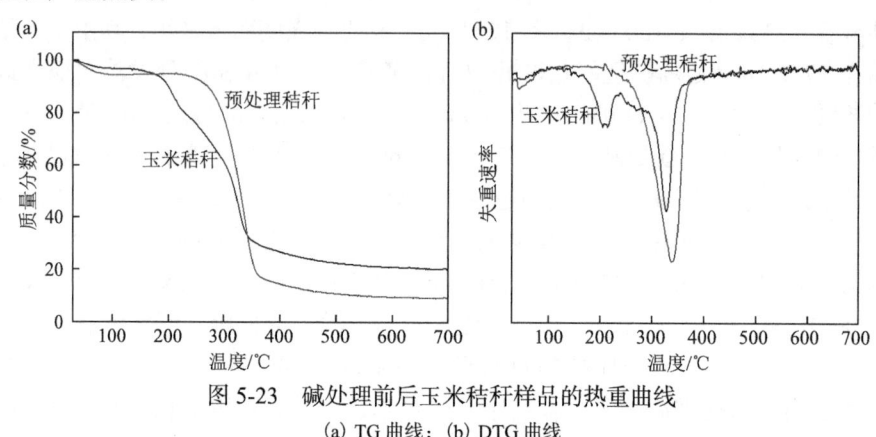

图 5-23 碱处理前后玉米秸秆样品的热重曲线
(a) TG 曲线；(b) DTG 曲线

此外，DTG 曲线显示未处理玉米秸秆在 240~290℃时存在肩峰，这是由提取物、纤维素和半纤维素的 DTG 峰分离所致。另一方面，如碱处理后的玉米秸秆的 TGA 曲线所示，可以看出碱处理后的玉米秸秆的热解温度和热解失重率显著增加，并且提取物和半纤维素引起的相应吸收峰几乎在 DTG 曲线中消失，相应的纤维素峰增强。此外，碱处理后玉米秸秆中木质纤维素的主要成分纤维素、半纤维素和木质素的含量分别为 85.01%、3.98%和 3.85%。综上所述，可以认为碱处理有效地去除了大部分半纤维素、木质素和提取物，改变了玉米秸秆的结构和微观表面。碱处理的玉米秸秆的主要成分是纤维素，而除去的半纤维素、木质素及其衍生物可能存在于处理后的废液中。

因此，碱处理可对玉米秸秆微观表面、结构、组分和官能团造成改变，这可能对以玉米秸秆作为牺牲剂的光催化分解水制氢产生影响。

2. 光催化反应后的结果与表征分析

光催化反应是一个温和的过程，已被广泛研究用于污染物降解、制氢、二氧化碳还原和精细化学合成。但是，由于光生空穴-电子对的复合，光催化的效率受到很大的限制，如光催化分解纯水制氢的效率较低等。此外，本实验以玉米秸秆的各个组成成分作为牺牲剂进行了光催化制氢的测试，如 α-纤维素、葡萄糖(纤维素的模型化合物)、木聚糖(半纤维素的模型化合物)、木质素(脱碱性)和木质素(碱性),这些生物质均可提高制氢量。这可能是因为这些生物质在光催化反应过程中均可作为电子给体消耗空穴或羟基自由基,降低了电子-空穴对复合率。不同生物质对光催化制氢的影响程度各不相同,其中,葡萄糖作为纤维素的模型化合物,作为牺牲剂的光催化制氢量远高于以 α-纤维素作为牺牲剂的光催化制氢量,体现出生物质的结构形态和其他物理化学特性对光催化重整生物质分解水制氢也具有一定的影响。

同时还进行了以 1wt% Pt/g-C$_3$N$_4$ 为光催化剂的光催化分解水制氢实验。如图 5-24 所示,无论牺牲剂是碱处理后的玉米秸秆还是玉米秸秆碱处理后的废液,以 1wt% Pt/g-C$_3$N$_4$ 为光催化剂的光催化反应系统的制氢量都远远低于以 Pt/TiO$_2$ 为光催化剂的系统。因此,可以认为不同的光催化剂在碱处理的玉米秸秆上可能具有不同的光催化制氢速率。为使实验数据更具可靠性和对比性,只选用 1wt% Pt/TiO$_2$ 作为光催化剂。对其他研究人员的实验结果进行了一定的汇总,更全面、更客观地显示不同光催化剂的影响,如表 5-7 所示。根据表 5-7 中内容可知,不同研究中光催化剂种类、生物质种类和反应体系条件并不相同,且产氢效果不同。故即使不考虑催化剂对反应的影响,仍然存在一些问题影响着使用天然生物质作为牺牲剂的光催化制氢。例如,大多数生物质的结构和成分非常复杂,如木质纤维素中的纤维素通常被木质素和半纤维素包裹和缠结,这种结构不利于纤维素作为牺牲剂参与光催化反应。因此有必要研究生物质的结构、形貌和成分等物理化学特性在光催化反应过程中的变化和对光催化制氢反应的影响。

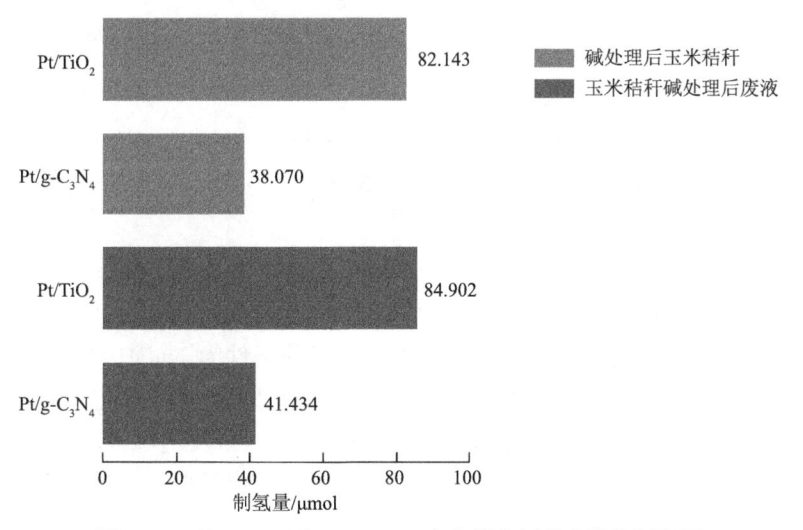

图 5-24 以 Pt/TiO$_2$ 和 Pt/g-C$_3$N$_4$ 为光催化剂的光催化制氢图

表 5-7 以不同生物质为牺牲剂的光催化制氢的比较

催化剂	反应条件	光源	温度/K	制氢量	参考文献
Pt(1%)/^{P25}TiO$_2$ (0.1 g)	H$_2$O(100 mL)/玉米秸秆 (0.1 g)	氙灯(300 W)	278	7.44 μmol/h	本研究
Pt(1%)/^{P25}TiO$_2$ (0.1 g)	H$_2$O(100 mL)/碱处理玉米秸秆(0.1 g)	氙灯(300 W)	278	21.23 μmol/h	本研究
Pt(1%)/^{P25}TiO$_2$ (0.1 g)	H$_2$O(100 mL)/碱处理玉米秸秆废液(5 mL)	氙灯(300 W)	278	20.54 μmol/h	本研究
Pt(0.32wt%)/TiO$_2$ (2 g/L)	H$_2$O(30 mL)/纤维素(200 mg)	紫外灯(4×15 W)	278	54 μmol	[22]
Pt(0.32wt%)/TiO$_2$ (2 g/L)	H$_2$O(21 mL)/纤维素(140 mg)	自然光	302~305	33 μmol	[22]
Pt(0.32%)/TiO$_2$ (2 g/L)	H$_2$O(30 mL)/苜蓿茎(200 mg)	紫外灯(4×15 W)	278	24 μmol	[22]
Pt(5%)/TiO$_2$	H$_2$O/水稻(w/v: 0.3%)	氙灯(500 W)	278	8 μmol/(g cat·h)	[23]
Pt(5%)/TiO$_2$ (25 mg)	H$_2$SO$_4$(0.6 mol/L 50 mL) 纤维素(2.5 mg)	掺铁卤化物灯(250 W)	403	12.3 μmol/h	[23]
LaMnO$_3$/CdS	污泥	Xe(300 W)	278	129 μmol/(g cat·h)	[23]
P25-S-Ni	H$_2$O(100 mL)/纤维素(1 g)	氙灯(500 W)	353	60.4 μmol/h	[24]
纤维素@TiO$_2$ (Pt) (15 mg)	H$_2$O(50 mL)/纤维素@TiO$_2$ (Pt) (15 mg)	掺铁卤化物灯(250 W)	293~313	195.2 μmol	[24]
CdS/CdO$_x$ QDs	木枝(50 mg/mL)	氙灯(500 W)	278	5.3 mmol/(g cat·h)	[25]
活化^{NCN}CN$_x$ (5 mg)	木屑	氙灯(500 W)	298	202 μmol/(g cat·h)	[25]
TiO$_2$/NiO$_x$@C$_g$ (20 mg)	H$_2$O(100 mL)/纤维素(2 g)	氙灯(500 W)	298	5.4 μmol/h	[26]
TiO$_2$/NiO$_x$@C$_g$ (20 mg)	H$_2$O(100 mL)/纤维素(2 g)	氙灯(500 W)	333	43.3 μmol/h	[26]
TiO$_2$/NiO$_x$@C$_g$ (20 mg)	H$_2$O(100 mL)/纤维素(2 g)	氙灯(500 W)	353	82.9 μmol/h	[26]

为了进一步研究光催化反应后玉米秸秆的变化,用 SEM、XRD、FTIR 和 TGA 对碱处理和光催化前后玉米秸秆和催化剂的混合物样品进行了表征,同时对黑暗条件下的对照测试进行了表征。玉米秸秆碱处理的条件为 NaOH 浓度 2%,预处理时间 1.5 h,温度 60℃。利用扫描电镜对样品进行表征分析,研究光催化反应后未处理玉米和碱处理后玉米秸秆的形态特征和表面特性的变化。图 5-25 为光催化反应后未处理的玉米秸秆和碱处理后玉米秸秆的扫描电镜图。可知,在光催化之后,无论是未处理的玉米秸秆还是碱处理后的玉米秸秆样品的表面都很粗糙,而碱处理后的样品的微观表面结构粗糙和不平整现象更加明显,这一现象在碱处理

后的玉米秸秆的边缘处更加突出。根据相对结晶度的测量和计算，光催化反应后，碱处理后的玉米秸秆的相对结晶度从 50.0%增加到 62.5%。在相同的光催化条件下，未经处理的玉米秸秆的相对结晶度仅变化了 4.5%。这可能是由于碱处理在去除包裹在纤维素中的半纤维素和木质素的同时也改变了玉米秸秆的表面结构，增强了玉米秸秆的各种组分与光催化反应体系中活性氧或催化剂之间的接触，使得碱处理后的样品中部分无定形纤维素在光催化反应过程中被快速地消耗掉，在反应一段时间后玉米秸秆中纤维素的相对结晶度得以提高。

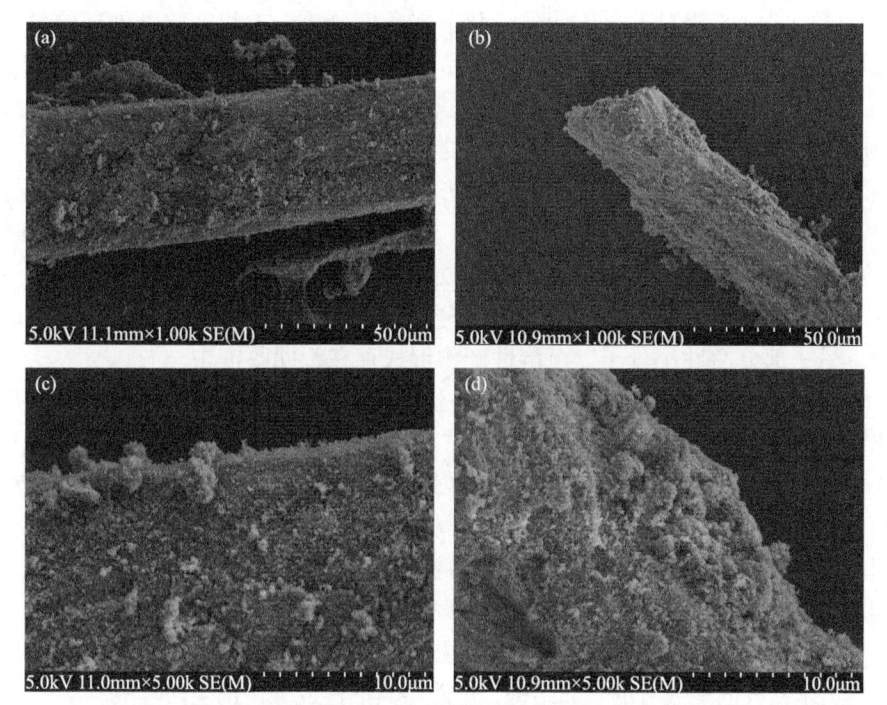

图 5-25　光催化反应后未处理的玉米秸秆[(a)、(c)]和碱处理后玉米秸秆的扫描电镜图[(b)、(d)]

3. 碱处理条件对光催化制氢的影响研究

经过前期实验研究可知，采用相同的 NaOH 溶液作为碱处理试剂，不同的处理条件对天然玉米秸秆的制氢性能具有规律的影响。主要影响因素包括碱处理的碱液浓度、反应时间和反应温度。

本节实验采用单因素的制备方法，如图 5-26(a)所示，首先在反应温度 40℃、反应时间 2 h 条件下，分别调节碱浓度为 0%、1%、2%、4%、6%、8%(NaOH∶H_2O 质量比；0%为空白对照组)。经过对比不同浓度碱液处理对玉米秸秆作为牺牲剂促进制氢反应的表现，可以发现碱处理较优的浓度为 2%，该组实验样品的制氢速率最高可以达到 40.90 μmol/h，而超过这一浓度的样品在光催化制氢反应中的表现较差，甚至接近于未处理的天然玉米秸秆。这可能是碱浓度过高导致活性官能团脱离固体玉米秸秆表面，转化为可溶性成分溶于碱处理回收液中。如图 5-26(b) 所示，在 40℃条件下，以 2%的 NaOH 为碱处理液，分别调节反应时间为 0.5 h、1.0 h、1.5 h、2.0 h、3.0 h，经过对比不同反应时间的样品制氢速率可知，本组实验中的最优反应时间为 1 h。如图 5-26(c) 所示，控制变量碱浓度、反应时间分别为 2%和 2 h，恒温水浴方法调节反应温度分别为 20℃、30℃、45℃、60℃、75℃、90℃，经过对比不同反应温度样品的制氢性能表现，发现在超过 60℃后对制氢性能的进一步提升效果不明显，从节能角度分析，本组实验碱处理的最佳反应温度应为 60℃，该条件下处理的样品作为牺牲剂的制氢速率可以达到 51.20 μmol/h。如图 5-26(d) 所示为采用控制变量方法，固定条件处理浓度 2%、反应温度 40℃、反应时间 2 h，分别对比"碱处理玉米秸秆＋水"、"催化剂＋水"、"天然玉米秸秆＋催化剂＋水"、"碱处理玉米秸秆＋催化剂＋水"和"碱处理回收液＋催化剂＋水"样品的制氢速率，可知碱处理后无论是固体玉米秸秆还是碱处理回收液，其作为牺牲剂相比于未处理的天然玉米秸秆，对制氢反应的速率提升作用明显，可以推测一部分活性成分以官能团的形式存在于碱处理后的固相产物，另一部分活性小分子以可溶性产物形式存在于回收液中。

综合上述对处理后产物作为牺牲剂替代物的光催化制氢速率，将碱处理与酸处理结果进行比较和分析。如表 5-8 所示，"水＋催化剂＋酸处理固相产物"制氢速率为 6.69 μmol/h，远低于"水＋催化剂＋酸处理液相产物"、"水＋催化剂＋碱处理固相产物"和"水＋催化剂＋碱处理固相产物"反应体系的最优制氢速率，这是因为通过酸处理去除了玉米秸秆表面活性物质（如糖苷键等）；碱处理玉米秸秆固相产物与液相产物加入光催化分解水制氢体系均具有较高的制氢速率，分别可达 42.45 μmol/h、41.07 μmol/h，接近未处理产物的 3 倍，说明通过碱处理既可以活化玉米秸秆固相成分的表面结构，也能将其活性成分析出至回收液。

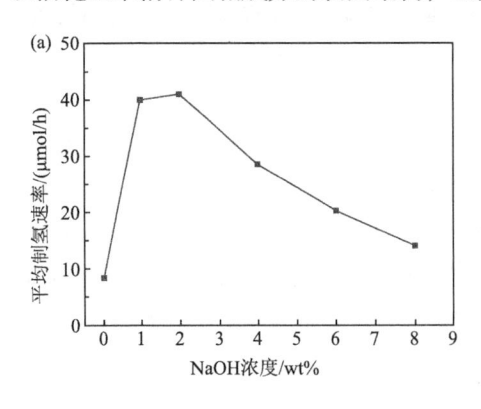

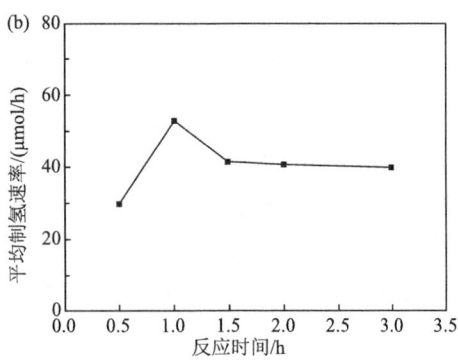

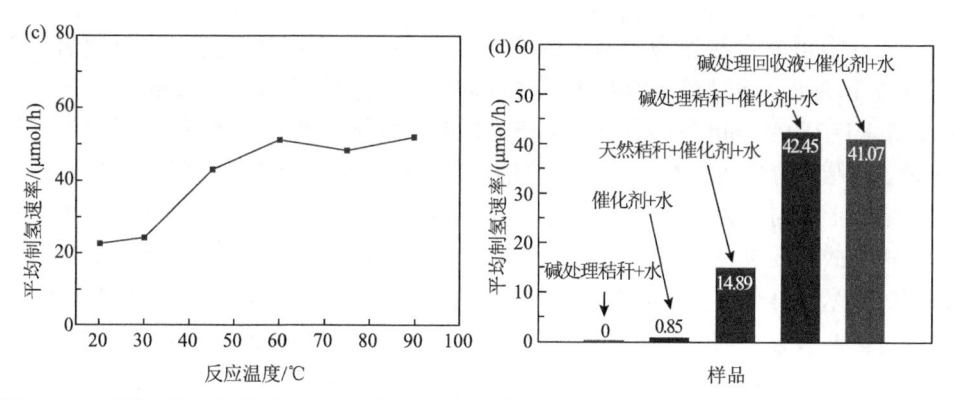

图 5-26　不同碱处理条件[(a)NaOH 浓度；(b)反应时间；(c)处理温度]对玉米秸秆作为牺牲剂的光催化制氢影响；(d)空白对照实验

表 5-8　不同条件下制氢速率对比

实验条件	制氢速率/(μmol/h)
水 + 催化剂(Pt/TiO$_2$) + 酸处理玉米秸秆固相产物	6.69
水 + 催化剂(Pt/TiO$_2$) + 酸处理玉米秸秆液相产物	30.58
水 + 催化剂(Pt/TiO$_2$) + 碱处理玉米秸秆固相产物	42.45
水 + 催化剂(Pt/TiO$_2$) + 碱处理玉米秸秆液相产物	41.07

采用 HPLC 表征碱处理玉米秸秆后回收液的可溶性成分，分析其作为光催化反应牺牲剂的作用机理，并间接分析碱处理后的固相成分变化。图 5-27(a)和(b)分别为参与光催化反应前后的液相成分 HPLC 谱图对比和标准样品 HPLC 谱图。图 5-27(a)显示，反应后的样品分别在 RT=5.86 min、RT=10.42 min 和 RT=18.09 min 位置的响应峰在其作为牺牲剂参与光催化反应 4 h 后有明显的强度减弱，可知该

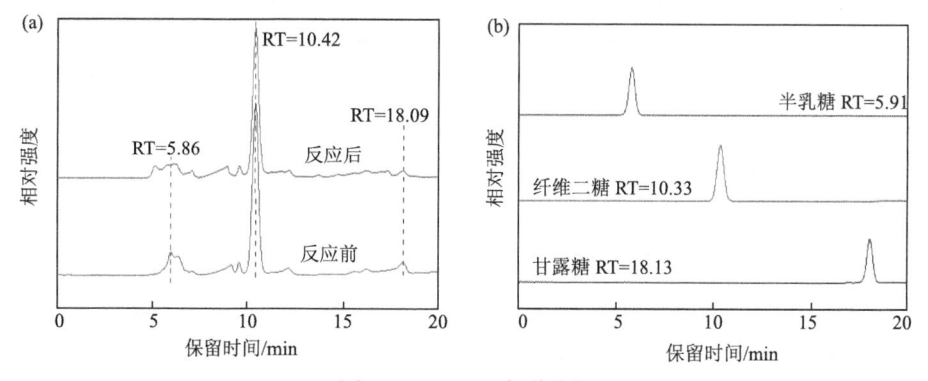

图 5-27　HPLC 色谱分析
(a)反应前后的碱处理回收液；(b)标准样品

部分成分很可能直接作为牺牲剂的有效成分参与了光催化分解水反应制氢。如图 5-27(b) 所示，通过对比标准样品的响应时间，可知位于 RT=5.86 min、RT=10.42 min 和 RT=18.09 min 的峰分别对应于半乳糖、纤维二糖、甘露糖，结合 FTIR 部分的表征结果分析可知，碱处理的可溶性产物很可能来自半纤维素的降解。

结合上述对碱处理玉米秸秆的表征分析结果，可以分别得出固相和液相中作为牺牲剂的有效成分参与光催化分解水反应的作用机理，如图 5-28 所示，经过碱处理的玉米秸秆分离为固相和液相产物，其中固相产物中木质纤维素中的半纤维素以氢键断裂方式与纤维素、木质素分离，经过碱液处理反应，其中一部分以活性官能团的形式存在于木质纤维素表面，包括酚羟基、糖苷键和甲基等，另一部分可溶性产物进入液相体系，包括小分子的甘露糖、纤维二糖和半乳糖等。以上的活性官能团与活性成分相比于大分子形式的木质纤维素具有更多的反应活性位点和更低的反应能垒，更易被催化剂的光生空穴氧化降解而产生自由电子提供给催化剂，通过电子迁移供给水分解的制氢半反应，进而促进光催化分解水全反应，提升制氢速率。

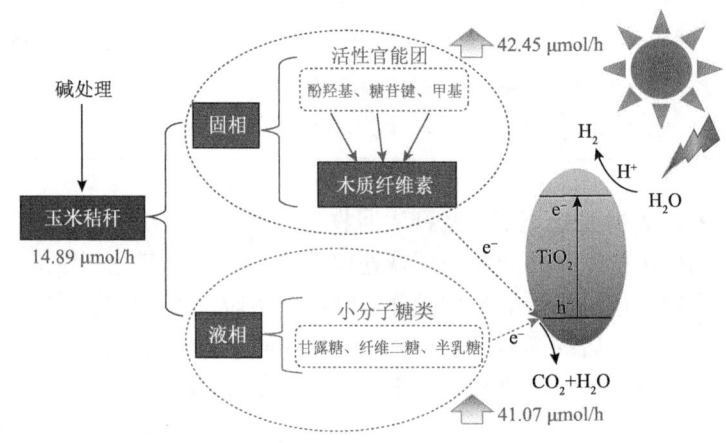

图 5-28 碱处理玉米秸秆固相、液相产物反应过程

5.4 非金属改性制氢性能分析

5.4.1 氮元素改性玉米秸秆方法

实验中所用到的玉米秸秆为 2021 年收成作物，根据使用纤维测定仪的分析测试，该玉米秸秆的组分含量比例如表 5-9 所示。取少量玉米秸秆粉末，过 0.425 mm 筛储存。使用去离子水对玉米秸秆进行反复洗涤。抽滤后玉米秸秆在 60℃下的真

空干燥箱中干燥 48 h 至质量恒定，取出备用，记为玉米秸秆牺牲剂(maize stover sacrificial agent，记为 CS)。

表 5-9 玉米秸秆的主要成分

组成	纤维素	半纤维素	木质素
含量/%	41.27	26.84	8.13

采用三乙烯二胺作为氮元素改性玉米秸秆牺牲剂的氮源。分别取 0.56 g、1.68 g、3.36 g、4.48 g、5.61 g 三乙烯二胺，使用 100 mL 烧杯和去离子水配制 0 mol/L、0.1 mol/L、0.3 mol/L、0.6 mol/L、0.8 mol/L、1 mol/L 的三乙烯二胺溶液，取 30 mL 溶液和 1.5 g 准备好的玉米秸秆粉末混合在一起，使用电磁搅拌器以 200 r/min 搅拌 6 h，将搅拌后混合液转移到 100 mL 聚四氟乙烯内衬反应釜中。将反应釜置于真空干燥箱中，在不同温度(140℃、160℃、180℃、200℃、220℃)下反应一定的时间(16 h、18 h、20 h、22 h、24 h)，冷却至室温后抽滤，使用去离子水反复多次洗涤，洗涤后产物在 45℃鼓风干燥箱中放置 24 h，完全烘干后保存。将上述氮元素改性玉米秸秆分别放置于行星球磨机中，磨球质量为 22.5 g，以 600 r/min 磨制 1 h 后过 60 目筛，保存备用。

5.4.2 磷元素改性玉米秸秆方法

使用磷酸二氢钠作为磷元素改性玉米秸秆牺牲剂的磷源。分别称取 1.2 g、3.6 g、7.2 g、9.6 g、11.9 g 磷酸二氢钠粉末，使用 100 mL 烧杯和去离子水配制 0.1 mol/L、0.3 mol/L、0.6 mol/L、0.8 mol/L、1 mol/L 的磷酸二氢钠溶液，取 30 mL 配制好的溶液和 2.1 g 准备好的玉米秸秆粉末混合在一起，使用电磁搅拌器以 200 r/min 搅拌 6 h，将搅拌后混合液转移到 100 mL 聚四氟乙烯内衬反应釜中。将反应釜置于真空干燥箱中，在不同温度(140℃、160℃、180℃、200℃、220℃)下反应一定的时间(16 h、18 h、20 h、22 h、24 h)，冷却至室温后抽滤，使用去离子水反复多次洗涤，洗涤后产物在 45℃鼓风干燥箱中放置 24 h，完全烘干后保存。将上述磷元素改性玉米秸秆分别放置于行星球磨机中，磨球质量为 22.5 g，以 600 r/min 磨制 1 h 后过 60 目筛，保存备用。

5.4.3 硫元素改性玉米秸秆方法

采用硫脲作为硫元素改性玉米秸秆牺牲剂的硫源。分别称取 0.76 g、2.28 g、4.57 g、6.09 g、7.61 g 硫脲粉末，使用 100 mL 烧杯和去离子水配制 0.1 mol/L、0.3 mol/L、0.6 mol/L、0.8 mol/L、1 mol/L 的硫脲溶液，取 30 mL 配制好的溶液和 0.9 g 准备好的玉米秸秆粉末混合在一起，使用电磁搅拌器以 200 r/min 搅拌 6 h，将搅拌后混合液转移到 100 mL 聚四氟乙烯内衬反应釜中，补加去离子水至 70 mL 左右。将反应釜置于真空干燥箱中，在不同温度（140℃、160℃、180℃、200℃、220℃）下反应一定的时间（16 h、18 h、20 h、22 h、24 h），冷却至室温后抽滤，使用去离子水反复多次洗涤，洗涤后产物在 45℃鼓风干燥箱中放置 24 h，完全烘干后保存。将上述硫元素改性玉米秸秆分别放置于行星球磨机中，磨球质量为 22.5 g，以 600 r/min 磨制 1 h 后过 60 目筛，保存备用。

5.4.4 非金属改性材料表征及性能分析[27]

实验过程中，通过分别控制氮、磷、硫元素浓度，处理温度，固液比，处理时间等因素对玉米秸秆进行改性处理，并将改性后玉米秸秆进行光催化分解水制氢实验，通过实验结果分析不同的处理条件对制氢效率的影响。表 5-10 为不同非金属元素改性后玉米秸秆作为牺牲剂参与光催化制氢的制氢量对比，可以看出非金属改性后玉米秸秆作为牺牲剂制氢量有明显的增加，其中氮元素改性玉米秸秆做牺牲剂的产氢效果更好。

表 5-10　不同条件下光催化制氢的制氢量

条件	制氢量/μmol
去离子水	0
去离子水 + Pt/TiO$_2$ (0.1 g)	1.238
去离子水 + 未处理玉米秸秆 (0.03 g) + Pt/TiO$_2$ (0.1 g)	57.714
去离子水 + 氮元素改性玉米秸秆 (0.03 g) + Pt/TiO$_2$ (0.1 g)	117.554
去离子水 + 硫元素改性玉米秸秆 (0.03 g) + Pt/TiO$_2$ (0.1 g)	77.489
去离子水 + 磷元素改性玉米秸秆 (0.03 g) + Pt/TiO$_2$ (0.1 g)	97.223

注：催化剂浓度为 1×10^{-3} g/mL，反应溶液体积为 100 mL，辐照时间为 4 h，氙灯功率为 50 W，紫外-可见光波段为 220～780nm。

非金属改性玉米秸秆是通过非金属元素与玉米秸秆耦合形成共价键，并产生大量官能团—CHO 与空穴发生氧化反应，从而抑制催化剂光生电子-空穴对的复合。本节实验表征结果均是在处理条件为氮元素浓度 3%，磷元素浓度 3%，硫元素浓度 3%，处理温度 180℃，处理时间 20 h，固液比为 5%时测得。使用 XRD、XPS、PL、UV-vis DRS 和 FIIR 等表征手段，分析非金属改性玉米秸秆对玉米秸秆结构和物质变化的影响。

1. 微观形貌分析

使用扫描电镜分别扫描未处理的玉米秸秆和氮元素、磷元素以及硫元素改性后的玉米秸秆样品，扫描电镜图如图 5-29 所示。从图 5-29(a)中可以看出，未改性处理的玉米秸秆有完整的纤维结构和较为紧实的立体结构。图 5-29(b)～(d)分别是由氮元素、磷元素和硫元素改性处理后的玉米秸秆，可以明显地看出改性后的玉米秸秆出现了较多疏松的孔洞，呈现出较大的比表面积，这一现象考虑是玉米秸秆氢键断裂产生大量羟基自由基所导致。

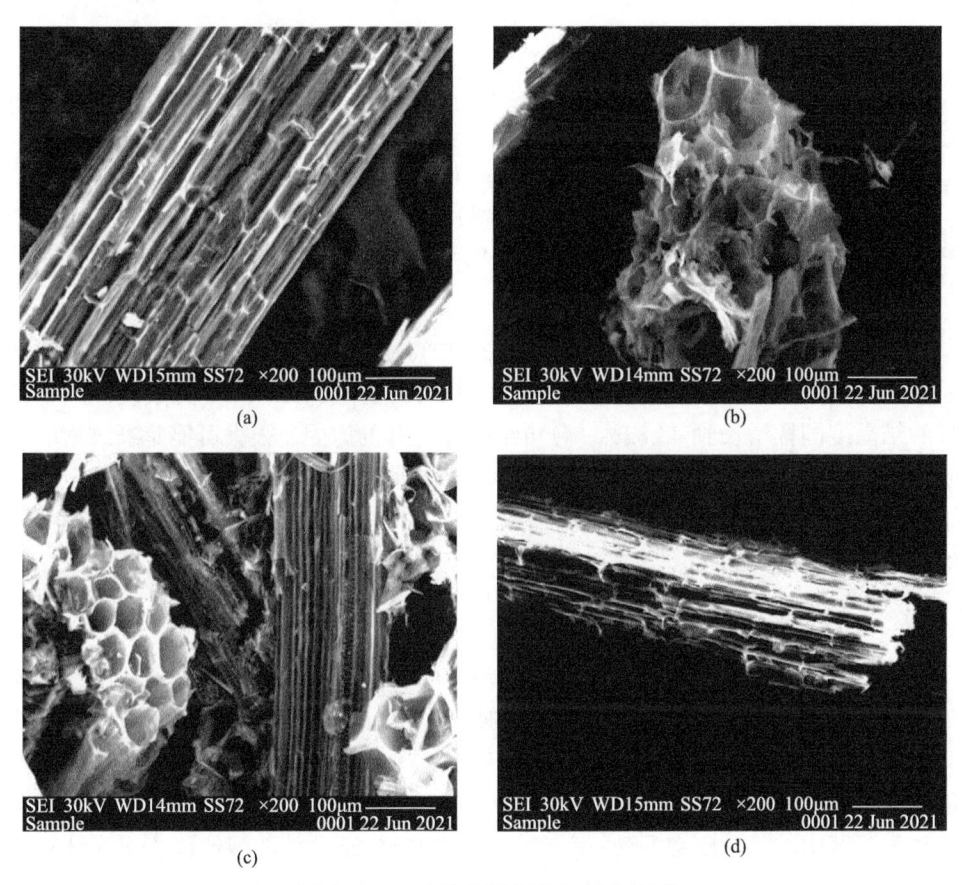

图 5-29 玉米秸秆样品的扫描电镜图
(a)未改性玉米秸秆；(b)氮元素改性玉米秸秆；(c)磷元素改性玉米秸秆；(d)硫元素改性玉米秸秆

2. 晶体结构分析

图 5-30 所示为非金属元素氮、磷、硫改性后的玉米秸秆和未经改性处理的玉米秸秆 XRD 谱图。可以看出，非金属改性处理前后的玉米秸秆都在 $2\theta=16.0°$ 和 $22.1°$ 附近出现了明显的峰值。这两个峰值是玉米秸秆中的纤维素典型特征峰，在

2θ=18.7°位置附近出现了一个较为明显的峰谷，这是无定形纤维素的特征。

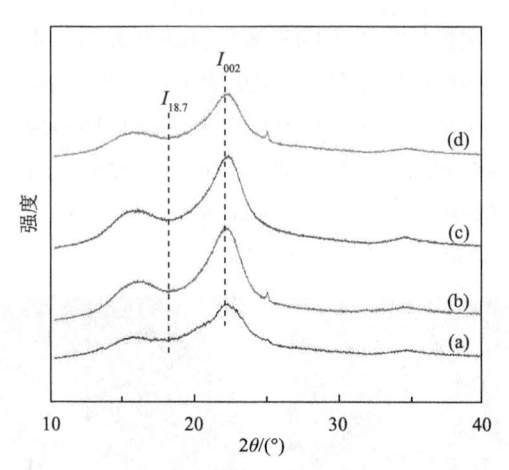

图 5-30　非金属改性前后玉米秸秆 XRD 谱图
(a)未经改性处理的玉米秸秆；(b)氮元素改性处理的玉米秸秆；(c)磷元素改性处理的玉米秸秆；(d)硫元素改性处理的玉米秸秆

未经改性处理的玉米秸秆结晶度为 39.12%，通过 N 元素改性后玉米秸秆的结晶度上升到 63.64%，P 元素改性的玉米秸秆结晶度为 57.03%，S 元素改性玉米秸秆的结晶度同样增长到 43.82%。分析结晶度上升的原因，很大可能是纤维素、木质素以及半纤维素之间连接的氢键断裂，使得部分木质素、半纤维素、无定形纤维素以及玉米秸秆中的灰分等物质在改性处理的过程中被分解掉，从而使得秸秆的结晶度增加。

3. 红外光谱分析

通过对非金属元素氮、磷、硫改性前后的玉米秸秆进行红外光谱分析，研究玉米秸秆中化学组分的变化，如图 5-31 所示，在 1634 cm^{-1} 和 1422 cm^{-1} 处的峰值分别对应玉米秸秆中纤维素的 C=O 键和 O—H 键的拉伸振动，2913 cm^{-1} 处的峰值对应秸秆中—CH 键和 C—H 键的振动峰，3407 cm^{-1} 处的峰值对应甲基、亚甲基和酚羟基中的 O—H 键振动；1157 cm^{-1} 和 1785 cm^{-1} 处的峰值代表玉米秸秆半纤维素中羧酸酯的 C—O 键和酮的 C=O 键振动特征峰；1605 cm^{-1} 处代表秸秆木质素酯基中 C—O 键的拉伸振动，1254 cm^{-1} 处峰值代表木质素中 C—C 键的拉伸振动。

对比图 5-31 中曲线可以看出，氮、磷、硫元素改性后玉米秸秆在 1634 cm^{-1}、1422 cm^{-1} 处峰值均有所增加，在 1785 cm^{-1} 和 1254 cm^{-1} 处的峰值均明显减小，说明非金属改性处理后的玉米秸秆中羧基、甲基和亚甲基等官能团有所增加，而秸秆中部分木质素和纤维素在改性处理过程中被溶解。

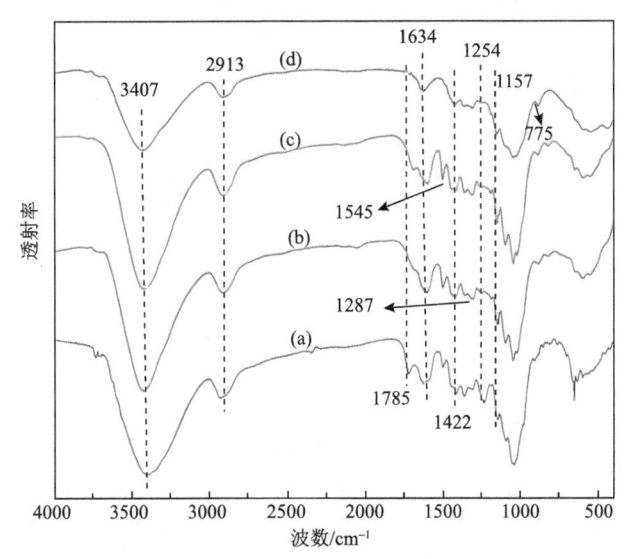

图 5-31 非金属改性前后玉米秸秆红外光谱图

(a)未改性玉米秸秆；(b)、(c)、(d)分别为磷元素、氮元素、硫元素改性后玉米秸秆

在氮元素改性玉米秸秆的曲线中可以看出，相对于未改性玉米秸秆，在 3407 cm^{-1} 处的峰值增强，同时在 1545 cm^{-1}（酰胺基中 N—H 键的弯曲振动峰）处峰值明显增加，说明氮元素成功耦合到玉米秸秆中，使得秸秆中酰胺基官能团增加。对于磷元素改性的玉米秸秆曲线，相对于未改性玉米秸秆曲线，在 1287 cm^{-1}（磷酸酯基中 P=O 键的特征振动峰）处峰值明显增加，说明磷元素成功耦合到玉米秸秆中，并形成官能团。在硫元素改性玉米秸秆曲线中，相对于未改性玉米秸秆曲线可以看出，在 2913 cm^{-1} 处峰值减弱，在 775 cm^{-1}（S—O 键伸缩振动峰）处峰值增强，说明有磺酸基官能团的增加和硫元素的成功耦合。同时根据红外光谱分析中非金属改性后玉米秸秆纤维素结晶度均有所增加，综合其原因可能是非金属元素与玉米秸秆进行耦合，官能团数量增加的同时也导致纤维素与木质素、半纤维素之间的氢键断裂。

4. UV-vis 漫反射光谱分析

图 5-32 为对非金属氮、磷、硫元素改性前后玉米秸秆进行光学特性分析得到的 UV-vis DRS 谱图。可以看出，未改性的玉米秸秆在紫外线波长范围（10～380 nm）内有明显的吸收，这是由玉米秸秆中木质素特征吸收紫外光引起的。而氮、磷、硫元素改性后的玉米秸秆在紫外区域的吸收峰均有明显减弱，这代表改性后玉米秸秆失去了部分木质素，也印证了之前表征分析中改性后玉米秸秆木质素含量下降的结果。

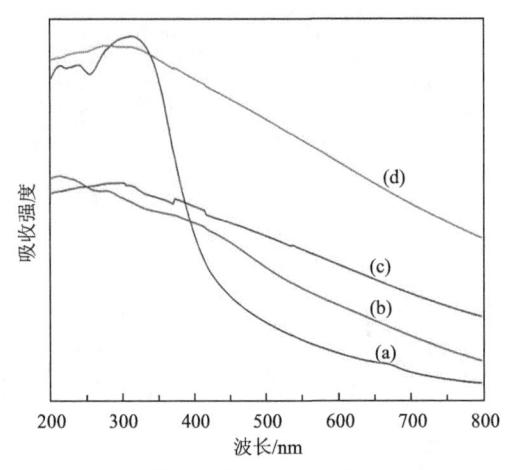

图 5-32　非金属改性前后玉米秸秆 UV-vis DRS 图

(a)、(b)、(c)、(d)分别对应未改性玉米秸秆、氮元素改性玉米秸秆、磷元素改性玉米秸秆和硫元素改性玉米秸秆

5. 非金属元素改性条件光催化制氢影响研究

通过实验分析四个单因素变量：三乙烯二胺浓度(0%、0.56%、1.68%、3.36%、4.48%、5.61%)、磷酸二氢钠浓度(1.2%、3.6%、7.2%、9.6%、11.9%)以及硫脲的浓度(0.76%、2.28%、4.57%、6.09%、7.61%)；三乙烯二胺溶液、磷酸二氢钠溶液、硫脲溶液与玉米秸秆质量比(1%、3%、5%、7%、10%)；改性处理的时间(16 h、18 h、20 h、22 h、24 h)；改性处理过程中加热温度(140℃、160℃、180℃、200℃、220℃)；同时通过正交实验综合分析不同处理条件对光催化制氢效果的影响。

1) 溶液浓度

在使用三乙烯二胺作为氮源改性玉米秸秆作为牺牲剂的实验中，为了控制变量，计算使用氮元素的摩尔浓度。图 5-33 中曲线(a)是采用不同的氮元素摩尔浓度、处理时间为 20 h、处理温度控制在 200℃、固液比采用 7%条件下的改性玉米秸秆作为牺牲剂，进行光催化制氢实验的制氢量。可以看出，在氮元素浓度为 0 mol/L 时，光催化实验制氢量只有 53.244 μmol，当氮元素浓度增加到 0.3 mol/L(三乙烯二胺浓度为 1.68%)时，氮元素改性玉米秸秆作为牺牲剂的光催化制氢量增加到 109.661 μmol，此时制氢量达到峰值。随着氮元素浓度继续增加，产氢效果明显减弱。因此，最佳的氮元素浓度为 0.3 mol/L，过多或过少的氮元素浓度都不利于光催化产氢实验的进行。

在以磷酸二氢钠作为磷源改性玉米秸秆处理过程中，同样采用磷元素的摩尔浓度。图 5-33 中曲线(b)所示为不同磷元素摩尔浓度、处理时间为 20 h、处理温度控制在 200℃、固液比采用 7%条件下的改性玉米秸秆作为牺牲剂时的产氢效果对比图。可以看出，随着磷元素浓度的增加，光催化产氢效果呈现出先上升后下降的变化趋势，在浓度为 0.6 mol/L(磷酸二氢钠浓度为 7.2%)时制氢量达到最大值 94.507 μmol。当磷元素浓度继续上升，产氢效率急剧下降，在磷元素浓度达到 1 mol/L(磷酸二氢钠溶液浓度为 11.9%)时，制氢量只有 63.816 μmol。因此，最佳的磷元素浓度为 0.6 mol/L。

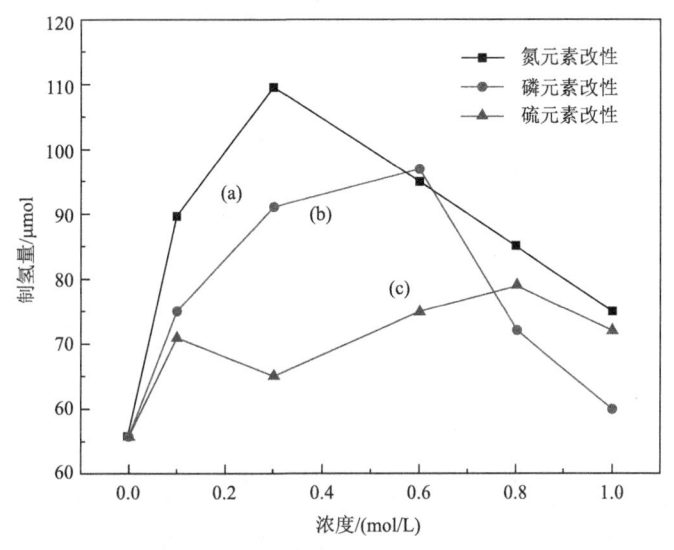

图 5-33　不同溶液浓度对制氢量的影响

在使用硫脲作为硫源改性玉米秸秆作为牺牲剂的实验中，计算使用硫元素的摩尔浓度。将不同浓度的硫脲溶液与玉米秸秆混合，固液比采用 7%，处理温度控制在 200℃的条件下加热 20 h 所得到的玉米秸秆作为牺牲剂，将其参与到光催化分解水制氢实验中，图 5-33 中曲线(c)为产氢效果对比曲线。可以看出，随着硫元素浓度的增加，制氢量趋势先略有下降后逐渐升高，在硫元素浓度达到 0.8 mol/L(硫脲溶液浓度为 6.09%)时，制氢量达到最大值 77.364 μmol，之后随着硫元素浓度继续增加，制氢量开始下降，因此，硫元素的最佳改性浓度为 0.8 mol/L。

2)固液比

在生物质处理领域，处理体系的固液比也是比较重要的影响因素。对于氮元素改性玉米秸秆时，采用浓度为 1.68%的三乙烯二胺溶液(对应氮元素摩尔浓度为 0.3 mol/L)，固液比分别为 1%、3%、5%、7%、10%，在处理温度为 200℃条件下加热处理 20 h 后得到的氮元素改性玉米秸秆作为牺牲剂，其参与光催化制氢实验得到的产氢效果对比图见图 5-34 中曲线(a)。可以看出，氮元素改性玉米秸秆作为牺牲剂的产氢效果趋势为随着固液比的增加先升高后降低，在固液比为 5%时产氢效果达到最大，制氢量为 109.661 μmol。产生这种情况的原因可能是在固液比超过 5%时，玉米秸秆比例上升导致部分秸秆没有被充分处理，从而引起产氢

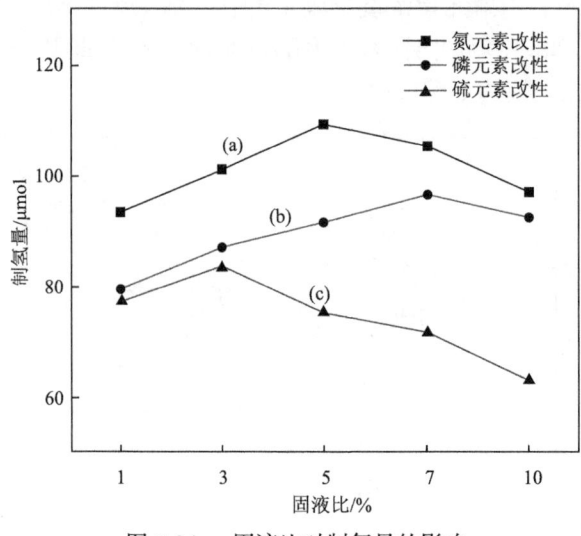

效果下降。因此，氮元素改性玉米秸秆的最佳固液比为5%。

图 5-34　固液比对制氢量的影响

在研究磷元素改性玉米秸秆固液比时，采用浓度为 7.2%的磷酸二氢钠溶液（对应磷元素摩尔浓度为 0.6 mol/L），固液比分别为 1%、3%、5%、7%、10%，使用与5.3.1节相同的处理条件与方法得到的制氢量图，见图 5-34 中曲线(b)。可以看出，磷酸二氢钠溶液与玉米秸秆的固液比为7%时产氢效果达到最佳，制氢量为 96.546 μmol。推测其原因可能是固液比过低时，溶液中磷元素过剩从而破坏了玉米秸秆中某些物质结构，固液比过高会影响磷元素与玉米秸秆的耦合致使官能团数量下降，这些原因都会影响到光催化的产氢效果。

采用浓度为 6.09%硫脲溶液（对应硫元素摩尔浓度为 0.8 mol/L）来探究硫元素改性玉米秸秆时固液比（分别取 1%、3%、5%、7%、10%）因素的影响。处理方法与氮元素改性中相同，图 5-34 中曲线(c)为得到的产氢效果图。实验结果表明，在固液比为3%时产氢效果达到峰值，制氢量为 83.653 μmol。

3）处理时间

在温度为200℃、三乙烯二胺溶液浓度为1.68%、固液比为5%条件下，以不同的处理时间(16 h、18 h、20 h、22 h、24 h)进行玉米秸秆氮元素改性，使其参与到制氢实验中。如图 5-35 中曲线(a)所示，随着处理时间的延长，制氢量呈现出先缓慢升高后快速下降的变化趋势，在处理时间为 20 h 时产氢效果达到最佳，此时制氢量为 109.661 μmol。

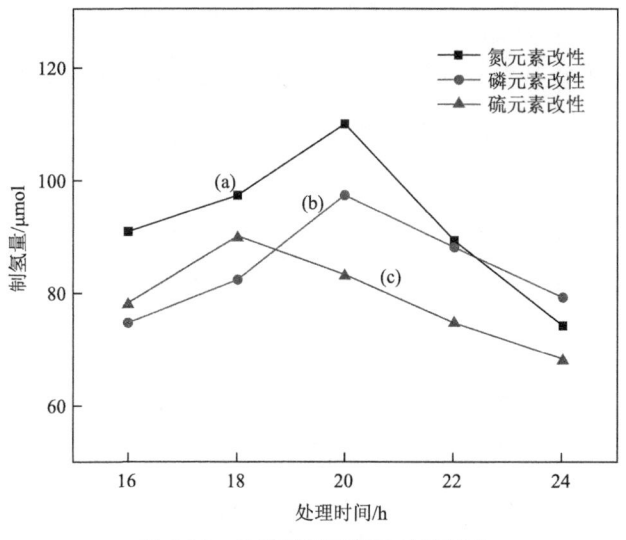

图 5-35 处理时间对制氢量的影响

图 5-35 中曲线 (b) 是在磷酸二氢钠浓度为 7.2%、固液比为 7%、温度为 200℃ 时，以不同的处理时间下改性玉米秸秆作为牺牲剂参与光催化制氢的制氢量图。可以看出，处理时间在 20 h 之内的制氢量是逐渐增加的，而在 20 h 之后的制氢量呈现逐渐减少的变化趋势。处理时间为 20 h 时制氢量达到 96.935 μmol，此时为磷元素的最佳改性处理时间。

对于硫元素改性玉米秸秆处理时间因素的研究，我们选取在硫脲溶液的浓度为 6.09%、固液比为 3%、处理温度为 200℃ 条件下对玉米秸秆进行不同时间的改性处理。光催化实验后得到的制氢量如图 5-35 中曲线 (c) 所示。可以看出，制氢量变化较为缓慢，在处理时间为 18 h 时制氢量最大，为 89.617 μmol。

4) 处理温度

在玉米秸秆的改性过程中，处理温度是至关重要的影响因素。图 5-36 中曲线 (a) 为玉米秸秆样品在不同的处理温度 (140℃、160℃、180℃、200℃、220℃) 下，在浓度为 1.68% 三乙烯二胺溶液环境中，固液比为 5%，通过水热法加热 20 h 后，参与光催化产氢实验所得到的制氢量对比图。可以看出，随着处理温度的上升，光催化制氢的制氢量也逐渐增多，当温度超过 180℃ 时，制氢量开始缓慢下降。在处理温度为 180℃ 时产氢效果最为明显，制氢量达到 117.554 μmol。

采用浓度为 7.2% 磷酸二氢钠溶液在固液比为 7% 的条件下，使用不同的处理温度对玉米秸秆加热处理 20 h，将处理后的玉米秸秆作为牺牲剂加入到光催化制氢体系中，得到图 5-36 中曲线 (b) 的制氢量对比图。可以看出，制氢量随着处理温度的升高先增大后减少，在处理温度达到 160℃ 时制氢量达到最大值，为 101.471μmol。

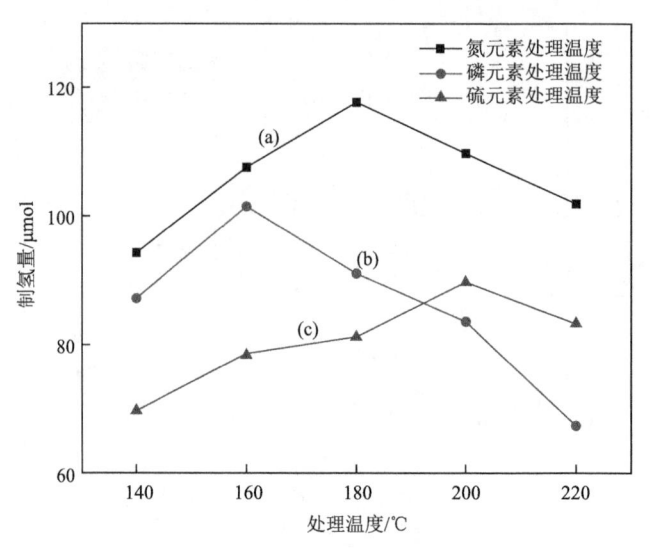

图 5-36 处理温度对制氢量的影响

图 5-36 中曲线(c)是采用浓度为 6.09%硫脲溶液,在固液比为 3%的条件下,使用不同的处理温度对玉米秸秆加热处理 18 h,将处理后的玉米秸秆作为牺牲剂加入到光催化制氢体系中,得到的制氢量对比图。可以看出,制氢量变化较小,随着处理温度的升高逐渐增大,在 200℃时制氢量达到最大值,为 89.617 μmol。随着温度继续升高,制氢量略有下降。

5) 正交实验

通过单因素实验分别研究了非金属氮、磷、硫改性玉米秸秆过程中,处理溶液的浓度、固液比、处理的温度和处理时间等因素对光催化产氢效率的影响。本小节根据对氮、磷、硫改性玉米秸秆的单因素产氢结果,选取产氢效果最为明显的梯度设计了四因素三水平 $L_9(3^4)$ 的正交实验(表 5-11)。

表 5-11 氮元素改性玉米秸秆因素水平表

水平	A 三乙烯二胺浓度/%	B 固液比/%	C 处理时间/h	D 处理温度℃
1	0.56	3	18	160
2	1.68	5	20	180
3	3.36	7	22	200

表 5-11 为氮元素改性玉米秸秆的正交实验因素水平。根据实验结果得到表 5-12,从表中极差分析可看出,氮元素改性玉米秸秆中对光催化制氢效率产生影响的因素排序为三乙烯二胺的浓度＞改性处理温度＞溶液与秸秆的固液比＞改性

处理时间，根据表中方差分析可以得出，最佳的正交实验组合为 $A_2B_2C_2D_2$，即三乙烯二胺的浓度为 1.68%、固液比为 5%、处理时间在 20 h、处理温度在 180℃条件下制备的氮元素改性玉米秸秆作为牺牲剂的光催化制氢量达到最大值 117.554 μmol。

表 5-12 氮元素改性玉米秸秆正交实验结果

实验号	A	B	C	D	制氢量/μmol
1	1	1	1	1	78.642
2	1	2	3	2	98.984
3	1	3	2	3	91.743
4	2	1	3	3	97.683
5	2	2	2	1	107.486
6	2	3	1	2	111.924
7	3	1	2	2	97.609
8	3	2	1	3	93.481
9	3	3	3	1	80.349
k_1	89.789	91.311	94.682	88.825	
k_2	105.697	99.983	98.946	102.839	
k_3	90.479	94.672	92.338	94.302	
R	15.908	8.672	6.607	14.013	

根据表 5-13 中的因素水平对磷元素改性玉米秸秆进行正交实验。实验结果如表 5-14 所示，从表中极差分析可看出，对磷元素改性玉米秸秆参与的光催化制氢结果有影响的因素排序为磷酸二氢钠的浓度＞溶液与秸秆的固液比＞改性处理的温度＞改性处理的时间，同时通过方差分析得出改性效果最佳的因素组合为 $A_1B_2C_3D_1$，即在磷酸二氢钠浓度为 7.2%、溶液与玉米秸秆的固液比为 7%、处理温度在 160℃的条件下通过水热法加热处理 20 h 后得到的磷元素改性玉米秸秆牺牲剂的制氢效果最佳，经过 4 h 的氙灯辐照后制氢量达到 101.471 μmol。

表 5-13 磷元素改性玉米秸秆因素水平表

水平	A 磷酸二氢钠浓度/%	B 固液比/%	C 处理时间/h	D 处理温度/℃
1	7.2	5	16	160
2	9.6	7	18	180
3	11.9	9	20	200

表 5-14 磷元素改性玉米秸秆正交实验结果

实验号	A	B	C	D	制氢量/μmol
1	1	1	1	1	89.301
2	1	2	3	2	94.176
3	1	3	2	3	86.104
4	2	1	3	3	74.379
5	2	2	2	1	79.937
6	2	3	1	2	73.089
7	3	1	2	2	73.904
8	3	2	1	3	78.446
9	3	3	3	1	81.743
k_1	89.861	79.194	80.278	83.661	
k_2	75.801	84.186	79.981	80.389	
k_3	78.031	80.312	83.432	79.643	
R	14.058	4.991	3.451	4.017	

根据表 5-15 中硫元素改性玉米秸秆的正交实验因素水平进行正交实验。实验结果如表 5-16 所示，根据表中极差分析可以得出，对于硫元素改性玉米秸秆制备牺牲剂过程中的因素对光催化制氢影响程度大小排序为硫脲溶液的浓度＞改性处理的时间＞溶液与秸秆的固液比＞改性处理的温度，同时通过方差分析得出产氢效果最佳的因素组合为 $A_2B_2C_2D_2$，即在硫脲浓度为 6.09%、固液比为 3%、处理温度在 200℃的条件下通过水热法加热处理 18 h 后得到的硫元素改性玉米秸秆牺牲剂的制氢效果最佳，经过 4 h 的氙灯辐照后制氢量达到 89.617 μmol。

表 5-15 硫元素改性玉米秸秆因素水平表

水平	A 硫脲浓度/%	B 固液比/%	C 处理时间/h	D 处理温度/℃
1	4.57	1	16	180
2	6.09	3	18	200
3	7.61	5	20	220

表 5-16 硫元素改性玉米秸秆正交实验结果

实验号	A	B	C	D	制氢量/μmol
1	1	1	1	1	69.425
2	1	2	3	2	73.069

续表

实验号	A	B	C	D	制氢量/μmol
3	1	3	2	3	71.875
4	2	1	3	3	74.041
5	2	2	2	1	81.256
6	2	3	1	2	77.364
7	3	1	2	2	75.761
8	3	2	1	3	72.034
9	3	3	3	1	68.779
k_1	71.456	73.075	72.941	73.153	
k_2	77.553	75.453	76.297	75.398	
k_3	72.191	72.672	71.963	72.65	
R	6.097	2.78	4.334	2.748	

5.5 尿素改性条件光催化制氢影响研究

以尿素处理后的玉米秸秆及处理秸秆后的废液作为牺牲剂进行光催化实验，研究在不同的尿素处理条件下玉米秸秆及废液作为牺牲剂时的产氢效果，分析天然生物质秸秆作为牺牲剂时的结构和化学特性的变化。

5.5.1 尿素改性材料制备方法

将配制好的不同浓度(0、0.5%、1%、2%、4%、6%)的尿素溶液各取 30 mL，分别加入到 100 mL 的锥形瓶中，之后再将不同质量(0.3 g、0.6 g、0.9 g、1.2 g、1.5 g、2.1 g、3 g)的玉米秸秆颗粒加入，在不同温度条件下的恒温水浴中搅拌加热，搅拌速度为 300 r/min，通过控制不同的处理时间得到多种不同处理条件下的玉米秸秆样品。将处理后的样品反复抽滤并用去离子水冲洗，直至滤液呈中性，将抽滤后的固体秸秆样品收集到干燥器皿中，送入鼓风干燥箱中干燥 6 h 后收集保存备用。将第一次抽滤得到的滤液收集到带螺纹口的烧瓶中低温(0~5℃)储存，并在 36 h 内用于实验。

5.5.2 尿素改性材料表征及性能分析[28]

实验中通过控制尿素浓度、处理时间、固液比、处理温度等因素进行了一系列对玉米秸秆的预处理实验，并将处理后得到的秸秆和废液进行光催化实验，分析研究不同因素对光催化制氢规律的影响。表 5-17 为尿素处理后玉米秸秆和废液作为牺牲剂时的制氢量对比，可以发现，尿素处理后的秸秆和废液相较未处理秸秆作为牺牲剂时制氢量均有所增加。

表 5-17   不同条件下的光催化制氢量

条件	制氢量/μmol
去离子水	0
去离子水 + Pt/TiO$_2$(0.1 g)	1.238
去离子水 + 未处理玉米秸秆(0.05 g) + Pt/TiO$_2$(0.1 g)	67.714
去离子水 + 尿素处理玉米秸秆(0.05 g) + Pt/TiO$_2$(0.1 g)	108.372
去离子水 + 尿素处理废液(2 mL) + Pt/TiO$_2$(0.1 g)	84.489

在本节实验中所有的表征结果都是基于处理条件为尿素浓度 2%，处理时间 24 h，固液比 5%，处理温度 60℃时取得。

1. 微观形貌分析

用扫描电子显微镜分别扫描未处理玉米秸秆和尿素处理后玉米秸秆样品，电镜图片如图 5-37 所示。未经处理的玉米秸秆有立体的蜂窝状结构，纤维结构完整。而经过尿素处理后的玉米秸秆这一相对规则的蜂窝状结构被破坏，使得这一结构变得凌乱，没有任何规律，这是因为尿素处理后的玉米秸秆中起支撑作用的部分木质素被去除，木质纤维素结构被破坏。

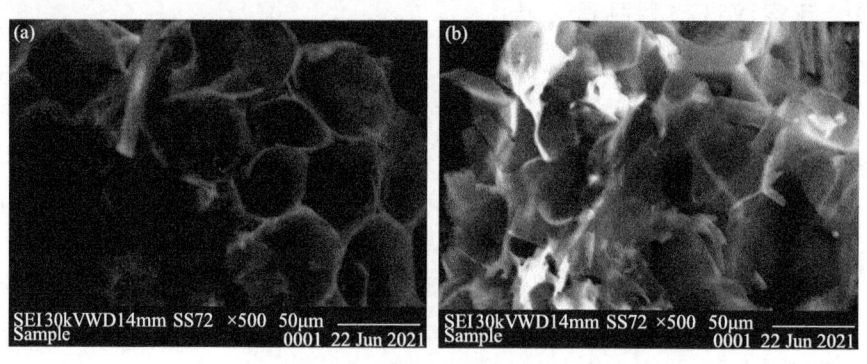

图 5-37   玉米秸秆颗粒的扫描电镜图
(a)未处理玉米秸秆；(b)尿素处理后玉米秸秆

2. 晶体结构分析

图 5-38 是通过尿素溶液处理前后玉米秸秆的 X 射线衍射谱图，曲线(a)为未处理玉米秸秆样品的谱图，曲线(b)为尿素处理后秸秆样品的谱图。从谱图中我们

能够看出在扫描角度10°～30°范围内，玉米秸秆的特征衍射峰出现在了2θ为16.2°和22.1°处，这两个特征衍射峰为玉米秸秆中纤维素的特征衍射峰，而在$2\theta=18.7°$处出现的峰谷则代表了无定形纤维素。计算出未处理秸秆的纤维素结晶度为39.25%，尿素处理后秸秆的纤维素结晶度达到了66.82%。纤维结晶度的增加很有可能是尿素处理导致玉米秸秆木质纤维素中部分的半纤维素和木质素被分解，以及秸秆中的无定形纤维素在尿素环境中也发生了一定转化，进而使得结晶纤维素的相对比例增加。

图5-39为处理后秸秆和催化剂的混合物样品在光催化前后的X射线衍射谱图，曲线(a)为黑暗条件下4 h后混合物的XRD谱图，曲线(b)为光催化4 h后混合物的XRD谱图。尿素处理后秸秆在参与光催化反应前后在2θ为16.2°和22.1°处纤维素的特征衍射峰也发生了改变。光催化后结晶纤维素的结晶度同样提高了，处理后的玉米秸秆参加光催化反应后的纤维素结晶度从54.66%增加到了66.76%，相较未处理秸秆参与光催化反应前后结晶度的变化提高了4.42%。这可能是因为尿素处理后的玉米秸秆不仅仅木质纤维素组分发生了变化，很有可能也将玉米秸秆的木质纤维素结构破坏，使玉米秸秆中的各种组分更加充分地和反应液中的活性氧以及催化剂反应，从而加快了玉米秸秆中纤维素以外物质的消解，导致结晶度提高。

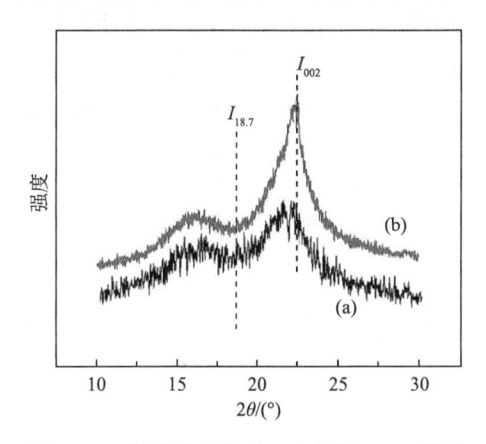

图5-38　尿素处理前后玉米秸秆XRD谱图
(a)尿素处理前；(b)尿素处理后

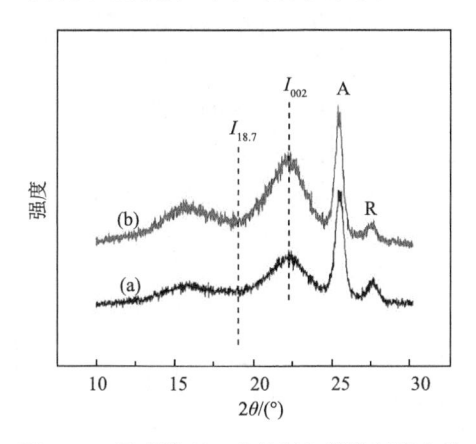

图5-39　尿素处理玉米秸秆与催化剂混合物XRD谱图
(a)黑暗状态；(b)光照状态

3. 红外光谱分析

图5-40中曲线(a)、(b)分别为未处理玉米秸秆和尿素处理后玉米秸秆的红外光谱图，通过对比(a)、(b)曲线的特征衍射峰对玉米秸秆中的化学组分变化进行分析。图中波数3410 cm^{-1}(酚羟基,甲基和亚甲基的O—H键振动峰)、2910 cm^{-1}(C—H键和—CH键的振动峰)、1634 cm^{-1}(C=O键)和1430 cm^{-1}(O—H键)处为

纤维素相关的特征峰；1736 cm^{-1}（羧酸酯和酮的 C=O 键的拉伸振动峰）和 1160 cm^{-1}（醇的 C—O 键）处是半纤维素相关的特征峰；1602 cm^{-1}（酯基中 C—O 键）和 1251 cm^{-1}（酚基中 C—C 键）处是木质素的特征峰。对比曲线(a)、(b)发现，尿素处理后玉米秸秆在波数为 3410cm^{-1}、1634 cm^{-1}、1430 cm^{-1} 处纤维素相关特征峰的峰值有所加强，而在 2910 cm^{-1} 处峰值减小。这说明尿素处理后玉米秸秆中酚羟基、甲基、亚甲基和羧基的含量有所增加，而 C—H 键和—CH 键基团含量减少。在曲线(b)波数为 1736 cm^{-1}、1160 cm^{-1}、1602 cm^{-1} 和 1251 cm^{-1} 处的特征峰减弱或基本消失，这表明玉米秸秆中的大部分半纤维素和部分的木质素在尿素处理后被去除了。通过对比以上红外光谱曲线的特征峰，基本也可以验证之前尿素处理后玉米秸秆中纤维素结晶度增加这一结果。这可能是木质素和半纤维素的去除以及纤维素中氢键断裂所引起的。

图 5-41 所示为尿素处理玉米秸秆作为牺牲剂时光催化前后的红外光谱图，(a)、(b)分别为黑暗条件下 8 h 和光催化反应 8 h 的秸秆催化剂混合物红外曲线。通过对比两曲线研究光催化反应前后玉米秸秆的组分和有机官能团的变化。发现：经过光催化的混合物曲线(b)较未经过光催化的混合物曲线(a)在波数为 3411 cm^{-1}、2906 cm^{-1} 和 1640 cm^{-1} 处纤维素相关特征峰强度有所减弱。这意味着在光催化反应过程中秸秆中的纤维素被部分消解。并且这就是说在某些波长处所对应的酚羟基、甲基、亚甲基和羧基在光催化过程中也被不同程度地消耗。由于尿素处理后玉米秸秆的表面活性官能团增加，从而使得尿素处理后的玉米秸秆在光催化反应中这些官能团被空穴或·OH 消耗，这就减少了在光催化过程中光生载流子的复合，进而能够起到增加光催化制氢量的效果。

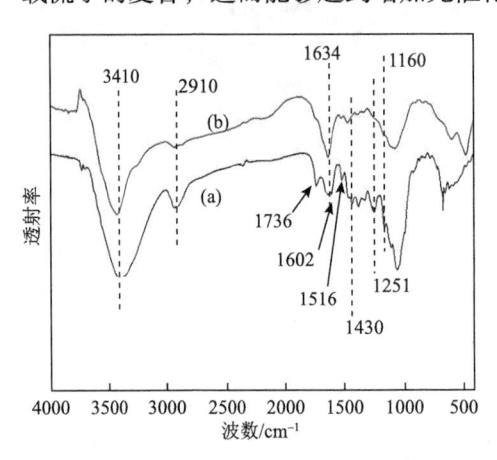

图 5-40 尿素处理前后玉米秸秆的红外光谱图
(a)尿素处理前；(b)尿素处理后

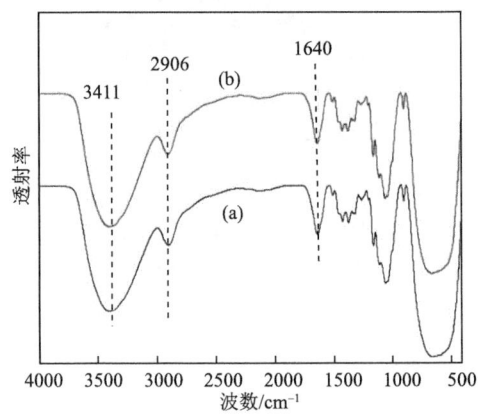

图 5-41 尿素处理玉米秸秆与催化剂混合物红外光谱图
(a)黑暗状态；(b)光照状态

4. UV-Vis 漫反射光谱分析

图 5-42 所示为玉米秸秆原样、尿素处理后玉米秸秆的紫外可见漫反射光谱。在紫外光区域，未处理玉米秸秆和尿素处理秸秆都有明显的吸收，这是因为秸秆中的木质素对紫外光有吸收作用。虽然两种秸秆样品都有较强吸收，但是相较未处理玉米秸秆，尿素处理玉米秸秆在紫外区域的吸收强度相对减小，这也与之前探讨的尿素处理后玉米秸秆中木质素含量减少这一结果相符。

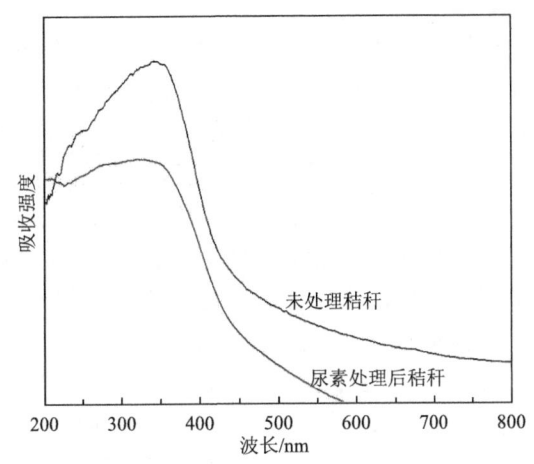

图 5-42 尿素处理前后玉米秸秆的 UV-vis DRS 光谱图

5. 热重分析

图 5-43 中，曲线（Ⅰ）和（Ⅱ）分别为未处理玉米秸秆和尿素处理后玉米秸秆样品的 TG 曲线和 DTG 曲线。可以看出，玉米秸秆的热失重大致分为三个阶段：第一阶段是自由水和结合水的蒸发（180℃左右），第二阶段秸秆中的纤维素、半纤维

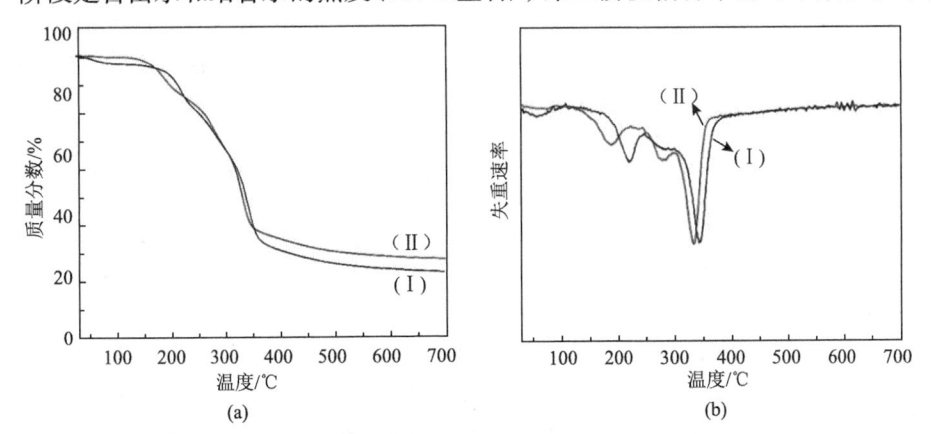

图 5-43 尿素处理前后玉米秸秆的 TG 曲线(a) 和 DTG 曲线(b)
（Ⅰ）尿素处理前；（Ⅱ）尿素处理后

素以及一部分木质素发生热解(180~360℃),第三阶段为固定碳燃烧过程(380~700℃),该过程中对于之前温度下不能够热解的物质进行热解。通过对比曲线(Ⅰ)和(Ⅱ)能够发现,尿素处理后的玉米秸秆最大失重峰对应温度减小,并且热解失重也有所减小。而且在 DTG 曲线中半纤维素所对应的特征峰也大大减小,而纤维素的特征峰相对增大。这有可能是尿素处理对玉米秸秆纤维素和半纤维素的连接结构产生了影响,基本可以认为尿素处理后秸秆中去除了部分半纤维素和木质素。

图 5-44 为尿素处理玉米秸秆与催化剂混合物的 TG 曲线和 DTG 曲线。从 TG 曲线能够看出光催化反应后玉米秸秆催化剂混合物的失重有所降低。由于催化剂在 700℃以内热稳定性较强,所以可以认为在光催化过程中玉米秸秆中的一部分物质参与了光催化反应并被消解,或者是重整溶解到光催化体系中。并且通过 DTG 曲线能够发现,光催化后的混合物 DTG 曲线中 280℃附近可抽提物的吸收峰消失,以及 330℃附近纤维素的吸收峰大幅增强。结合之前的光催化前后混合物样品的 X 射线衍射分析,可以认为在光催化过程中可抽提物参与了反应或者是溶解至反应体系中,并且光催化反应后结晶纤维素有所增加。

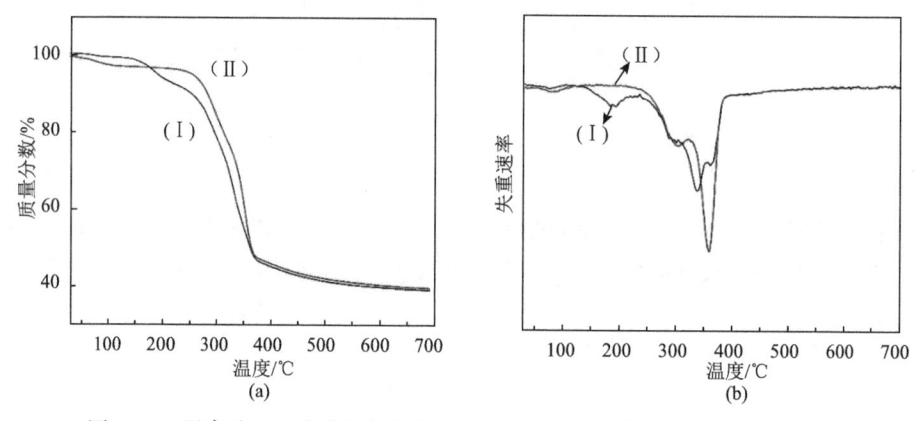

图 5-44 尿素处理玉米秸秆与催化剂混合物的 TG 曲线(a)和 DTG 曲线(b)
(Ⅰ)黑暗条件下 8 h;(Ⅱ)光催化后 8 h

6. 尿素处理后秸秆牺牲剂的光催化制氢影响研究

通过改变尿素浓度(0%、0.5%、1%、2%、4%、6%)、尿素溶液与玉米秸秆的固液比(1%、3%、5%、7%、10%)、搅拌时间(6 h、12 h、24 h、36 h、48 h)以及温度(30℃、45℃、60℃、75℃、90℃)四个单因素变量,以不同处理条件下得到的玉米秸秆作为牺牲剂进行光催化制氢实验。从上述几个单因素中选出产氢效果最佳的条件进行正交实验,并分析综合因素对产氢结果的影响程度。

对于尿素处理玉米秸秆作为牺牲剂的光催化实验中,尿素浓度是一个十分重要的研究因素。图 5-45 是玉米秸秆在不同尿素浓度下处理后参与光催化的制氢量。其他变量条件分别为固液比 10%、时间 12 h，温度 30℃。可以看出，当尿素浓度为 0%时，也就是说玉米秸秆未经化学物质处理的制氢量仅为 51.327 μmol，而随着尿素浓度的增加，玉米秸秆作为牺牲剂参与的光催化的制氢量在尿素浓度为 1%时到达了峰值 102.62 μmol，当尿素浓度大于 1%时，制氢量随着浓度的增加而逐渐减少。可以看出过高的尿素浓度对玉米秸秆的光催化制氢量的提升效果不明显。

处理体系的固液比在生物质发酵和酶解领域是比较重要的探究因素，在这里讨论了尿素浓度 2%、处理时间 12 h、温度 30℃时，固液比分别为 1%、3%、5%、7%、10%时处理后的玉米秸秆作为牺牲剂的产氢性能。图 5-46 为不同固液比下的玉米秸秆牺牲剂的制氢量，可以看出，在固液比为 5%时制氢量达到了最大，为 97.827 μmol。制氢量随着固液比的增大先增加后减少。在一定的固液比范围内玉米秸秆在尿素溶液的处理下去除木质素的效果是较好的，但是当固液比超过 5%时，玉米秸秆与尿素溶液接触的相对面积减小进而导致玉米秸秆没有被充分地处理，所以秸秆中木质素的去除效果不佳，导致不同固液比下玉米秸秆牺牲剂的产氢差异。

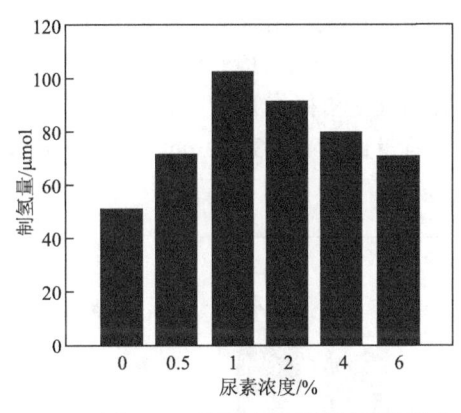

图 5-45　尿素浓度对制氢量的影响 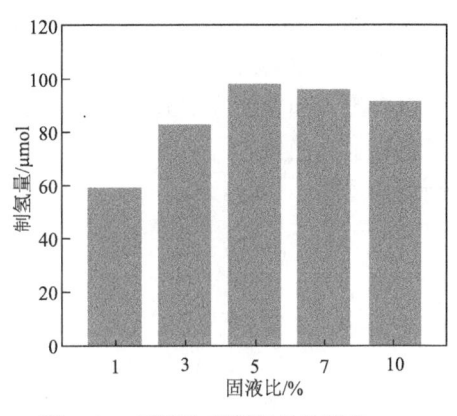　　图 5-46　固液比对制氢量的影响

图 5-47 是在尿素浓度为 2%、固液比为 5%、温度 30℃时不同处理时间(6 h、12 h、24 h、36 h、48 h)下玉米秸秆作为牺牲剂的制氢量图。可以看出，在处理时间 12 h 以内，制氢量是随着处理时间的增加而增大的，而当处理时间大于 12 h 后，随着处理时间的增加，制氢量出现了逐渐下降的趋势。最佳的处理时间为 12 h，此时制氢量达到了 97.827 μmol。

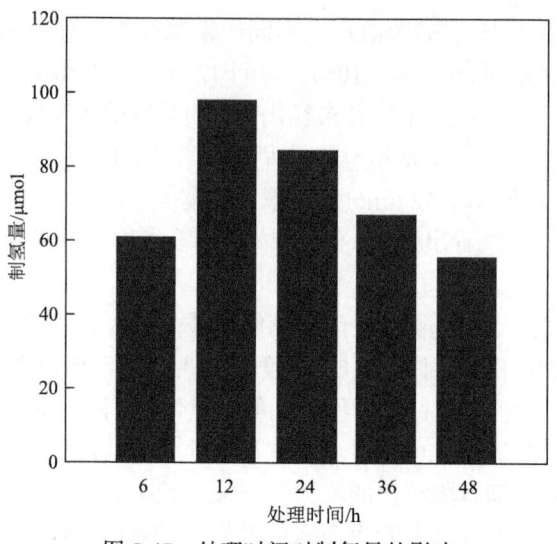

图 5-47 处理时间对制氢量的影响

在玉米秸秆化学预处理的研究领域中，处理温度是一个关键的研究变量，因此在玉米秸秆作为牺牲剂的光催化研究中也是必须着重研究的一个因素。如图 5-48 所示，预处理温度也是光催化制氢的关键因素，用尿素预处理的玉米秸秆作为牺牲剂。尿素处理条件为尿素浓度 2%，固液比 5%，预处理 6 h。从图 5-48 中可以看出，随着温度的升高，尿素处理后的玉米秸秆作为牺牲剂的光催化制氢量呈稳定上升趋势。当温度达到 90℃时，制氢量达到 101.376 μmol，相较 30℃时的制氢量增加了 66.14%。

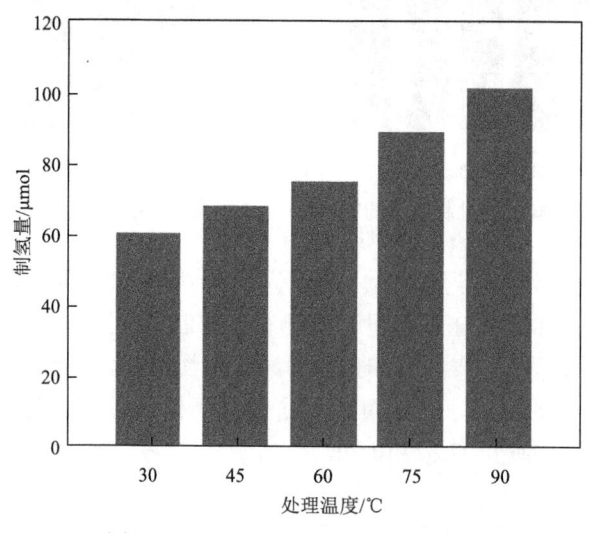

图 5-48 处理温度对制氢量的影响

通过单因素实验研究了尿素浓度、固液比、处理时间以及处理温度对处理后玉米秸秆作为牺牲剂的产氢性能。为了在各因素中综合选出最佳氢气产出条件，本节运用正交实验的手段对多影响因素下的产氢性能及规律进行了研究。本小节设计了三因素三水平 $L_9(3^4)$ 的正交实验，表 5-18 为该正交实验的因素水平表。由于处理温度与制氢量呈线性关系，所以在正交实验中不作为讨论因素。所有正交实验中光催化时间为 4 h，玉米秸秆的处理温度为 30℃。

表 5-18 正交实验因素水平

水平	A 尿素浓度/%	B 固液比/%	C 处理时间/h
1	0.5	1	6
2	1	3	12
3	2	5	24

表 5-19 为正交实验数据与结果，可以得出，尿素浓度、固液比和处理时间这三个因素对于尿素处理后玉米秸秆光催化制氢量的影响程度大小依次为固液比＞处理时间＞尿素浓度。即 $A_3B_3C_2$ 为最佳正交实验组合，在尿素浓度 2%、固液比 5%、处理时间 12 h 的条件下，制氢量达到了最大（97.827 μmol）。

表 5-19 正交实验数据与结果

实验号	A	B	C	制氢量/μmol
1	1	1	1	42.251
2	1	2	2	50.494
3	1	3	3	96.772
4	2	1	2	54.062
5	2	2	3	69.837
6	2	3	1	50.726
7	3	1	3	54.331
8	3	2	1	64.843
9	3	3	2	97.827
k_1	63.173	50.215	52.607	
k_2	58.208	61.725	67.461	
k_3	72.334	81.775	73.646	
R	14.125	31.56	21.04	

5.6 小　　结

本章通过玉米秸秆预处理提高了处理后的玉米秸秆固相与液相产物作为牺牲剂的制氢性能，采用 XRD、FTIR、SEM、TG、HPLC 等技术表征了处理前后样品的变化；采用模拟光催化制氢检测系统对不同处理条件的样品进行了性能表征。

根据酸碱处理部分的实验结果，得出研究结论如下：

(1) 酸处理对天然玉米秸秆的微观形貌有显著的影响，纤维结构出现片状断裂；而碱处理后的玉米秸秆微观形貌相比于天然秸秆具有更多的裂痕和缝隙，与酸处理部分结果相比，碱处理对其结构断裂尺度远小于酸处理，而分裂得更均匀更细腻。

(2) 酸处理去除了木质纤维素中的糖苷键，可以归结于半纤维素和纤维素在酸性条件下的快速水解作用；碱处理后的玉米秸秆固相产物暴露了更多的活性官能团，包括与苯环结构连接酚羟基、甲基和糖苷键等，这些部分可作为光催化制氢反应的电子供体，而碱处理增加了固相产物表面活性位点的数量。

(3) 酸处理最优条件为硫酸浓度 8%、反应时间 3 h、反应温度 60℃，该条件固相产物作为牺牲剂的光催化制氢速率为 6.69 μmol/h；对应的液相回收液作为牺牲剂的光催化制氢速率为 30.58 μmol/h。碱处理最优条件为 NaOH 浓度 8%、反应时间 1 h、反应温度 60℃，对应的固相产物制氢速率为 42.45 μmol/h，液相回收液制氢速率为 41.07 μmol/h。

(4) 酸处理玉米秸秆的固相产物制氢性能低于天然玉米秸秆，而其处理后的回收液作为牺牲剂高于天然玉米秸秆，可以推断出酸处理玉米秸秆减少了其表面活性官能团的数量，但大部分活性成分以可溶物的形式被提取到回收液中。作为牺牲剂的有效成分为纤维二糖和木糖，这种小分子可溶性糖类相比于大分子形式的固态木质纤维素与催化剂的接触更充分，且具有更多的活性物质。

(5) 碱处理后的固相产物作为牺牲剂在光催化分解水制氢反应中活性较高，碱处理部分作用机理分为固相产物与液相产物部分，分别在固相中产生酚羟基、糖苷键和甲基等官能团，同时小分子的甘露糖、纤维二糖和半乳糖等活性物质溶于反应液中。活性官能团与活性成分相比于大分子形式的木质纤维素具有更多的反应活性位点和更低的能垒，更易被催化剂的光生空穴氧化降解而产生自由电子提供给催化剂，通过电子迁移供给水分解的制氢半反应。

(6) 在紫外光的条件下，在以 Pt/TiO_2 为催化剂的反应体系中，对于玉米秸秆碱处理可以显著地提升光催化分解水制氢的速率，且在 48 h 的循环实验中体现出良好的稳定性，其制氢量高于相同条件下未处理的玉米秸秆的光催化制氢。其中将碱处理后的废液作为牺牲剂加入光催化反应体系后制氢量也出现了大幅的增长。

(7) 玉米秸秆在碱处理后的木质素和半纤维素被脱除,表面形貌结构和结晶度都发生了改变,这可能对光催化制氢过程产生了影响。其中根据红外光谱的分析表明,碱处理可以增加玉米秸秆中酚羟基和甲基等某些官能团。而这些官能团在之后的光催化反应中被消耗,起到了消耗空穴和活性氧等物质的作用,从而增强了光催化制氢的产量。

(8) 经过非金属氮、磷、硫元素改性后的玉米秸秆中化学键及部分官能团发生变化,导致部分的木质素、半纤维素以及其他有小分子有机物质的脱落。官能团的增加以及结构的变化都会影响光催化产氢的性能。

(9) 在氮元素改性玉米秸秆过程中,三乙烯二胺的浓度和处理温度对光催化产氢效率影响较大。在磷元素改性玉米秸秆过程中,磷酸二氢钠溶液的浓度以及溶液与玉米秸秆之间的固液比对产氢性能影响显著。而在硫元素改性玉米秸秆过程中,影响产氢效率的主要因素是硫脲溶液的浓度和改性处理的时间。

(10) 尿素预处理后的玉米秸秆及所得滤液作为牺牲剂时,其光催化氢气产量在不同的尿素处理条件下有较明显的差异。通过单因素及正交实验得出,废液和秸秆作为牺牲剂时,对于制氢量的影响比较大的两个因素为固液比和尿素处理时间。在之后的研究或者实际工程应用中,对于玉米秸秆的尿素处理应当更倾向于着重控制固液比和预处理时间这两个变量。

参 考 文 献

[1] 周云龙, 叶校源, 林东尧. 在紫外光下以玉米秸秆为牺牲剂提升光催化分解水制氢[J]. 化工学报, 2019, 70(7): 2717-2726.

[2] Barton F E. Chemistry of lignocellulose: Methods of analysis and consequences of structure[J]. Animal Feed Science and Technology, 1988, 21(2): 279-286.

[3] Yoo J, Alavi S, Vadlani P, et al. Thermo-mechanical extrusion pretreatment for conversion of soybean hulls to fermentable sugars[J]. Bioresource Technology, 2011, 102(16): 7583-7590.

[4] Binod P, Satyanagalakshmi K, Sindhu R, et al. Short duration microwave assisted pretreatment enhances the enzymatic saccharification and fermentable sugar yield from sugarcane bagasse[J]. Renewable Energy, 2011, 37(1): 109-116.

[5] Zhang Y Q, Fu E H, Liang J H. Effect of ultrasonic waves on the saccharification processes of lignocellulose[J]. Chemical Engineering & Technology, 2010, 31(10): 1510-1515.

[6] 邹安, 沈春银, 赵玲, 等. 玉米秸秆中半纤维素的微波-碱预提取工艺[J]. 华东理工大学学报(自然科学版), 2010, 36(4): 469-474.

[7] 李国民. 超声波强化氨水/超临界二氧化碳预处理木质纤维素工艺研究[D]. 大连: 大连理工大学, 2016.

[8] Saha B C, Iten L B, Cotta M A, et al. Dilute acid pretreatment, enzymatic saccharification and fermentation of wheat straw to ethanol[J]. Process Biochemistry, 2005, 40(12): 3693-3700.

[9] Lu X, Zhang Y, Angelidaki I. Optimization of H_2SO_4-catalyzed hydrothermal pretreatment of rapeseed straw for bioconversion to ethanol: Focusing on pretreatment at high solids content[J]. Bioresource Technology, 2009, 100(12): 3048-3053.

[10] Xu J, Cheng J J. Pretreatment of switchgrass for sugar production with the combination of sodium hydroxide and lime[J]. Bioresource Technology, 2011, 102(4): 3861-3868.

[11] Reilly M, Dinsdale R, Guwy A. Enhanced biomethane potential from wheat straw by low temperature alkaline calcium hydroxide pre-treatment[J]. Bioresource Technology, 2015, 189: 258-265.

[12] Yuan W, Gong Z, Wang G, et al. Alkaline organosolv pretreatment of corn stover for enhancing the enzymatic digestibility[J]. Bioresource Technology, 2018, 265: 464-470.

[13] Zhou Y L, Lin D Y, Ye X Y, et al. Facile synthesis of sulfur doped $Ni(OH)_2$ as an efficient co-catalyst for g-C_3N_4 in photocatalytic hydrogen evolution[J]. Journal of Alloys and Compounds, 2020, 839(25): 155691.

[14] Zhao X, Peng F, Cheng K, et al. Enhancement of the enzymatic digestibility of sugarcane bagasse by alkali-peracetic acid pretreatment[J]. Enzyme and Microbial Technology, 2009, 44(1): 17-23.

[15] Lin D Y, Zhou Y L, Ye X Y, et al. Construction of sandwich structure by monolayer WS_2 embedding in g-C_3N_4 and its highly efficient photocatalytic performance for H_2 production[J]. Ceramics International, 2020, 46(9): 12933-12941.

[16] Zhou Y L, Ye X, Lin D Y. Enhance photocatalytic hydrogen evolution by using alkaline pretreated corn stover as a sacrificial agent[J]. International Journal of Energy Research, 2020, 44(1): 4616-4628.

[17] 叶校源. 酸碱处理对光催化重整玉米秸秆制氢的影响规律及机理[D]. 吉林: 东北电力大学, 2020.

[18] 林东尧. 光催化重整玉米秸秆分解水制氢性能研究[D]. 吉林: 东北电力大学, 2023.

[19] Singh P, Suman A, Tiwari P, et al. Biological pretreatment of sugarcane trash for its conversion to fermentable sugars[J]. World Journal of Microbiology and Biotechnology, 2008, 24: 667-673.

[20] Kim T, Lee Y. Fractionation of corn stover by hot-water and aqueous ammonia treatment[J]. Bioresource Technology, 2006, 97: 224-232.

[21] Kawai T, Sakata T. Photocatalytic hydrogen production from water by the decomposition of poly-vinylchloride, protein, algae, dead insects, and excrement[J]. Chemistry Letters, 1981, 10(1): 81-84.

[22] Tadayoshi K, Tomoji S. Photodecomponent of water by using organic compounds[J]. Journal of the Association of Synthetic Organic Chemistry, 1981, 39(7): 589-602.

[23] Jaswal R, Shende R, Nan W, et al. Photocatalytic reforming of pinewood (*Pinus ponderosa*) acid hydrolysate for hydrogen generation[J]. International Journal of Hydrogen Energy, 2017, 42(5): 2839-2848.

[24] Malato S, Maldonado M I, Fernández-Ibáñez P, et al. Decontamination and disinfection of water by solar photocatalysis: the pilot plants of the Plataforma Solar de Almeria[J]. Materials Science in Semiconductor Processing, 2016, 42(1): 15-23.

[25] Zhang L, Wang W, Zeng S, et al. Enhanced H_2 evolution from photocatalytic cellulose conversion based on graphitic carbon layers on TiO_2/NiO_x[J]. Green Chemistry, 2018, 20(13): 3008-3013.

[26] 于腾. 非金属改性玉米秸秆对光催化制氢性能影响的研究[D]. 吉林: 东北电力大学, 2023.

[27] 曲亮. 尿素处理对玉米秸秆光催化制氢性能影响的研究[D]. 吉林: 东北电力大学, 2022.

第 6 章 玉米秸秆衍生物生物炭复合材料制备及制氢性能

玉米秸秆衍生物生物炭具有独特的比表面积，作为载体负载于光催化剂形成复合光催化材料，本章以玉米秸秆衍生物生物炭作为载体，利用常规光催化剂 TiO_2、氮化碳、WO_3 等形成复合光催化材料，通过不同表征方式，分析复合材料的形态结构、光电特性及光催化分解水制氢性能。

6.1 TiO_2/Pt/生物炭复合光催化材料的制备及其在不同光源下光催化分解水制氢性能研究

本节采用光沉积法、水热合成法制备 TiO_2/Pt/生物炭复合催化材料，通过多种表征手段，全面分析在玉米秸秆悬浮液牺牲剂背景下，复合材料形貌、微观结构和光吸收特性。考察不同生物炭掺杂量、不同浓度玉米秸秆悬浮液牺牲剂对新型生物质光催化体系产氢性能的影响，探究不同光源下复合光催化剂制氢性能。

6.1.1 材料的制备

1. TiO_2/Pt 的制备

根据已报道的光沉积法方案[2]并稍作修改，制备出 TiO_2/Pt 纳米片，具体制备步骤如下：

(1) 称取 1.00 g 的锐钛矿相 P25 纳米粒 TiO_2 加入 300 mL 去离子水中，加入 5 mL 0.005 g/mL 的氯铂酸钾溶液，50 mL 无水甲醇，倒入 500 mL 容量瓶中定容。

(2) 将 (1) 定容后的混合悬浮液倒入 1 L 烧杯中，利用黑色不透明砂纸包裹烧杯外壁，将烧杯放置于磁力搅拌器上，打开磁力搅拌器搅拌，转速 500 r/min。将 300 W 氙灯底部设置在烧杯液面上方 25 cm 位置。

(3) 开启 300 W 氙灯，并保持氙灯垂直照射悬浮液 1 h。待光沉积结束后，关闭氙灯及磁力搅拌器。

(4) 烧杯中悬浮液呈现灰白色，对其进行抽滤，使用去离子水反复多次洗涤，直至洗涤水不再混浊为止。将抽滤得到的固态粉末放入 70℃真空干燥箱内，烘干至恒重，保存备用，记为 TiO$_2$/Pt。

2. 玉米秸秆衍生物生物炭的制备

所用玉米秸秆原料来自吉林省吉林市田间，具体制备步骤如下：

(1) 回收的玉米秸秆采用中性洗涤溶液进行洗涤。洗涤后的玉米秸秆利用破碎机粉碎，并过 40 目筛，放入 60℃真空干燥箱内干燥 48 h 至恒重，取出备用。

(2) 将(1)中干燥后玉米秸秆平铺于瓷舟中，放入管式马弗炉中，在氩气氛围下，设置程序为加热速率 10℃/min，加热至 700℃恒温 3 h。冷却至室温后，研磨备用，记为 BC。

3. TiO$_2$/Pt-玉米秸秆衍生物生物炭复合光催化材料的制备

制备出生物炭掺杂质量分数分别为 10%、30%、50%、70%、80%、90%的 TiO$_2$/Pt/生物炭复合材料。以生物炭掺杂质量分数 10%为例，具体实验步骤如下：

(1) 称取 0.9 g TiO$_2$/Pt 和 0.1 g 生物炭，分别加入 30 mL 去离子水中，磁力搅拌器搅拌 2 h，其中，TiO$_2$/Pt 搅拌速度为 300 r/min，生物炭搅拌速度为 250 r/min。将悬浮液加入容积为 100 mL 的以聚四氟乙烯为内衬的不锈钢反应釜中，置于 180℃条件下恒温加热 8 h。

(2) 待反应釜完全冷却后，将悬浮液抽滤，所得灰黑色粉末在 80℃真空干燥箱内烘干 48 h 至恒重，密封保存，得到生物炭掺杂质量分数为 10%的 TiO$_2$/Pt 复合材料。TiO$_2$/Pt/生物炭(TiO$_2$/Pt/biochar，简称 TBC-X%，其中 X%表示玉米秸秆生物炭质量分数，X=10、30、50、70、80、90)制备流程如图 6-1 所示。

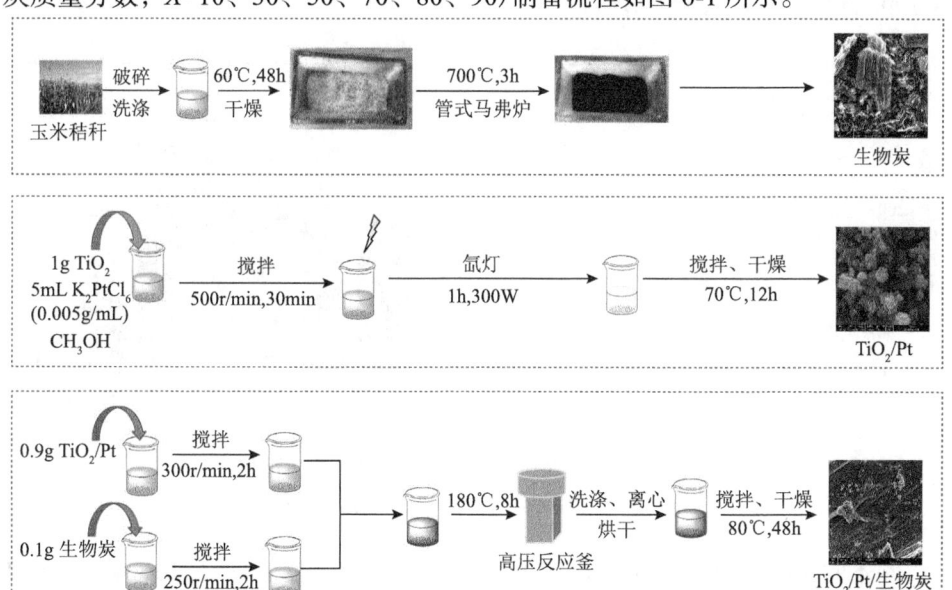

图 6-1 TBC-X%制备工艺流程图

6.1.2 光催化制氢方法

将制备的不同样品分别在模拟光催化制氢装置和太阳光催化制氢装置中测试。本章光催化制氢体系分为以下两类：

(1) 催化剂为 TBC-X%，无牺牲剂。未加入任何牺牲剂光催化制氢体系记为 TiO_2/Pt/生物炭/无玉米秸秆牺牲剂(TiO_2/Pt/biochar/no corn straw sacrificial agent，简称 TBC)。

(2) 催化剂为生物炭掺杂量最佳状态下的 TiO_2/Pt/生物炭复合催化材料，选择玉米秸秆作为牺牲剂，玉米秸秆颗粒粒径为 380 μm，以下简称 CS。牺牲剂质量分数分别为 10%、30%、50%、70%、80%、90%。玉米秸秆作为牺牲剂的光催化制氢体系记为 TiO_2/Pt/生物炭/玉米秸秆（简称 TBC/CS-X%，其中 X 表示玉米秸秆牺牲剂质量分数，X=10、30、50、70、80、90）。单纯的 TiO_2/Pt 作为光催化剂，玉米秸秆作为牺牲剂的体系记为 TCS。

6.1.3 不同光源下光催化分解水制氢性能分析[1]

对未加入牺牲剂的光催化体系中，在紫外光照射下，分析 TBC-X%制氢性能，如图 6-2 所示。可以看出，随着生物炭质量分数的增大，TBC-X%制氢量出现先增大后降低的变化趋势[图 6-2(a)]。当生物炭质量分数为 70%时，制氢量最大达到 340 μmol/g，制氢速率为 85 μmol/(g·h)。与单纯的 TiO_2/Pt 相比，制氢速率提高至 TiO_2/Pt 的 7 倍，如图 6-2(b)所示。

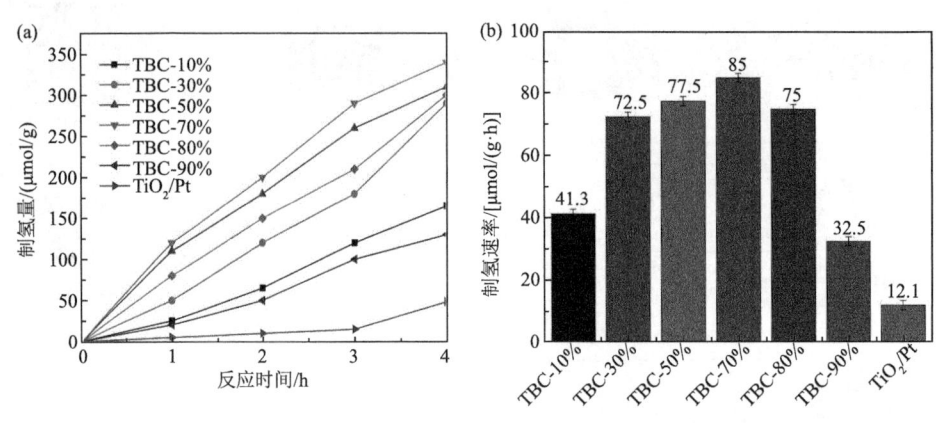

图 6-2 紫外光照射下复合材料光催化制氢性能
(a) 不同复合材料制氢量；(b) 不同复合材料制氢速率

在不同光源下(弱光、紫外光、可见光、太阳光)，分析 TBC-70%制氢速率变化情况，如图 6-3 所示。结果表明，TBC-70%制氢速率为紫外光[85 μmol/(g·h)]>

可见光[43 μmol/(g·h)]＞太阳光[22.9 μmol/(g·h)]＞弱光[8 μmol/(g·h)]。与在可见光、太阳光、弱光照射下相比，紫外光下 TBC-70%制氢速率分别提高了 0.98 倍、2.7 倍、9.6 倍。TBC-70%在太阳光和弱光照射下，制氢速率较低，说明光照强度对 TBC-70%制氢影响较大，对紫外光吸收效果最佳。

玉米秸秆作为牺牲剂的光催化体系，催化剂中生物炭掺杂质量分数为 70%，即 TBC-70%。在紫外光照射下，分析玉米秸秆牺牲剂浓度对光催化制氢性能影响，如图 6-4 所示。研究表明，光催化制氢量并未随着玉米秸秆质量分数的增大而不断增大，如图 6-4(a)所示。在玉米秸秆牺牲剂浓度为 30%时，TBC/CS-30%制氢速率最大为 262.5 μmol/(g·h)。与未加入牺牲剂的 TBC-70%、TiO$_2$/Pt 相比，制氢速率分别提升 2 倍和 20.7 倍，如图 6-4(b)所示。而 TBC/CS-70%[84.9 μmol/(g·h)]、TBC/CS-80%[82.5 μmol/(g·h)]、TBC/CS-90%[80.3 μmol/(g·h)]制氢速率均小于 TBC/CS-30%，说明玉米秸秆牺牲剂虽然可以消耗空穴，但是过量的 CS 会减弱 TiO$_2$ 光催化剂吸光强度，进而导致电子-空穴对产生效率减低。

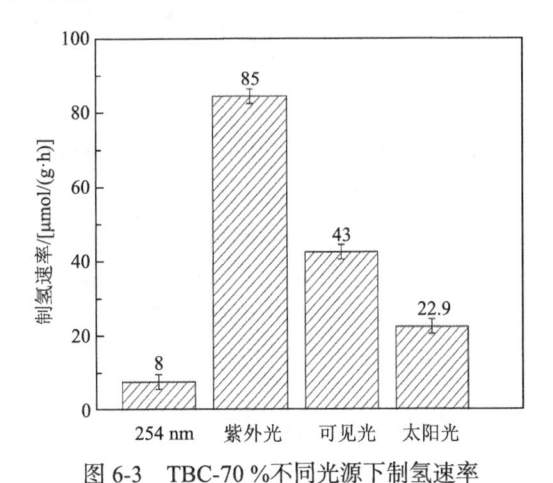

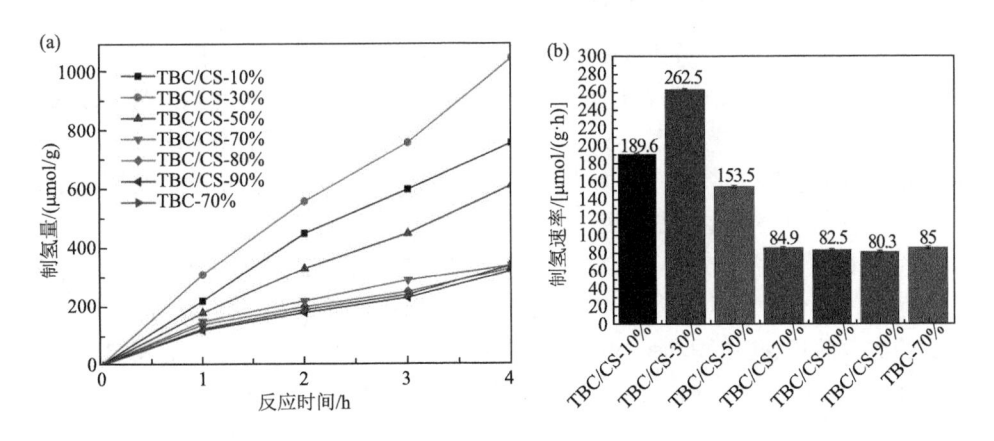

图 6-3 TBC-70 %不同光源下制氢速率

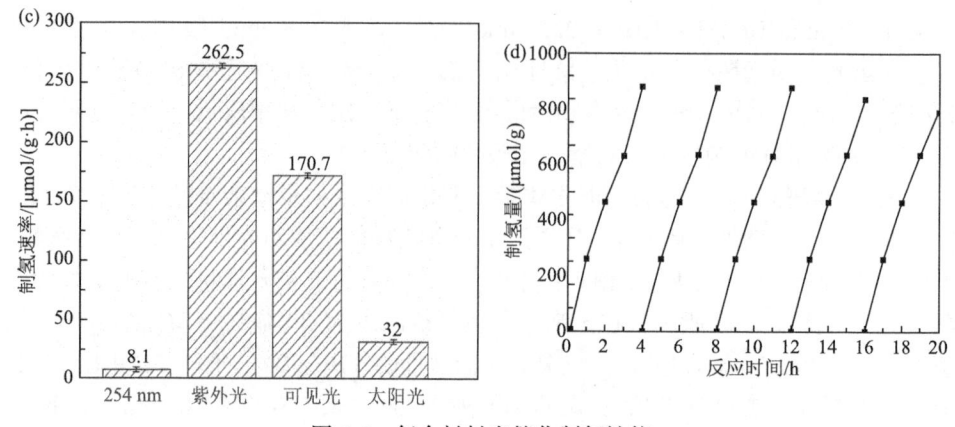

图 6-4 复合材料光催化制氢性能

(a)不同复合材料制氢量；(b)不同复合材料制氢速率；(c)TBC/CS-30%不同光源下制氢速率；(d)TBC/CS-30%五次循环实验制氢量

在不同光源下，分析 TBC/CS-30%制氢速率变化情况，如图 6-4(c)所示。结果表明，加入玉米秸秆牺牲剂和未加牺牲剂的光催化体系在不同光源下，制氢速率变化趋势相同，制氢速率均为紫外光＞可见光＞太阳光＞弱光。玉米秸秆牺牲剂的加入，虽然提高了光催化制氢效率，但是在太阳光和弱光照射下，制氢速率仍较低，分别为 32 μmol/(g·h)和 8.1 μmol/(g·h)。

此外，为研究复合材料 TBC/CS-X%光催化稳定性，在紫外光照射下，对其制氢效果最佳的 TBC/CS-30%进行光催化产氢循环实验，如图 6-4(d)所示。TBC/CS-30%复合材料在 20 h 内经过连续 5 次循环实验，制氢量无明显变化，具有光稳定性。

6.1.4 TiO$_2$/Pt/生物炭复合材料的表征

1. 表观形貌和微观结构分析

采用 SEM 和 TEM 分析 TBC-70%复合催化剂微观结构形态。图 6-5(a)可以看出 TiO$_2$/Pt 纳米粒子成功附着在生物炭大孔道床层内，而 TiO$_2$/Pt 纳米粒子团簇在一起，分散于秸秆外壁上[图 6-5(c)]。图 6-5(b)中生物炭呈现片状结构。图 6-5(d)为 TBC-70%透射电镜图，生物炭为孔道负载床层，其上分布着许多粒状纳米 TiO$_2$/Pt，且均匀分散在秸秆表面。

通过 BET 方法研究了 TBC/CS-30%、TBC-70%、BC、TiO$_2$/Pt 的多孔性质和比表面积。复合材料的比表面积、孔体积和平均孔径如表 6-1 所示。TiO$_2$/Pt 具有较低的比表面积、孔体积和平均孔径。BC 的 BET 值最大，为 1811 m^2/g、4.12 cm^3/g、100.00 nm。与 TiO$_2$/Pt 相比，由于 TBC/CS-30%和 TBC-70%中生物炭的掺杂使其比表面积增大。

图 6-5 复合光催化剂 SEM 和 TEM 图
(a) TBC-70% SEM； (b) BC SEM； (c) TiO$_2$/Pt SEM； (d) TBC-70% TEM

表 6-1 不同样品孔径参数

样品	比表面积/(m^2/g)	孔体积/(cm^3/g)	平均孔径/nm
TiO$_2$/Pt	13.25	0.09	2.13
BC（生物炭）	1811.00	4.12	100.00
TBC/CS-30%	1185.00	2.25	8.21
TBC-70%	980.52	2.12	7.51

2. 晶体结构分析

图 6-6 为 CS 和 TBC 体系中复合材料的 XRD 谱图。TBC/CS-10%、TBC/CS-30%、TBC/CS-50%、TBC/CS-70%、TBC/CS-80%、TBC/CS-90%、TBC-70%、TCS、TiO$_2$/Pt 在 2θ 为 26.1°、28.7°、36.3°、48.1°位置都出现了衍射峰（JCPDS No：89-4921）。与 TiO$_2$ 特征峰相对应，具有锐钛矿晶体形态，氧空位较多特征。图 6-6 中 TBC/CS-10%、TBC/CS-30%、TBC/CS-50%、TBC-70%锐态峰强度较高。在 2θ 为 38.1°位置出现衍射峰，对应 C 特征峰(101)位面，证明成功制备出一系列以锐钛矿为主的 TiO$_2$/Pt/生物炭新型复合材料。

图 6-6 中未显现玉米秸秆游离官能团相关峰，这主要是因为秸秆作为牺牲剂时，粒子半径与 TiO$_2$/Pt/生物炭中生物炭相似。TBC/CS-70%、TBC/CS-80%、TBC/CS-90%样品峰值与其他复合材料相比，峰强度减弱，说明过量的玉米秸秆牺牲剂会遮蔽 TiO$_2$/Pt/生物炭，进而影响光催化特性，这与复合材料光催化制氢速率结果一致。

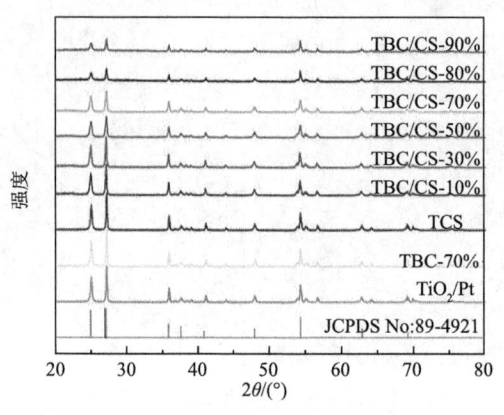

图 6-6　不同催化剂 XRD 谱图

结晶尺寸由 Debye-Scherrer 公式计算，如式(6-1)所示：

$$D = \frac{0.89\lambda}{\beta \cdot \cos\theta} \tag{6-1}$$

式中，D 为晶体尺寸，nm；λ 为 X 射线波长，nm；β 为衍射峰半宽比，%；θ 为布拉格角，(°)。

表 6-2 为不同样品的结晶尺寸。计算结果表明，TBC/CS-30%晶体尺寸最大。

表 6-2　不同样品的结晶尺寸

样品	钛质量分数/ %	氧质量分数/ %	掺杂物质量分数/ %	晶体尺寸/ nm
TBC/CS-10%	25.12	73.30	1.58	33.65
TBC/CS-30%	24.82	73.14	2.04	34.87
TBC/CS-50%	22.48	73.78	3.74	33.54
TBC/CS-70%	21.77	74.43	3.8	33.49
TBC/CS-80%	20.59	74.81	4.6	33.10
TBC/CS-90%	20.11	74.89	5	33.09
TBC-70%	26.95	71.58	1.47	32.21

续表

样品	钛质量分数/%	氧质量分数/%	掺杂物质量分数/%	晶体尺寸/nm
TCS	27.15	71.41	1.44	25.51
TiO$_2$/Pt	34.52	65.48	/	12.29

3. 表面元素分析

图 6-7 为光催化复合材料 TBC/CS-30%与 TBC-70%的 XPS 谱图。TBC/CS-30%与 TBC-70%复合材料的 XPS 全谱图如图 6-7(a)所示。可知，制备的复合光催化材料 TBC/CS-30%中包含 Ti、C、O、Pt 元素。Ti、O、C 元素的精谱图如图 6-7(b)～(d)所示。

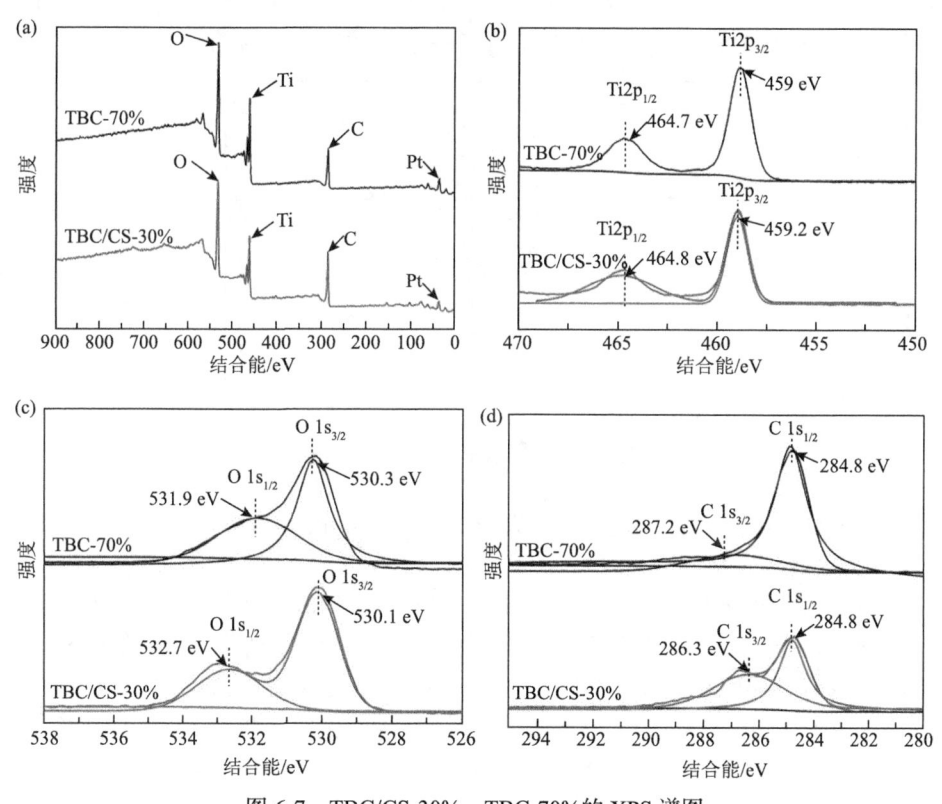

图 6-7 TBC/CS-30%、TBC-70%的 XPS 谱图
(a)全谱图；(b) Ti 2p 谱图；(c) O 1s 谱图；(d) C 1s 谱图

图 6-7(b)为 Ti 2p 谱图。TBC/CS-30%与 TBC-70%的 Ti 2p 自旋轨道峰值分别在 459.2 eV、464.8 eV 和 459 eV、464.7 eV 位置出现，是典型 Ti^{4+}存在的 TiO$_2$ 表

面八面体配位结构峰。图 6-7(c)为 O 1s 谱图。TBC/CS-30%在 530.1 eV、532.7 eV 位置出现峰值。TBC-70%在 530.3 eV、531.9 eV 位置出现峰值。由于 O 1s 大部分在 TiO_2 晶格内部，530.1 eV 处峰值为 TiO_2 表面吸附 O_2 及·OH 产生的。TiO_2/Pt 负载生物炭，极具吸附性，改变了 TiO_2 原有的亲水性，产生 O $1s_{1/2}$ 特征峰。图 6-7(d)为 C 1s 谱。TBC/CS-30%中 C $1s_{1/2}$ 和 C $1s_{3/2}$ 结合能分别为 284.8 eV 和 286.3 eV。TBC-70%中 C $1s_{1/2}$ 和 C $1s_{3/2}$ 结合能分别为 284.8 eV 和 287.2 eV。在生物炭的吸附下，TBC-70%表面形成 C—O 键。

4. 红外光谱分析

图 6-8 为不同牺牲剂质量分数的光催化体系中复合材料的红外光谱图。3425.4 cm^{-1} 处宽峰对应 TBC/CS-30%表面吸附水，由羟基(—OH)拉伸和弯曲振动形成。2856.6 cm^{-1} 是空气中吸附的 CO_2 形成的振动峰。1082.1 cm^{-1} 为生物炭中 C 的特征峰，500～700 cm^{-1} 之间的峰是由 Ti—O 键的振动引起的。

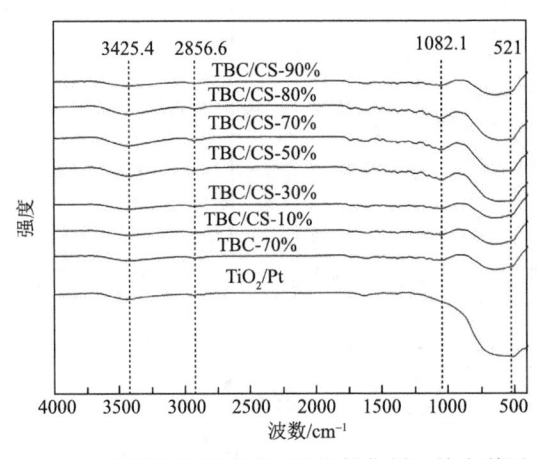

图 6-8 不同牺牲剂浓度下的光催化剂红外光谱图

TiO_2 中锐钛矿晶相存在四个特征峰，分别为 142.0 cm^{-1}、396.3 cm^{-1}、513.1 cm^{-1}、637.2 cm^{-1}。在 521 cm^{-1} 处出现的峰为锐钛矿相 Ti—O 振动峰，说明复合材料中 TiO_2 为锐钛矿。但加入玉米秸秆后，TBC/CS-10%、TBC/CS-30%、TBC/CS-50%、TBC/CS-70%、TBC/CS-80%、TBC/CS-90%与 TBC 相比，Ti—O 键出现红移，红移强度随着玉米秸秆牺牲剂浓度的加大而出现增大趋势，主要原因是玉米秸秆作为牺牲剂，消耗掉光生空穴，光生电子与 Ti—O 键配位，阻碍 Ti—O—Ti 键振动，发生振动峰红移现象。

5. 热重分析

图 6-9 为 TBC/CS-X%反应后的 TG 曲线。结果表明，在 350℃下，复合材料

开始出现失重现象，主要原因为水分的蒸发。在 400~500℃下，复合材料失重现象明显，可能是复合材料中内部生物炭热解引起的。可以得出，复合材料中生物炭成分的热稳定性低于晶体成分。

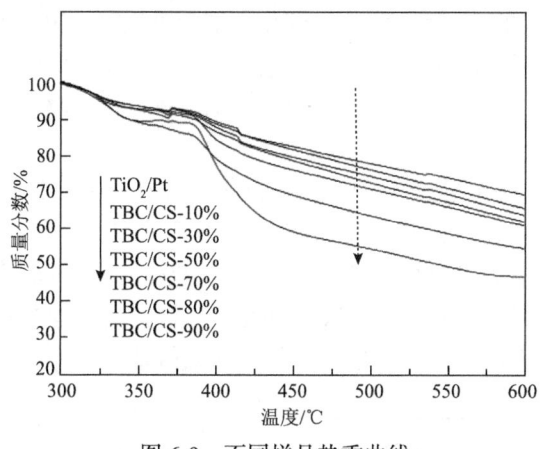

图 6-9 不同样品热重曲线

6.1.5 TiO$_2$/Pt/生物炭复合材料光电特性分析

利用 UV-vis DRS、PL 技术研究了复合材料的光电特性。图 6-10(a)为复合材料的 UV-vis DRS 谱图。单纯的 TiO$_2$/Pt 对紫外光(λ<400 nm)有明显的吸收强度，而对可见光的响应较低。与 TiO$_2$/Pt 相比，TBC/CS-30%复合材料对紫外光和可见光都有明显的吸收。这种现象主要由于生物炭对可见光吸收强度较大。一般来说，带隙能量 E_g 的计算公式如式(6-2)所示：

$$\alpha h\nu = A(h\nu - E_g)^{n/2} \tag{6-2}$$

式中，α、h、ν、A 分别代表吸收系数、普朗克常数、光频率和比例系数。经计算，得到 TiO$_2$ 的带隙为 3.10 eV。

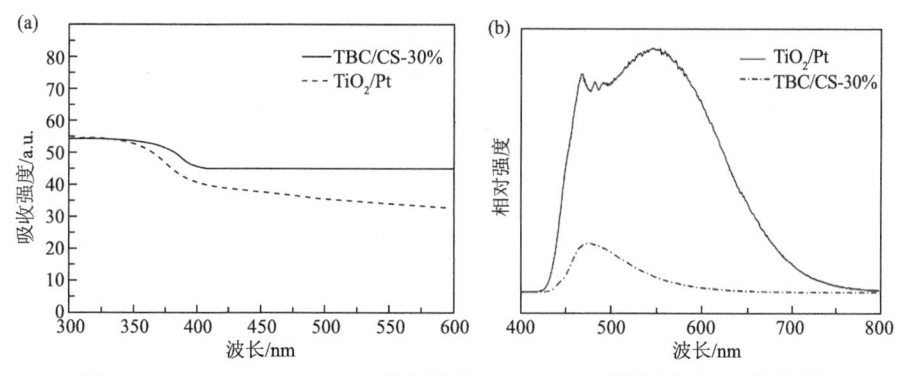

图 6-10 TBC/CS-30%、TiO$_2$ 复合材料 UV-vis DRS 谱图(a)和 PL 谱图(b)

为了进一步研究 TBC/CS-30%复合材料光催化机理，我们进行了 PL 分析，如图 6-10(b)所示。PL 发射光谱可以揭示光生电子-空穴对的行为，因此，对研究光催化剂中载流子的迁移、转移和分离过程具有重要意义。PL 发射光谱荧光强度越大，光生电子和空穴的分离率越低，光催化性能越低。图 6-10(b)结果表明，TiO_2/Pt 和 TBC/CS-30%复合材料都有一个宽阔的发光峰，峰中心在 460 nm 左右。TBC/CS-30%的 PL 发射峰与 TiO_2/Pt 相比较弱，TBC/CS-30%复合材料具有更高的电子-空穴对的分离效率和优越的光催化性能。

图 6-11(a)为 TBC/CS-30%、TiO_2/Pt 的 EIS 谱图。在 EIS 谱图中，电弧越小，电荷转移电阻越小。可以看出，TBC/CS-30%复合材料在 EIS 中具有最小的电弧和最低电荷迁移电阻。与单纯的 TiO_2/Pt 相比，TBC/CS-30%复合材料具有更高的光电流强度。以上结果表明，TBC/CS-30%复合材料的构建提高了光生载流子的分离和转移速率，进而提高了光催化分解水制氢性能。

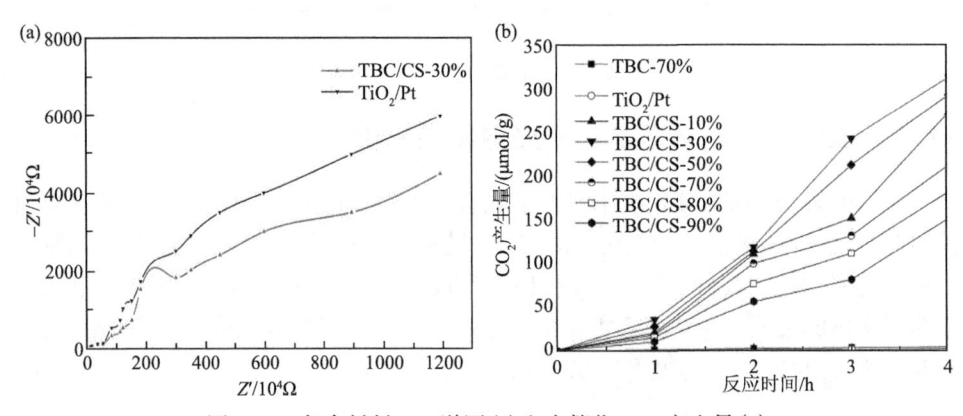

图 6-11 复合材料 EIS 谱图(a)和光催化 CO_2 产生量(b)

TBC/CS-X%复合材料在光催化过程中产生的 CO_2 量如图 6-11(b)所示。玉米秸秆表面活性官能团——CHO 光转化的最终产物为 CO_2 和 H_2O。与 TBC/CS-X%相比，TBC 和 TiO_2/Pt 产生的 CO_2 几乎为零。TBC/CS-X%复合材料反应后产生 CO_2 证明玉米秸秆作为牺牲剂发生了光重整反应。玉米秸秆作为牺牲剂，在 TiO_2/Pt/生物炭的光催化体系中分解水制氢的可能机理示意图如图 6-12 所示。根据化学计量比，辐照时间在 2 h 范围内，反应产生的 H_2 与 CO_2 的摩尔比几乎恒定为 7∶3，然而辐照 2 h 后，H_2 与 CO_2 的摩尔比小于 7∶3，这意味着产生了过量的 CO_2。过量的 CO_2 来源于玉米秸秆活性基团——CHO 与溶液中 O_2 的光氧化反应。

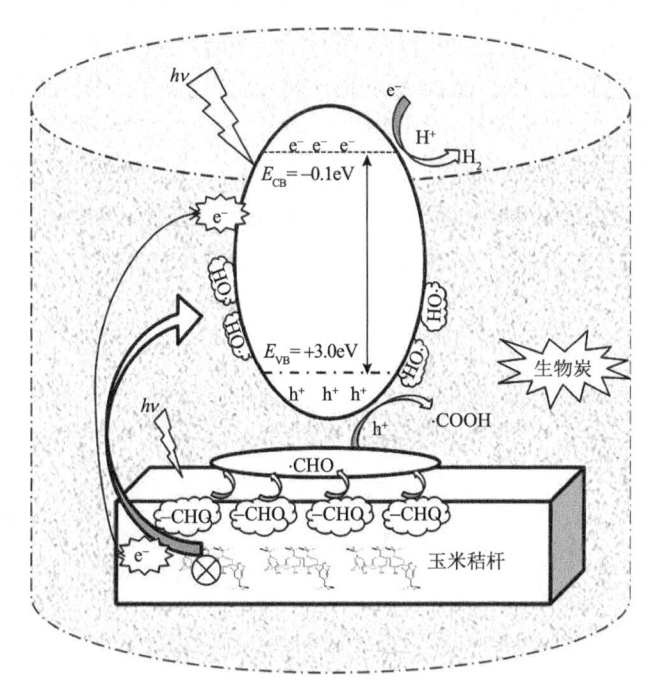

图 6-12　玉米秸秆牺牲剂在 TiO$_2$/Pt/生物炭光催化体系中分解水制氢的可能机理示意图

6.2　Cu^{2+}、生物炭共掺杂的 TiO$_2$/Pt 复合光催化材料制备及制氢性能研究

以玉米秸秆衍生物生物炭为载体，在 TiO$_2$ 中添加 Cu^{2+}，制备出低成本、无毒的 TiO$_2$/Pt/Cu/生物炭复合光催化材料。通过对比分析复合光催化剂在模拟太阳光和可见光下，分解水制氢性能及复合材料的可回收性能，为其大规模工业化使用提供可行性。同时，采用玉米秸秆悬浮液作为牺牲剂，研究出可持续循环利用的新型玉米秸秆光催化分解水制氢绿色体系，并探索绿色光催化体系可能的作用机理。

6.2.1　光催化材料制备方法

1. Cu^{2+}、生物炭共掺杂的 TiO$_2$/Pt 复合光催化材料的制备

在制备 Cu^{2+}、生物炭共掺杂的 TiO$_2$/Pt 复合光催化材料(以下简称 TCCN)时，取 0.1 g TiO$_2$ 加入 10 mL 去离子水，搅拌 30 min，转速 300 r/min；取 0.003 g/mL CuCl$_2$ 溶液 10 mL，搅拌 30 min，转速 250 r/min；将玉米秸秆烘干并用破碎机破碎，过 40 目筛子，洗涤后放入管式马弗炉中煅烧 3 h，并在氮气状态下，升高温

度至 600℃，加热速率 15℃/min，冷却至室温，制备出生物炭；取 0.05 g 生物炭溶解于 10 mL 去离子水中，搅拌 30 min，转速 250 r/min；分别取 10 mL TiO$_2$/Pt 溶液、10 mL CuCl$_2$ 溶液、10 mL 生物炭溶液，加入高压反应釜中，在 200℃条件下加热 12 h，冷却至室温后抽滤，并在 60℃烘箱中烘干至恒重，制备出 TCCN。同时，制备对比光催化材料，分别为 TiO$_2$/Pt/Cu（以下简称 TCU）、TiO$_2$/Pt/生物炭（以下简称 TCN）、TiO$_2$/Pt。复合材料制备工艺流程如图 6-13 所示。

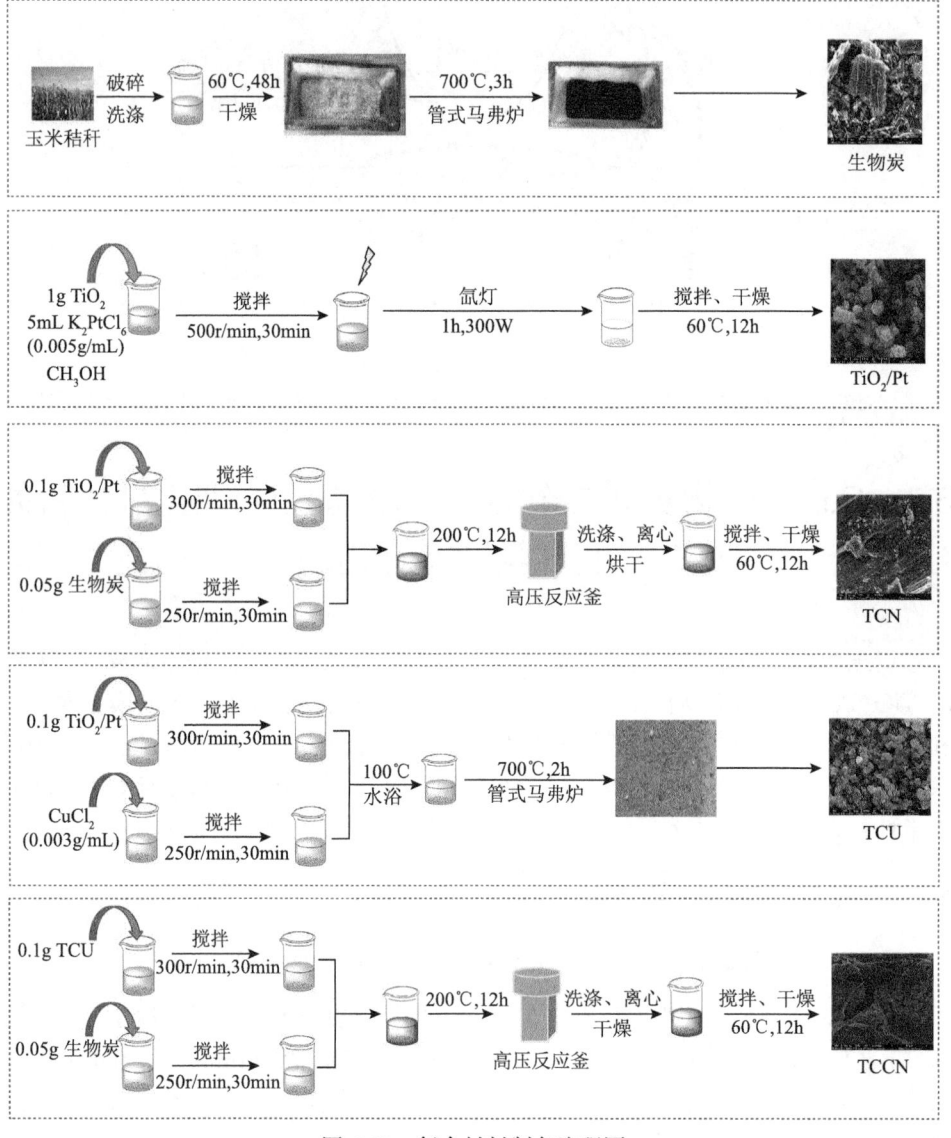

图 6-13　复合材料制备流程图

2. 光催化制氢测试

将 0.1 g TCCN 与 0.03 g 玉米秸秆于 100 mL 去离子水中耦合, 搅拌 30 min, 转速 300 r/min。在模拟光催化分解水制氢系统中, 反应装置与真空泵相连, 反应过程保持装置处于真空状态, 反应器容积 150 mL, 与冷却系统相连, 保证制氢温度 5℃。

玉米秸秆作为牺牲剂的光催化体系简称"CS 体系", 该体系中反应后光催化材料简称 TCCN/CS、TCU/CS、TCN/CS、TiO_2/Pt/CS。无牺牲剂的光催化体系简称"OR 体系", 该体系中反应后光催化材料简称 TCCN、TCU、TCN、TiO_2/Pt。

6.2.2 光催化材料表征及性能分析

1. 表观形貌和微观结构分析

采用 SEM、TEM 对样品形貌进行了表征。图 6-14 和图 6-15 为光催化复合材料反应前后扫描电镜形貌图。可以看出, 光催化剂在反应前后无明显变化, 证明复合材料具有光稳定性。从图 6-14(a)生物炭 SEM 中可以看出, 生物炭呈疏松孔道结构, 比表面积大的特点。图 6-15(a)～(d)中 TCCN/CS-3、TCCN、TCN/CS、TCN 具有不规则的三维结构, 孔道丰富且相互联结, 证明生物炭成功负载于催化材料表面。

图 6-14(a)、(b)和图 6-15(a)、(b)中 TCCN 有明显的粒子固定于生物炭床层上。生物炭中的多孔通道被掺杂 Cu^{2+} 的 TiO_2 填满, 同时表面被掺杂 Cu^{2+} 的 TiO_2 纳米片覆盖。与图 6-14(g)、(h)及图 6-15(g)、(h)中单纯的 TiO_2/Pt 分散于 CS 体系相比较, 呈现明显的多孔层状结构。

图 6-14(c)、(d)及图 6-15(c)、(d)为 TCN 复合材料光催化反应前后 SEM 图。与图 6-15(e)、(f)相比, 由于复合材料在 CS 体系中, 表面被玉米秸秆悬浮液覆盖, 出现大粒径长杆状结构, 复合材料依附其上。图 6-14(g)显示出 TiO_2 颗粒在生物炭上固定化。

图 6-14(e)、(f)及图 6-15(e)、(f)以玉米秸秆为牺牲剂、无任何牺牲剂的光催化体系中 TCU 复合材料反应前后 SEM 图。可以看出, TiO_2 掺杂 Cu^{2+} 表现出良好的有序性结构, 与图 6-14(g)、(h)单纯的 TiO_2/Pt 相比, 有明显的团聚效应, 出现较为均匀的球形颗粒。这种现象可能是由于 Cu^{2+} 的存在抑制煅烧过程中颗粒的团聚。从图 6-14(e)、(f)可以看出, TCU 分散于 CS 悬浮液中, 附着于 CS 外表面。

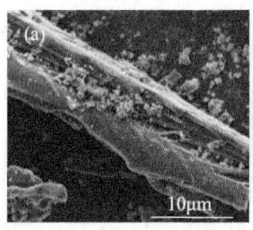

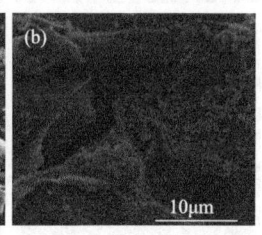

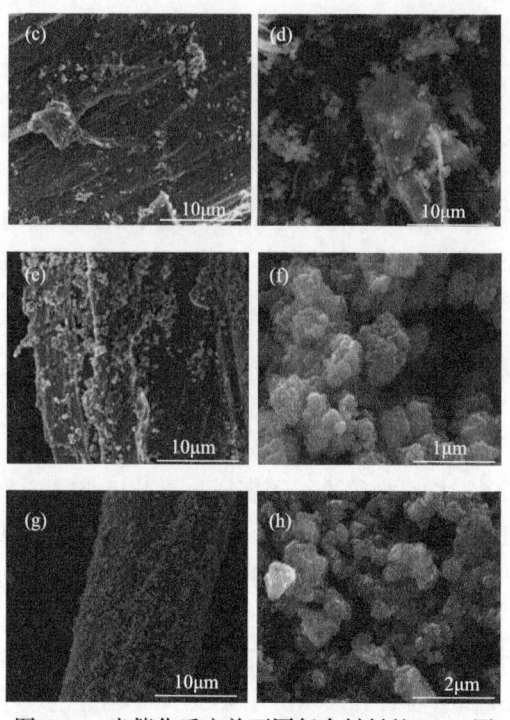

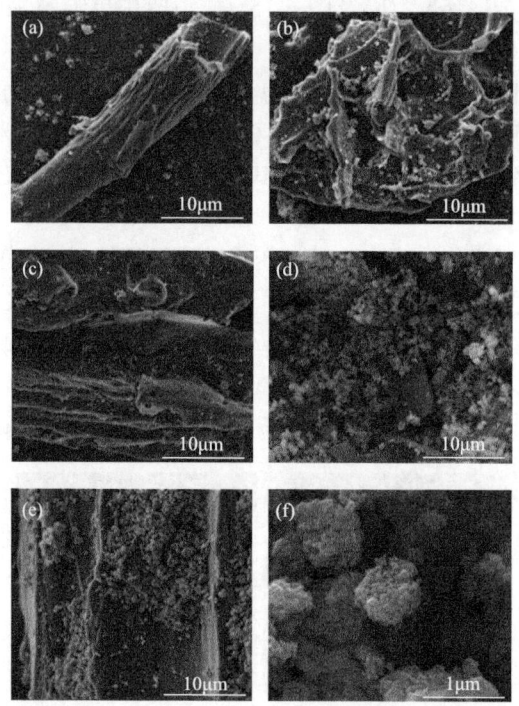

图 6-14 光催化反应前不同复合材料的 SEM 图
(a) TCCN/CS-3；(b) TCCN；(c) TCN/CS；(d) TCN；(e) TCU/CS；(f) TCU；(g) TiO$_2$/Pt/CS；(h) TiO$_2$/Pt

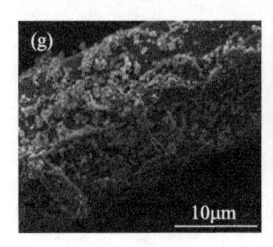

图 6-15 光催化反应后不同复合材料的 SEM 图

(a)TCCN/CS-3；(b)TCCN；(c)TCN/CS；(d)TCN；(e)TCU/CS；(f)TCU；(g)TiO$_2$/Pt/CS；(h)TiO$_2$/Pt

TCCN/CS-3 的 TEM 图像如图 6-16(b) 所示。可以看出，TCU 中 Cu$_x$O 团聚在晶体 TiO$_2$ 中，生物炭上分布着许多粒状纳米 TiO$_2$、Cu，证明成功制备出 TCCN/CS 复合材料。

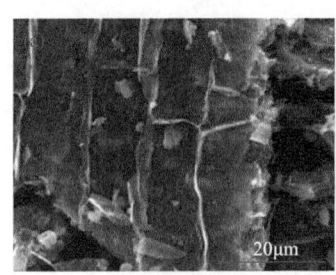

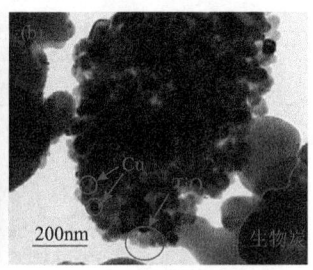

图 6-16 生物炭的 SEM 图(a)和 TCCN/CS-3 的 TEM 图(b)

2. 晶体结构分析

图 6-17 显示了不同光催化材料反应前后的 XRD 谱图。对比图 6-17(a)和(b)可以看出，不同光催化材料在反应前后 XRD 谱图无明显变化，证明光催化材料的稳定性。图 6-17(a)中 TCCN/CS-3、TCCN、TCU/CS、TCU、TCN/CS、TCN、TiO$_2$/Pt/CS、TiO$_2$/Pt 在 2θ 为 25.36°、27.21°、37.85°、48.08°、53.99°、68.92°位置处都出现了衍射峰[3]。与标准卡片（PDF#65-5714）对比，各样品皆成 TiO$_2$ 锐钛矿。在 XRD 谱图范围内，所有复合材料没有出现 Cu^{2+} 和 C 特征衍射峰，可能由于 TCCN/CS-3、TCCN、TCU/CS、TCU 样品中 Cu 含量非常低，XRD 谱图中 Cu 检测峰超出了 XRD 单元的检出限，Cu$_x$O 样品（JCPDS No. 45-0937）的特征峰为 35.49°、38.73°、48.72°，利用 Debye-Scherrer 方程，根据最强特征峰估算出 TiO$_2$ 与 Cu$_x$O 的晶体尺寸。Cu$_x$O 估算尺寸为 21.17 nm，TiO$_2$ 估算尺寸为 12.27 nm。Cu^{2+} 和生物炭共掺杂导致 TiO$_2$ 锐钛矿峰强度增大，导致计算得到的晶体尺寸相应增大，TCCN 晶体尺寸最大。各复合材料的晶体尺寸如表 6-3 所示。Cu^{2+}(0.73 Å)与 Ti^{4+}(0.605 Å)离子半径相似，Cu^{2+}进入 TiO$_2$ 晶格间隙，可与 Ti^{4+}相互作用，Cu^{2+}(r=0.73 Å)取代 Ti^{4+}(r=0.605 Å)，形成 Cu$_x$O，使得复合材料晶体尺寸增大，在 TiO$_2$ 催化剂表面团聚，与 TiO$_2$ 形成肖特基异质结，导致光生电子-空穴对复合率降低。

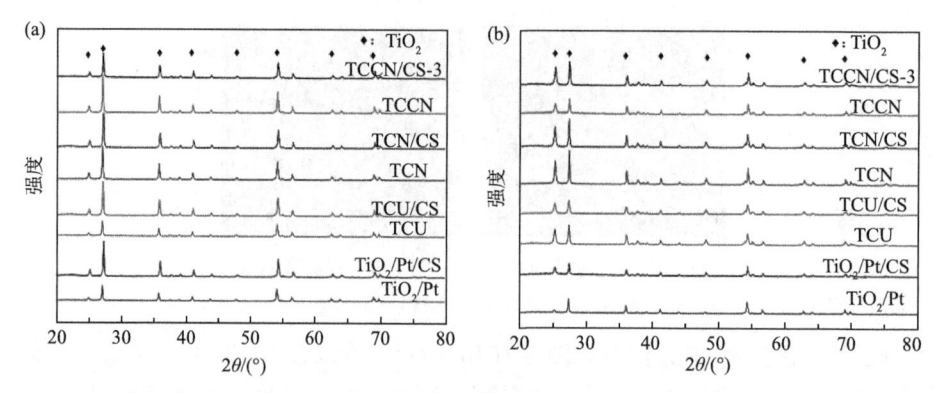

图 6-17 反应后不同光催化材料反应前后的 XRD 谱图
(a)反应前；(b)反应后

表 6-3 不同样品的结晶尺寸

样品	钛质量分数/ %	氧质量分数/ %	掺杂物质量分数/ %	晶体尺寸/ nm
TCCN/CS-3	22.65	72.14	5.21	33.85
TCU/CS	23.6	75.94	4.21	27.18
TCN/CS	24.72	71.54	3.74	31.21
TiO$_2$/Pt/CS	28.24	67.41	2.11	21.25
TiO$_2$/Pt	34.52	65.48		12.29

3. 表面元素分析

图 6-18 为光催化反应后 TCCN/CS-3、TCCN、TCN、TCN/CS 的 XPS 谱图。如图 6-18(a)所示，单纯 TiO$_2$/Pt 包含 Ti、O、Pt 元素。TCCN/CS-3 复合材料包含 Ti、O、Cu、C、Pt 元素，证明成功制备了复合光催化材料 TCCN/CS-3。Ti、O、Cu、C、Pt 元素的精谱图如图 6-18(b)~(f)所示。

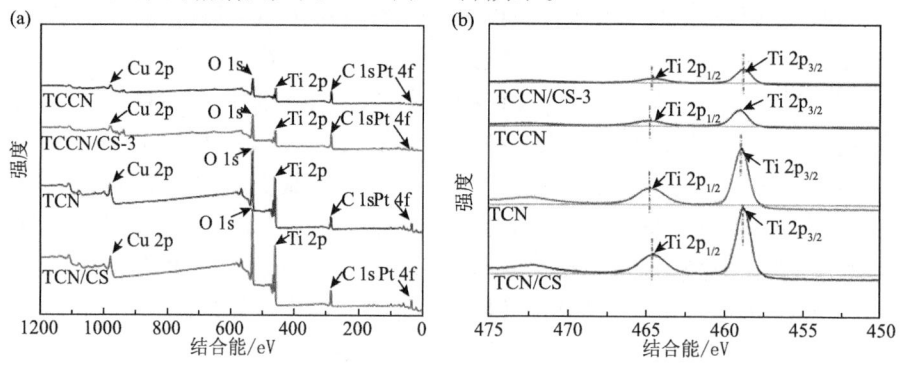

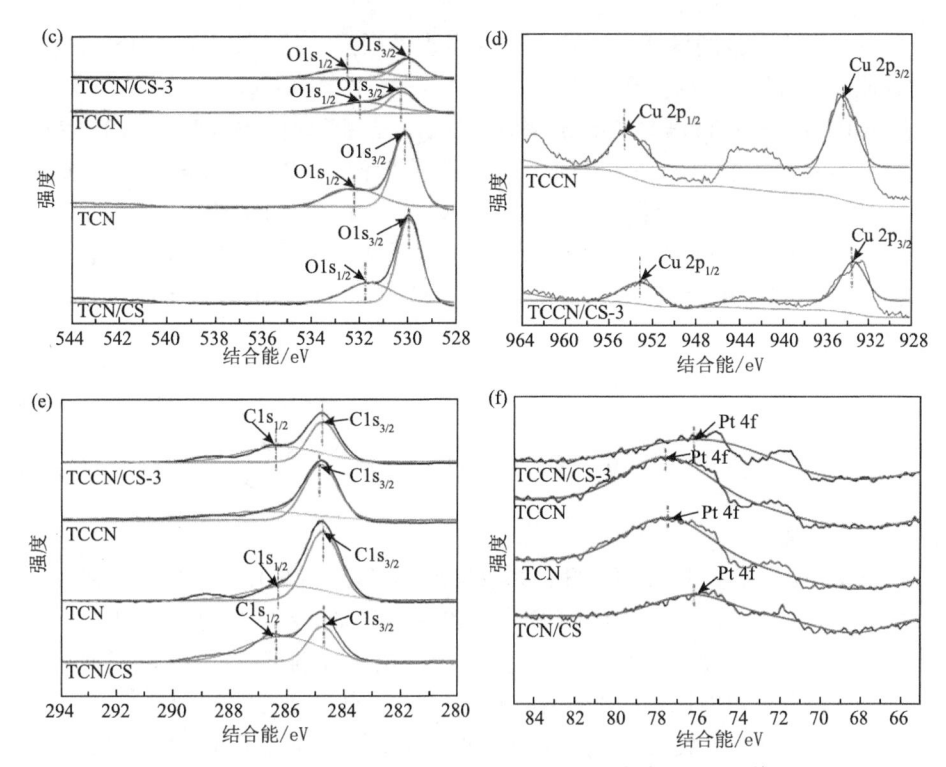

图 6-18　TiO$_2$/Pt/Cu/CN/CS、TiO$_2$/Pt/Cu/CN 材料的 XPS 谱图
(a)全谱图；(b)Ti 2p 谱图；(c) O 1s 谱图；(d)Cu 2p 谱图；(e)C 1s 谱图；(f)Pt 4f 谱图

图 6-18(b) 为 Ti 2p 谱图。Ti 2p 自旋轨道峰值在 458.1 eV 和 464.9 eV 位置出现，是典型 Ti^{4+} 存在的 TiO$_2$ 表面八面体配位结构峰。Cu^{2+} 和生物炭掺杂的 TiO$_2$/Pt，与玉米秸秆牺牲剂耦合，Ti 2p$_{3/2}$ 和 Ti 2p$_{1/2}$ 峰发生结合能转移的现象。由于 Cu^{2+} 的嵌入，TiO$_2$ 表面低负荷电子转移到 CuO 表面，导致 Ti 特征峰红移。同时，玉米秸秆表面官能团—CHO 提供电子，与 TiO$_2$ 光生空穴发生氧化反应，致使秸秆表面氢键断裂，出现大量游离的·OH，在生物炭吸附作用下，负载在 TCCN 上，使 TiO$_2$ 光生电子(e$^-$)易于传输。TCN 的 Ti 特征峰强度与 TCN/CS 相似，证明 TiO$_2$ 固定在生物炭床层上，而改变其内部结构。TCN 与 TCCN/CS-3 相比，特征峰强且未发生红移，这一现象主要由 TCCN/CS-3 复合材料中添加 Cu 粒子且表面被 CS 悬浮液覆盖，各组分含量降低导致的。

图 6-18(c) 为 O 1s 谱图。TCCN/CS-3 的 O 1s 峰出现在 529.7 eV、532.9 eV，O 1s 主要存在于金属氧化物 TiO$_2$ 晶格内，TiO$_2$ 中 O 1s 结合能在 529.88～531.81 eV 之间，而 532.9 eV 出现的峰值证实了 TiO$_2$ 表面吸附·OH 及氧气的存在。TCCN 的 O 1s 峰出现在 530.05 eV，说明玉米秸秆牺牲剂在与 TCCN 耦合后，氢键断裂，产生·OH 负载在 TiO$_2$ 表面。Cu^{2+} 掺杂改变了 TiO$_2$ 表面·OH 与 O$_2$ 质量

比，随着·OH 含量的增加，TCCN/CS-3 亲水性增强，易于电子的捕获，减少了光生载流子复合率。

图 6-18(d) 为 Cu 2p 谱图。Cu $2p_{3/2}$ 和 Cu $2p_{1/2}$ 结合能分别为 934.8 eV 和 954.7 eV。由于玉米秸秆牺牲剂中·OH 的释放，亲水性强度增大，Cu^{2+} 通过轨道自旋断裂光生电子，促使 Cu $2p_{1/2}$ 结合能增大至 954.7 eV。Cu^{2+} 通过电子捕获还原为 Cu^+，Cu^+ 可以将电子转移到 TiO_2 表面吸附的氧上，并加速界面电子转移，可以推测，Cu^{2+} 与 Cu^+ 共存，有助于提高 TCCN 光催化特性，Cu^{2+} 转化如化学反应式(6-3)和式(6-4)所示。

$$Cu^{2+} + e^- \longrightarrow Cu^+ \tag{6-3}$$

$$Cu^+ + O_{ads} \longrightarrow Cu^{2+} + O_{ads}^- \tag{6-4}$$

式中，ads 为吸附态。

图 6-18(e) 为 C 1s 区能谱。CS 体系反应后，C $1s_{3/2}$ 和 C $1s_{1/2}$ 结合能分别为 285 eV 和 286.5 eV。一方面，TCCN/CS 中生物炭的增加，导致复合材料的吸附特性增强，表面的 C=O 键官能团增多，生物炭以及牺牲剂玉米秸秆共同提供强大的电子传输通道，加速光生电子的转移。另一方面，秸秆牺牲剂提供电子后，产生大量的·OH，负载在催化剂表面，增大亲水性，加速了 Cu^{2+} 还原反应，促进了电子消耗，使 C 的结合能增大，与 OR 体系反应后 TCCN 相比，在 287 eV 处出现 C $1s_{1/2}$ 峰。TCCN/CS-3 与 TCN 复合材料相比，两种材料在 287 eV 处均出现 C $1s_{1/2}$ 峰，说明 TCN 中 TiO_2 晶体内部结构虽未发生改变，但其固定在生物炭表面，TCN 中 C 含量高，改变了催化剂表面的亲水性，表面的 C=O 键官能团增多。而 TCN/CS 由于玉米秸秆牺牲剂附着于 TCN 表面，导致复合材料中 C 为主要成分，C $1s_{1/2}$ 结合能强度增强。这可能导致 TCN/CS 复合材料在光催化反应过程中由于组分 C 含量过高，降低了 TiO_2 含量，进而影响了光催化电子传递效率。

由此说明，玉米秸秆的引入在一定程度上能够促进 TCCN 表面形成更多的·OH、氧空位和不饱和化学键，这种特性有利于催化剂表面氧的吸附，进而促进整个光催化氧化反应。但是复合材料中过多疏松多孔的杆状碳结构，可能抑制了 TiO_2 光生电子传递。

4. 不同光催化剂光催化制氢性能对比

在黑暗、模拟太阳光、可见光照射条件下，测定并分析了不同光催化剂 TCCN、TCU、TCN、TiO_2/Pt 在 CS 体系、OR 体系中光催化分解水制氢性能。考察了不同光照强度对复合光催化材料制氢性能的影响。结合实际应用，对复合光催化材料的光稳定性进行了评价。

图 6-19(a)为在黑暗条件下,不同光催化剂在 CS 体系、OR 体系中分解水制氢性能。可以看出,TiO$_2$ 没有光能量的激发,电子未发生迁移,制氢量均接近 0 μmol/g。

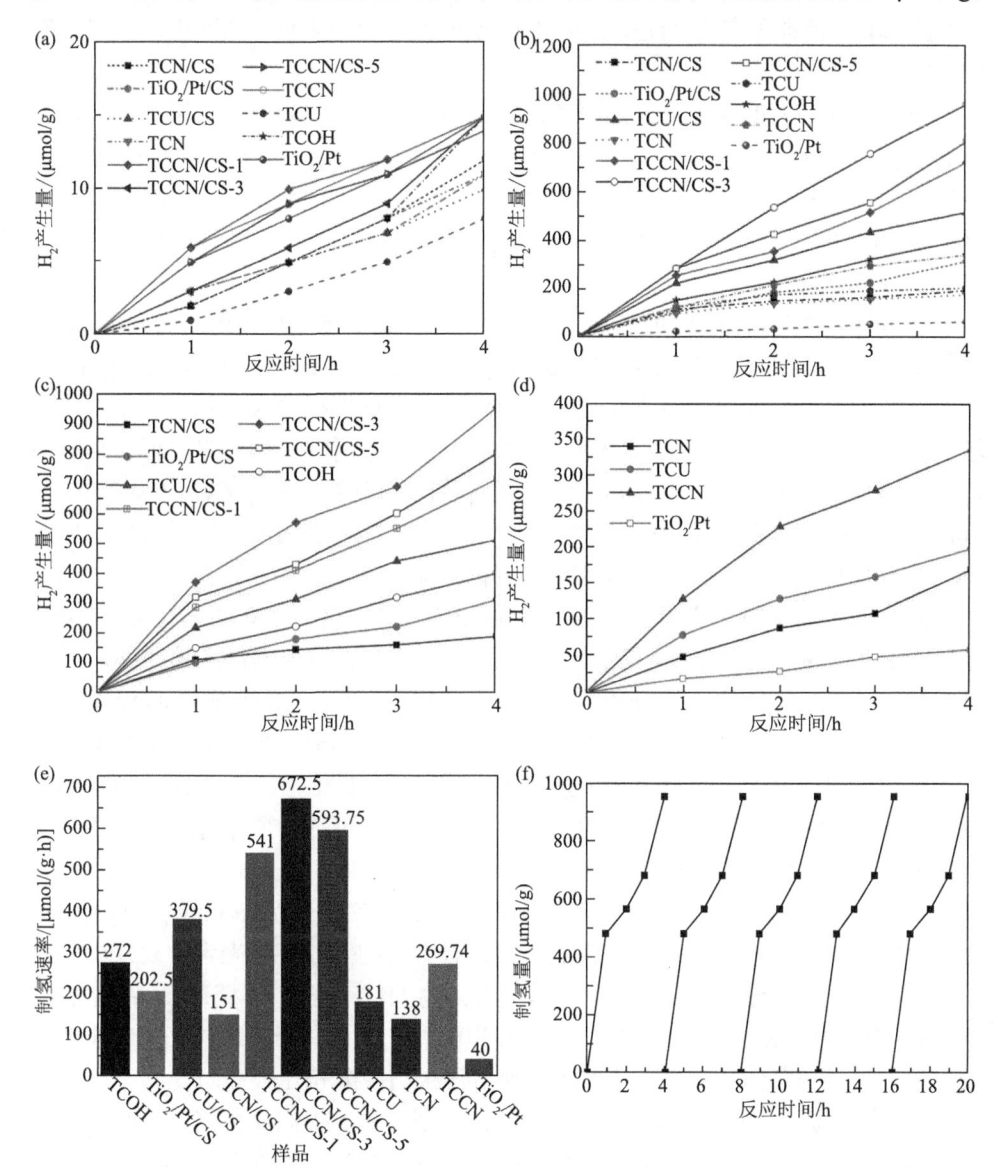

图 6-19 黑暗(a)及可见光(b)条件下不同复合材料光催化分解水制氢性能;(c)CS 系统可见光条件下复合材料制氢量;(d)OR 系统可见光条件下材料制氢量;(e)不同复合材料制氢速率;(f)TCCN/CS-3 制氢量重复实验

图 6-19(b)为在可见光照射下,不同光催化剂在 CS 体系、OR 体系中分解水

制氢性能。可以看出，与 OR 体系相比，CS 体系中光催化剂制氢效率提高至 OR 体系的 1.4～5 倍。这一现象可能是由于玉米秸秆表面活性官能团（·OH、·CHO）被空穴氧化，消耗了空穴，使得光生电子-空穴对复合率降低，从而引起制氢效率的增大。

图 6-19(c) 和 (d) 为可见光照射条件下，不同光催化剂制氢量。制氢量情况为 TCCN/CS-3＞TCCN/CS-5＞TCCN/CS-1＞TCU/CS＞TCOH＞TCCN＞TiO$_2$/Pt/CS＞TCU＞TCN/CS＞TCN＞TiO$_2$/Pt。在 CS 体系中，TCCN/CS-3＞TCCN/CS-5＞TCCN/CS-1＞TCU/CS＞TCOH＞TiO$_2$/Pt/CS＞TCN/CS。在 OR 体系中，TCCN＞TCU＞TCN＞TiO$_2$/Pt。

图 6-19(e) 为在可见光照射下，不同复合材料制氢速率图，可以看出 TCCN/CS-3 平均制氢速率最大[672.5 μmol/(g·h)]，是单纯 TiO$_2$/Pt [40 μmol/(g·h)]制氢速率的 16.8 倍。随着 TCCN 复合材料中 Cu 掺杂比例的增大，制氢速率出现先增大后降低的变化趋势，TCCN/CS-1[541 μmol/(g·h)]中 Cu 的含量过低，形成的 CuO 无法在短时间内与 TiO$_2$ 形成稳定的异质结，而 TCCN/CS-5[593.75 μmol/(g·h)]中 Cu 掺杂含量过大，形成的 CuO 在 TiO$_2$ 表面产生团聚现象，导致 TiO$_2$ 中电荷转移受阻，这与文献[4]中报道的结果一致。

同时，TCCN/CS-3 与 TCN/CS[151 μmol/(g·h)]、TCU/CS[379.5 μmol/(g·h)]相比，制氢速率分别提高 3.4 倍、0.8 倍。这一现象主要是由于 Cu^{2+} 掺杂进入 TiO$_2$ 晶格中与 Ti^{4+} 相互作用，Cu^{2+}(r=0.73 Å)取代了 Ti^{4+}(r=0.61 Å)，形成 CuO 而在 TiO$_2$ 催化剂的表面团聚，基于以往关于 TiO$_2$ 和 CuO 之间形成肖特基异质结的文献，产生的团聚效应促进了 TiO$_2$ 产生的光生电子与水中 H$^+$ 反应，产生 H$_2$。而生物炭具有比表面积大、表面多孔的特性，在 TiO$_2$ 和 CuO 形成异质结过程中，作为复合材料合成的主要载体，保证了异质结的光催化稳定性。

图 6-19(e) 中，TiO$_2$/Pt/CS[202.5 μmol/(g·h)]与 TCOH[272 μmol/(g·h)]相比，制氢速率降低，这是由于甲醇作为牺牲剂，有大量的—OH 与光生空穴发生氧化反应，可以高效地消除空穴，但是与甲醇相比，玉米秸秆表面活性基团（·OH、·CHO）浓度低，消耗空穴能力较甲醇差。但是由于玉米秸秆为农业废弃物，使用玉米秸秆作为牺牲剂所产生的经济效果与甲醇相比较高。

图 6-19(e) 中，TCN/CS 与 TiO$_2$/Pt 相比，制氢速率提高 2.8 倍。TiO$_2$ 与生物炭形成复合材料后，因生物炭独特的大孔道结构及表面多孔的特性，导致 TiO$_2$ 被光激发，其价带中电子跃迁至导带，价带留有空穴，而生物炭的存在能够转移并作为受体，抑制电子-空穴对的重组。TCN/CS 与 TCOH 相比，制氢速率降低。在玉米秸秆作为牺牲剂的光催化体系中，玉米秸秆悬浮液聚集在 TCN 表面，使得光吸收量有所下降，阻碍了 TiO$_2$ 表面电子转移效率，与 TCOH 相比，制氢受到抑制。TCN/CS 与 TCU/CS 相比，制氢速率降低 60.2%，这是由于 TiO$_2$/Cu$_x$O 之间形成了

第6章 玉米秸秆衍生物生物炭复合材料制备及制氢性能

稳定的异质结,导带电子转移,电子-空穴对复合率降低。

图6-20(a)为在模拟太阳光条件下,TCCN、TCU、TCN、TiO$_2$/Pt 在 CS 体系、OR 体系中分解水制氢性能。可以看出,光催化制氢量为 TCCN/CS-3＞TCCN/CS-1＞TCCN/CS-5＞TCU/CS＞TCCN＞TCU＞TCOH＞TiO$_2$/Pt/CS＞TCN＞TCN/CS＞TiO$_2$/Pt。

图6-20(b)为模拟太阳光条件下,复合材料平均制氢速率。可以看出,随着掺杂铜离子浓度的增大,TCCN/CS 光催化制氢速率先增大后减小。这一现象与可见光照射下的制氢效果相同,说明 CuO 在 TiO$_2$ 表面发生团簇效应,过高的 Cu^{2+} 降低了复合材料表面的催化位点。TCCN/CS-3[484.5 μmol/(g·h)]、TCU/CS[295 μmol/(g·h)] 与 TCN/CS[61 μmol/(g·h)] 相比较,制氢速率大幅度提高,说明在模拟太阳光条件下,Cu 的加入对光催化分解水制氢起到了主要作用。CuO 的带隙窄,吸收波长范围较大,可吸收 450 nm 段波长可见光。

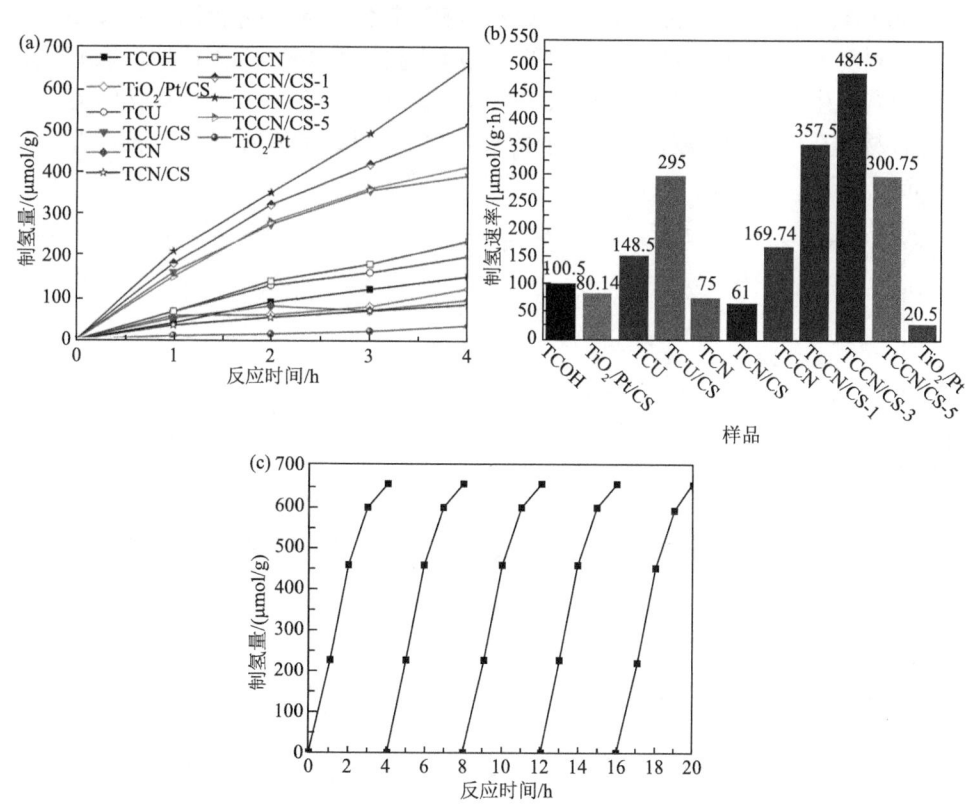

图6-20 太阳光下 TCCN、TCU、TCN、TiO$_2$/Pt 催化剂制氢性能
(a)可见光下复合材料制氢量;(b)不同复合材料制氢速率;(c)TCCN/CS-3 复合材料制氢量重复实验

Cu 与半导体 TiO$_2$ 接触时,表面能带弯曲,半导体与金属之间的电场/电荷转移引起能带边的移动。TCN 复合材料中仅为生物炭及 TiO$_2$,未改变 TiO$_2$ 晶体内部结构,对光吸收能力较差,因而 TCN 的制氢速率较低。

此外,为了研究复合材料 TCCN 在玉米秸秆作为牺牲剂的光催化体系中光催化稳定性,对其制氢效果最佳的 TCCN/CS-3 样品进行了光催化产氢循环实验,如图 6-19(f) 和图 6-20(c) 所示。TCCN/CS-3 复合材料的光催化活性在 20 h 内连续 5 次循环实验过程中无变化。复合材料在可见光驱动的条件下具有光稳定性,证明了其在大规模工业生产中应用的可行性。

5. TiO$_2$/Pt/生物炭/Cu^{2+}复合材料光电特性分析

利用 UV-vis DRS、光电流测定、PL 技术研究了 TCCN/CS-3 复合材料的光电特性。图 6-21(a) 为复合材料的 UV-Vis 谱图。可以看出,单纯的 TiO$_2$ 对 UV(λ< 420 nm)有明显的吸收强度,而对可见光的响应较低。与 TiO$_2$ 相比,TCCN/CS-3 复合材料对 UV 和 VSL 都有明显的吸收,吸收波长为 460 nm。这种现象主要是由于负载与生物炭上的 TiO$_2$ 与 Cu$_x$O 之间形成异质结,其特有的光敏化作用,使得复合材料在可见光区域表现出更强的吸光性。此外,单纯的 TiO$_2$ 光吸收边缘为 400 nm。

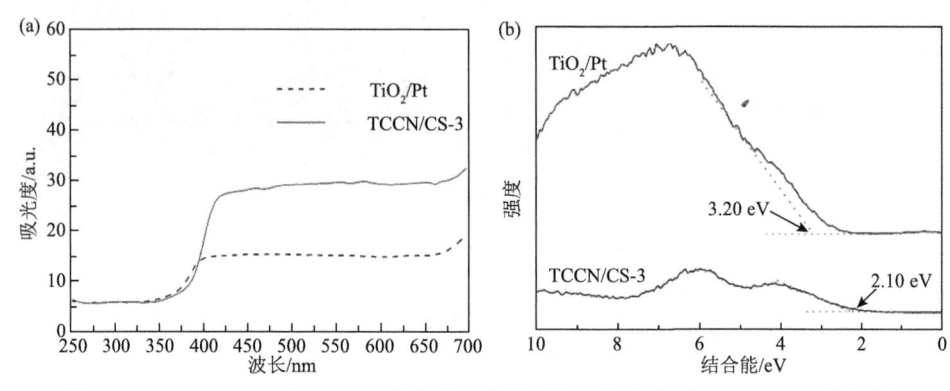

图 6-21 TCCN/CS-3 和 TiO$_2$/Pt 催化材料紫外可见吸收光谱(a) 和 VB-XPS 谱图(b)

根据式(6-2)计算带隙能量 E_g,TiO$_2$ 的带隙为 3.20 eV,TCCN/CS-3 的带隙为 2.10 eV,如图 6-21(b) 所示。

为了进一步研究 TCCN/CS-3 复合材料的光催化性能关键机理,我们进行了 PL 光谱分析,如图 6-22(a) 所示。TCCN/CS-3 复合材料都有一个宽阔的发光峰,峰中心在 450 nm 左右。TCCN/CS-3 复合材料的 PL 发射峰与 TiO$_2$ 相比较弱,表明在生物炭的多孔床层中,TiO$_2$、Cu$_x$O 更易于形成异质结。因此,TCCN/CS-3 复合材料具有更高的 e$^-$ 和 h$^+$ 对的分离效率和优越的光催化性能。此外,测试了

TCCN/CS-3 与 TiO$_2$ 电极的光电流性能，如图 6-22(b)所示。TCCN/CS-3 的光电流密度明显高于 TiO$_2$，表明 TCCN/CS-3 对光生电子-空穴对复合的抑制作用明显增强，与 PL 光谱分析结果一致，进一步证实了复合材料中异质结的形成。

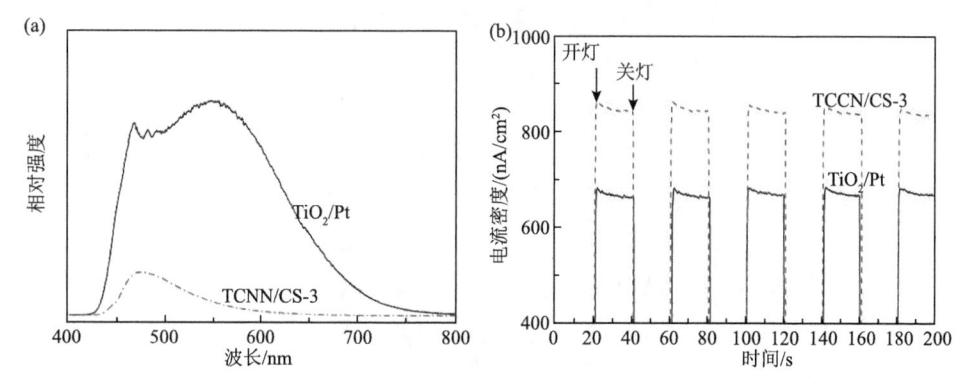

图 6-22　TCCN/CS-3 和 TiO$_2$/Pt 催化材料 PL 谱图(a)和 *I-t* 曲线(b)

6. TiO$_2$/Pt/生物炭/Cu^{2+} 复合光催化剂光催化分解水制氢机理分析

基于以上分析，可以确定 TCCN/CS 复合材料具有较高的光催化活性，以 TCCN/CS-3 为例，TiO$_2$/Pt/生物炭/Cu^{2+} 复合光催化剂分解水制氢的机理如图 6-23 所示。

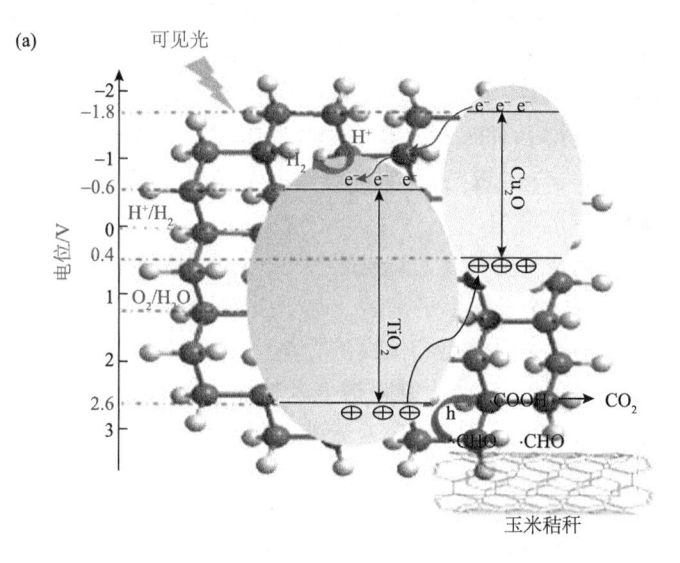

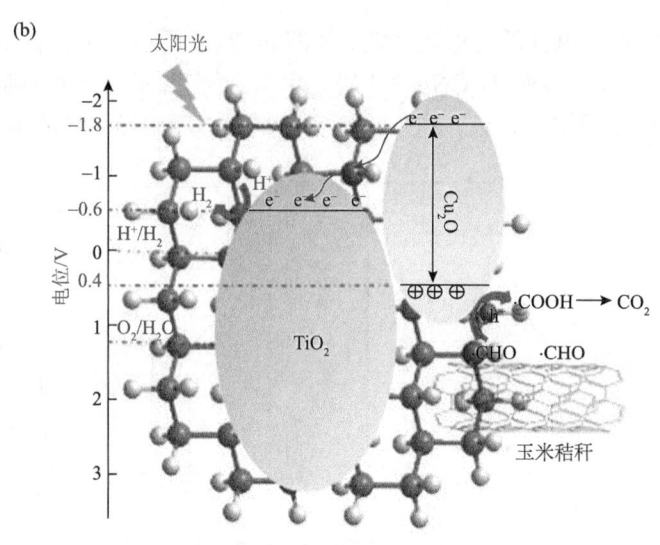

图 6-23　TCCN/CS-3 复合材料光催化分解水制氢机理图
(a)可见光照射下；(b)太阳光照射下

如图 6-23(a)所示，在可见光照射下，由于 CuO 的窄带隙，首先在 CuO 表面产生了光生电子(e^-)和空穴(h^+)对。CuO 的价带(VB)上的电子可以移动到其导带(CB)上。然而，在没有 TiO_2 存在的情况下，CuO 产生的光生电子-空穴对会快速复合，这严重限制其光催化活性。当 TiO_2 与 CuO 形成异质结时，由于 TiO_2 的导电边缘电势比 CuO 低，CuO 上的光生 e^- 很容易通过界面传输到 TiO_2 的 CB 中，呈现一个低势能的传导带。同时，h^+ 保留在 CuO 的 VB 上，TiO_2VB 将 h^+ 空穴转移到较低电势的 Cu_2O，这使得空穴在肖特基异质结中迁移。因此，TiO_2 充当临时电子陷阱，减少光生 e^- 和 h^+ 对的快速复合，进而提高光催化活性。TiO_2 CB 上的 e^- 可以还原吸附的 H^+ 形成 H_2。

如图 6-23(b)所示，在模拟太阳光照射下，CuO 表面在等离子体共振(SPR)作用下，Cu_xO 与 TiO_2 费米能级平衡后，电子由 Cu_xO 的 CB 转移至 TiO_2 表面，生物炭提供较为活跃的表面位点和优良的孔结构，使得 TiO_2 表面吸附 H^+ 与 e^- 反应，产生 H_2。而 CuO 的 VB 产生空穴被玉米秸秆悬浮液中丰富的 CHO·所消耗。在太阳光照射下，TCN 由于其中 TiO_2 未能发生电子跃迁，因此，光催化性能比 TCU 低，这与实验结果一致。

可以看出，在模拟太阳光照射和可见光照射条件下，TCCN/CS 存在两种不同的产氢方式，导致复合材料光催化制氢性能不同。

6.3 碳球掺杂 Cu^{2+} 耦合 2D $g-C_3N_4/WO_3$/生物炭复合材料的制备及其不同光源光催化分解水制氢性能研究

玉米秸秆衍生物生物炭因具有独特的比表面积和孔道结构，可以作为载体，并可提高传统光催化剂 TiO_2/Pt 光催化制氢效率，但是传统的 TiO_2 带隙较宽，且其负载的 Pt 作为贵金属元素价格昂贵，因此采用 $g-C_3N_4$ 新型光催化剂，同时选择金属 Cu 作为助催化剂制备复合光催化材料。本节通过水热合成法制备在碳球中掺杂 Cu^{2+} 耦合 2D $g-C_3N_4/WO_3$/生物炭复合材料。$g-C_3N_4$ 与 WO_3 之间形成异质结，负载在比表面积大的生物炭表面上，使形成的复合 $g-C_3N_4/WO_3$/生物炭光催化剂稳定性增强。碳球包裹 Cu^{2+} 作为助催化剂，促进了 2D $g-C_3N_4/WO_3$/生物炭光生电子迁移，从而提高其光催化活性。同时研究了不同光源下，复合材料制氢性能。

6.3.1 复合材料制备及方法

1. 催化剂的制备

1) 块状 $g-C_3N_4$ 的制备

块状 $g-C_3N_4$ 具体实验步骤如下：

（1）称取 10 g 三聚氰胺，倒入坩埚中，盖上坩埚盖，放入马弗炉中进行煅烧处理。煅烧处理设置程序为升温速率 15℃/min，保持 600℃恒温 2 h。

（2）待煅烧完成后，将坩埚取出并置于阴凉处冷却至室温，所得到的黄色固体结块用石英研钵研磨，保存备用，得到块状 $g-C_3N_4$。

2) $g-C_3N_4$ 纳米片的制备

$g-C_3N_4$ 纳米片采用文献[6]中所述方法制备，稍作修改。具体实验步骤如下：

（1）称取 0.1 g 的块状 $g-C_3N_4$ 粉末，加入 300 mL 30wt%乙醇溶液中，磁力搅拌器搅拌 30 min，转速 300 r/min，形成悬浮溶液。

（2）将(1)中悬浮溶液用去离子水抽滤、洗涤 5 次，放入 60℃恒温干燥箱内烘干 20 h 至恒重，用石英研钵研磨至粉末状。

（3）将(2)中粉末加入到 30 mL 去离子水中，磁力搅拌器搅拌 30 min，转速 300 r/min，形成悬浮溶液。

（4）将(3)中悬浮溶液加入到容积为 100 mL 的以聚四氟乙烯为内衬的不锈钢反应釜中，置于 180℃条件下恒温 24 h。

（5）待反应釜完全冷却后，取出聚四氟乙烯内衬，得到淡黄色液体，用去离子水多次反复抽滤、洗涤，至滤液无明显变化为止，放入 60℃恒温干燥箱内 24 h，烘干至恒重。将所得淡黄色固体用石英研钵研磨至粉状，得到g-C$_3$N$_4$纳米片。

3) WO$_3$材料的制备

WO$_3$采用文献[7]中所述方法制备，稍作修改。具体实验步骤如下：

(1) 配制0.1 mol/L的氯化钠(NaCl)溶液：称取5.8 g的NaCl粉末溶于100 mL去离子水，快速搅拌使其完全溶解，移入1000 mL容量瓶中定容，封存至细口瓶备用。

(2) 配制0.005 mol/L的钨酸钠(Na$_2$WO$_4$)溶液：称取1.65 g的Na$_2$WO$_4$·H$_2$O溶于100 mL去离子水，快速搅拌至完全溶解，移入1000 mL容量瓶中定容，封存至细口瓶备用。

(3) 用移液枪分别抽取10 mL(1)中配制的0.1 mol/L的NaCl溶液，10 mL(2)中配制的0.005 mol/L的Na$_2$WO$_4$溶液于100 mL烧杯中，快速搅拌至完全溶解，缓慢加入10 mol/L的盐酸溶液2 mL，搅拌30 min直至烧杯中溶液出现黄色沉淀为止。

(4) 将(3)中黄色沉淀混合液转入容积为100 mL的以聚四氟乙烯为内衬的不锈钢反应釜中，置于160℃条件下恒温12 h。

(5) 待反应釜完全冷却后，取出聚四氟乙烯内衬，得到黄色液体，用去离子水多次反复抽滤、洗涤，至滤液无明显变化为止，放入60℃恒温干燥箱内24 h，烘干至恒重。将所得黄色固体用石英研钵研磨至粉状，得到WO$_3$粉末。

4) Cu^{2+}掺杂碳球材料的制备

碳球采用文献[8]中所述方法制备，稍作修改。具体实验步骤如下：

(1) 配制0.5 mol/L的葡萄糖溶液：称取9 g葡萄糖溶于30 mL去离子水中，快速搅拌30 min至其完全溶解，加入到100 mL容量瓶中定容，封存至细口瓶中备用。

(2) 配制0.5 mol/L的氯化铜(CuCl$_2$)溶液：称取8.5g CuCl$_2$溶于30 mL去离子水中，快速搅拌30 min至其完全溶解，加入到100 mL容量瓶中定容，封存至细口瓶中备用。

(3) 用移液枪分别抽取20 mL(1)中配制0.5 mol/L的葡萄糖溶液，20 mL(2)中配制0.5 mol/L的CuCl$_2$溶液于100 mL烧杯中，快速搅拌至完全溶解。

(4) 将(3)烧杯中30 mL混合溶液转入容积为100 mL的以聚四氟乙烯为内衬的不锈钢反应釜中，置于160℃条件下恒温22 h。

(5) 待反应釜完全冷却后，取出聚四氟乙烯内衬，得到褐色液体，用去离子水、无水乙醇多次反复抽滤、洗涤，至滤液无明显变化为止，放入55℃真空干燥箱内15 h，干燥至恒重。将所得褐色固体用石英研钵研磨至粉状，得到Cu^{2+}掺杂水热碳球，记为Cu-C-H。

(6) 称取Cu-C-H粉末放于坩埚中，设置管式炉升温程序为升温速率5℃/min，温度550℃，恒温时间4 h。煅烧完成后，粉末温度冷却直至室温，放入60℃恒温干燥箱内24 h，烘干至恒重，研磨，得到热处理后的Cu^{2+}掺杂碳球(Cs)，记为CuCs。

第6章 玉米秸秆衍生物生物炭复合材料制备及制氢性能

5)碳球掺杂 Cu^{2+} 耦合 2D g-C_3N_4/WO_3/生物炭复合材料

采用水热合成法制备碳球掺杂 Cu^{2+} 耦合 2D g-C_3N_4/WO_3/生物炭复合材料,通过改变 CuCs 质量分数为 10%、40%、50%、70%,分别制备不同比例样品,记为 CWB-CuCs-1、CWB-CuCs-4、CWB-CuCs-5、CWB-CuCs-7。以制备样品 CWB-CuCs-1 为例,如图 6-24 所示,具体步骤如下:

(1)称取 0.3 g g-C_3N_4 纳米片、0.3 g WO_3 粉末、0.3 g BC 于石英研钵中研磨均匀,加入 40 mL 乙醇/水混合液(体积比为 1:1)的烧杯中。

(2)将(1)中烧杯置于水浴加热锅中,保持 50℃恒温加热至烧杯中水完全蒸发。

(3)将(2)中烧杯置于 50℃真空干燥箱中烘干 12 h 至恒重,取出,研磨为粉末状。

(4)将(3)中粉末放于坩埚中,设置管式炉升温程序为升温速率 5℃/min,温度 550℃,恒温时间 4 h。煅烧完成后,粉末温度冷却直至室温,放入 60℃恒温干燥箱内 24 h,烘干至恒重,研磨,得到碳球掺杂 Cu^{2+} 耦合 2D g-C_3N_4/WO_3/生物炭复合材料,记为 CWB-CuCs-1。

为了比较所制备复合材料特性,采用相同方法制备单纯 g-C_3N_4/WO_3/BC(以下简称 CWB)、g-C_3N_4/WO_3/BC/Pt(以下简称 CWB-Pt)、g-C_3N_4/WO_3/BC/Cs(以下简称 CWB-Cs)材料。

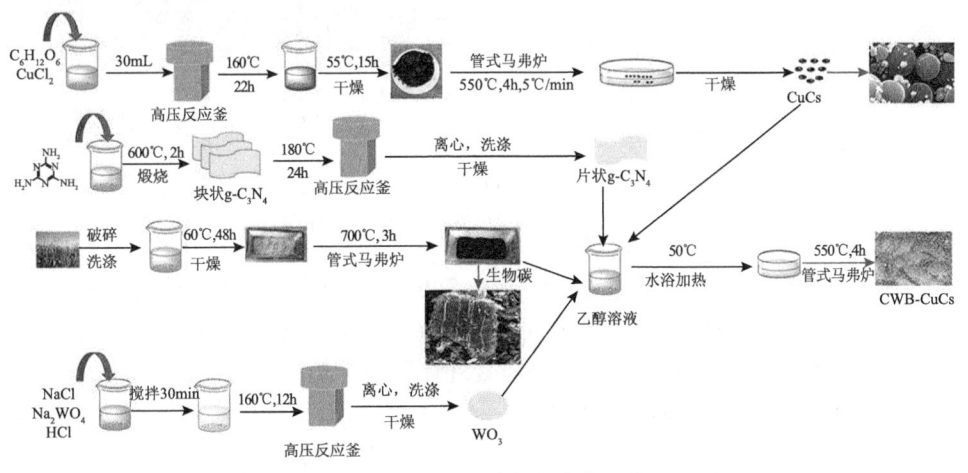

图 6-24 CWB-CuCs 复合材料制备工艺流程图

2. 光催化制氢实验

将制备的不同样品分别在模拟光催化制氢装置和太阳光催化制氢装置中进行测试。将光催化剂换为本次设计材料,牺牲剂为三乙醇胺(TEOA)。

6.3.2 不同光源下光催化分解水制氢性能分析[5]

在紫外光照射下,分析 CWB-CuCs 光催化分解水制氢性能,如图 6-25 所示。

结果表明，随着 CuCs 质量分数的增加，CWB-CuCs 制氢量出现先增大后减小的变化趋势。CWB-CuCs、CWB、g-C$_3$N$_4$/WO$_3$、CWB-Cs、CWB-Pt 制氢量均高于单纯的 g-C$_3$N$_4$，如图 6-25(a)所示。制氢速率分别为 CWB-CuCs-4＞CWB-CuCs-3＞CWB-Cs＞CWB-CuCs-1＞CWB-Pt＞CWB＞g-C$_3$N$_4$/WO$_3$＞CWB-CuCs-7＞g-C$_3$N$_4$，如图 6-25(b)所示。CuCs 质量分数为 40wt%时，CWB-CuCs-4 制氢速率最大为 1965 μmol/(g·h)，是单纯 g-C$_3$N$_4$[312 μmol/(g·h)]的 6.30 倍。CWB-CuCs-4 与同系列复合材料中制氢速率最低的 CWB-CuCs-7[1725 μmol/(g·h)]相比，制氢速率提升 0.1 倍。当助催化剂为 Pt 时，CWB-Pt 制氢速率为 1821 μmol/(g·h)。与 CWB-CuCs 相比，制氢速率仅高于 CWB-CuCs-7，出现这种现象的原因可能为过量 CuCs 将原有 g-C$_3$N$_4$/WO$_3$ 吸光面积减小。

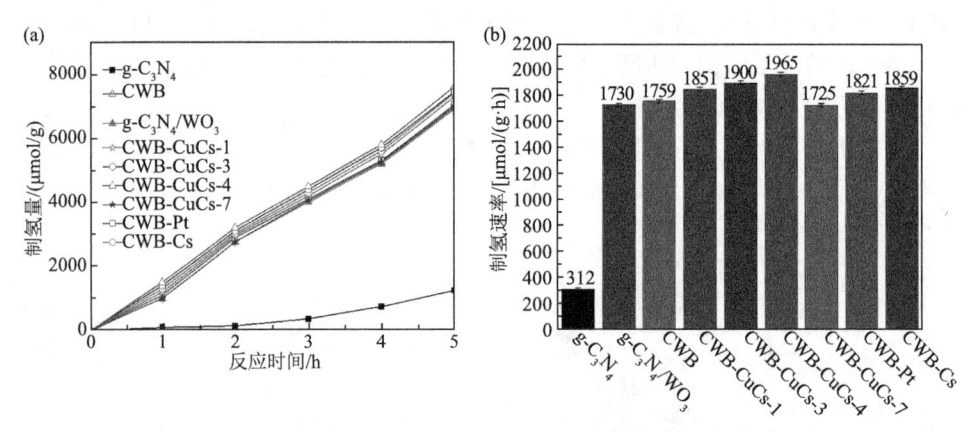

图 6-25 紫外光下 CWB-CuCs 和 g-C$_3$N$_4$ 催化剂制氢性能
(a)复合材料制氢量；(b)不同复合材料制氢速率

在可见光照射下，分析复合材料 CWB-CuCs 光催化分解水制氢性能，如图 6-26 所示。从图 6-26(a)可以看出，当 CuCs 质量分数为 40wt%时，CWB-CuCs 光催化制氢量大幅增大，且制氢量变化趋势与紫外光照射下相同。随着 CuCs 质量分数超过 40wt%，制氢量出现降低现象。图 6-26(b)为不同材料制氢速率。CWB[1580 μmol/(g·h)]与 g-C$_3$N$_4$/WO$_3$[1500 μmol/(g·h)]相比，制氢速率出现微小提升。CWB-CuCs-4 制氢速率为 1900 μmol/(g·h)，优于 g-C$_3$N$_4$/WO$_3$ 复合材料相关文献报道的制氢性能，是单纯 g-C$_3$N$_4$ 的 6.33 倍。CWB-CuCs-4 制氢速率略优于 CWB-Pt[1640 μmol/(g·h)]。

在可见光照射下，研究并验证了 CWB-CuCs-4 复合材料稳定性及可循环性，经连续 5 次循环实验，如图 6-26(c)所示，CWB-CuCs-4 复合材料在 5 次循环实验中，制氢量无明显变化，表明 CWB-CuCs-4 复合材料具有良好的稳定性。

第6章 玉米秸秆衍生物生物炭复合材料制备及制氢性能

图 6-26 CWB-CuCs 和 g-C₃N₄ 催化剂制氢性能

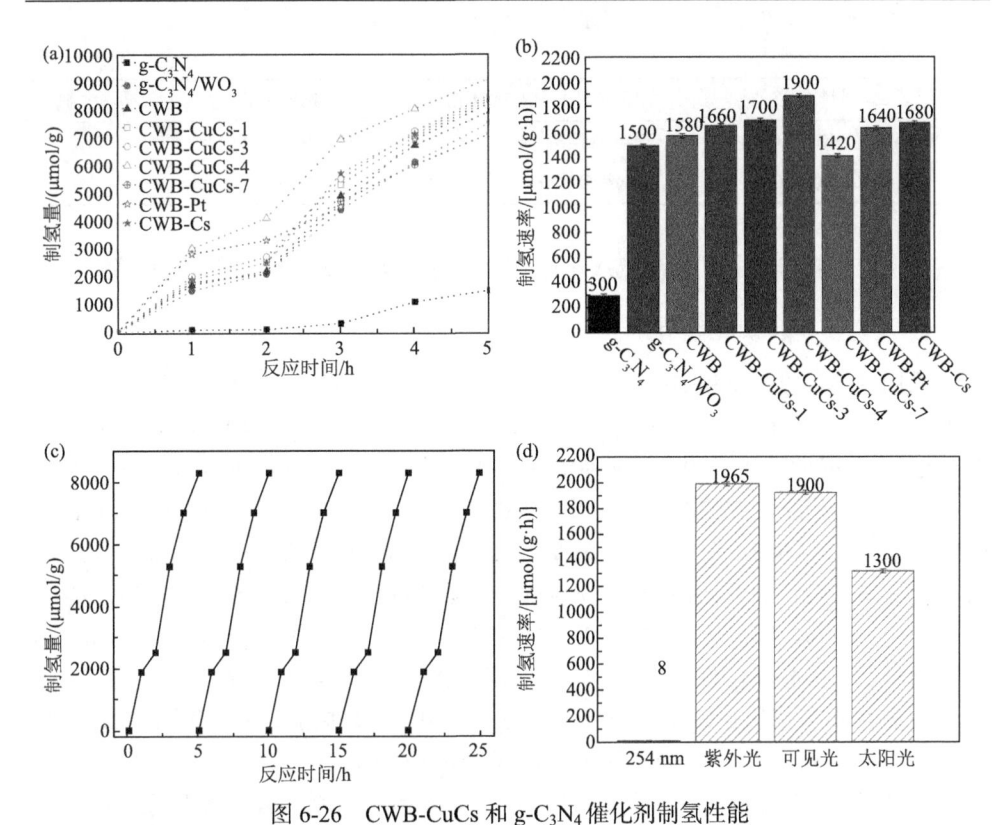

(a)可见光下复合材料制氢量；(b)不同复合材料制氢速率；(c) CWB-CuCs-4 制氢量重复实验；(d)不同光源下 CWB-CuCs-4 制氢速率

同时，我们在以 CWB-CuCs-4 作为光催化剂条件下，对比分析了不同光源(弱光、紫外光、可见光、太阳光)制氢速率的变化情况。结果表明，光催化制氢速率为紫外光＞可见光＞太阳光＞弱光，如图 6-26(d) 所示。在弱光照射下，CWB-CuCs-4 制氢速率极低，仅为 8 μmol/(g·h)。而紫外光和可见光照射下，CWB-CuCs-4 制氢速率相差不大，紫外光源下制氢速率仅是可见光源的 1.03 倍，说明 CWB-CuCs-4 可以较好地吸收可见光能量。此外，将所得的 CWB-CuCs-4 光催化制氢性能与表 6-4 报道的结果进行对比研究，发现 CWB-CuCs-4 复合材料表现出更强的析氢光催化性能。

表 6-4 C₃N₄ 基复合材料光催化制氢效率对比表

材料	合成方法	牺牲剂	制氢速率	参考文献
9wt% WO₃/g-C₃N₄	高温煅烧法	丙三醇	1400 μmol/g	[9]
WO₃/Pt/g-C₃N₄	光诱导沉积法	TEOA	1299.4 μmol/(g·h)	[10]

续表

材料	合成方法	牺牲剂	制氢速率	参考文献
WS$_2$-WO$_3$·H$_2$O/g-C$_3$N$_4$	静电吸附法	乙酸	1276.9 μmol/(g·h)	[11]
g-C$_3$N$_4$/WO$_3$/BC	一锅热合成法	TEOA	1900 μmol/(g·h)	本研究

6.3.3 碳球掺杂 Cu^{2+}耦合 2D g-C$_3$N$_4$/WO$_3$/生物炭复合材料的表征

1. 表观形貌和微观结构分析

采用 SEM、TEM 和 HRTEM 对样品形貌进行了表征。g-C$_3$N$_4$ 纳米片的 TEM 图如图 6-27（a）所示。g-C$_3$N$_4$ 纳米片呈现 2D 薄片结构，且表面光滑，这表明块状 g-C$_3$N$_4$ 剥离过程是成功的，这种特殊薄片结构也可作为其他纳米级光催化材料合成基底。从图 6-27(b)可以看出 CuCs 聚集在一起。图 6-28 是 CuCs 和 CWB-CuCs-4 的 SEM 图。CuCs 呈现均匀球状结构，Cu^{2+}进入碳球内部，并均匀分布在碳球表面，表面圆滑[图 6-28(a)]。有较多的 CWB-CuCs-4 粒子附着于生物炭床层上，CuCs 负载于 g-C$_3$N$_4$ 片状结构中[图 6-28(b)]。图 6-29 为 CWB-CuCs-4 复合材料的 TEM 和 HRTEM 图。研究发现，CWB-CuCs-4 以生物炭为负载床层，其上分布着许多层状 g-C$_3$N$_4$ 纳米片、WO$_3$。另外，HRTEM 图像中显示 WO$_3$ 晶面间距为 0.357 nm，符合其(020)面平面距离，而 g-C$_3$N$_4$、BC、CuCs 为非晶态结构。此外，通过 EDS 分析进一步明确 CWB-CuCs-4 复合材料元素组成和分布情况。EDS 谱图表明 CWB-CuCs-4 中含有 C、N、Cu、W 元素，并给出了各元素的含量，如图 6-30 所示，证明成功制备出了 CWB-CuCs-4 复合材料。

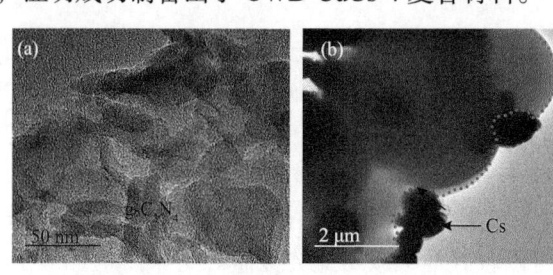

图 6-27 g-C$_3$N$_4$(a)和 CuCs(b)的 TEM 图

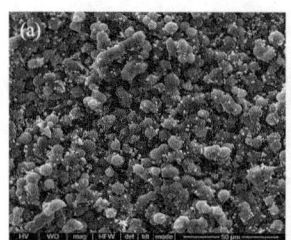

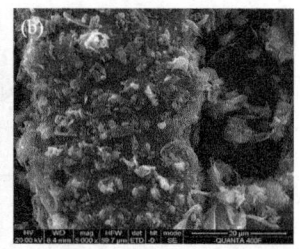

图 6-28 CuCs(a)和 CWB-CuCs-4(b)的 SEM 图

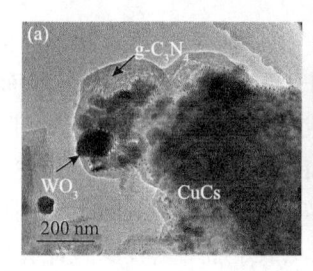

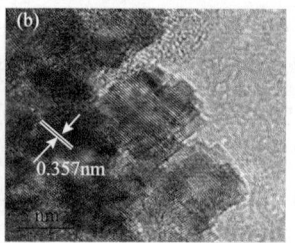

图 6-29 CWB-CuCs-4 复合材料的 TEM 图(a)和 HRTEM 图(b)

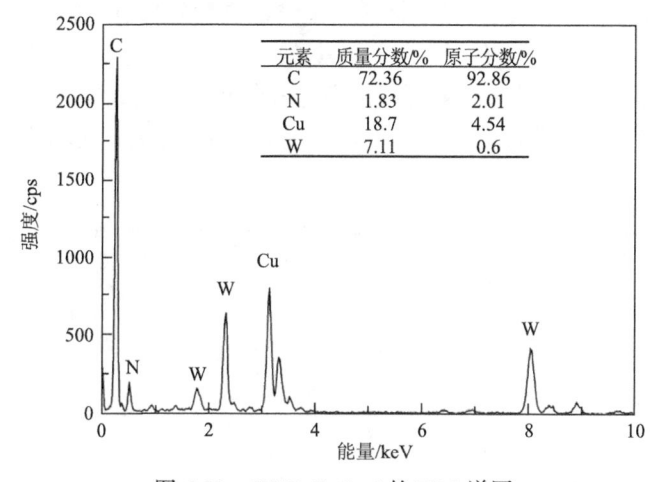

图 6-30 CWB-CuCs-4 的 EDS 谱图

采用 BET 方法研究 g-C$_3$N$_4$ 纳米片、WO$_3$、CuCs、CWB-CuCs-4 样品的多孔性质和比表面积,如表 6-5 所示。g-C$_3$N$_4$ 纳米片、WO$_3$ 比表面积、孔体积和平均孔径较低。g-C$_3$N$_4$ 纳米片 BET 值为 28.88 m^2/g、0.095 cm^3/g、4.16 nm。WO$_3$ 的 BET 值为 4 m^2/g、0.02 cm^3/g、12.3 nm。CuCs 的 BET 值最大,为 1324 m^2/g、3.512 cm^3/g、13.11 nm。与 CuCs 相比,CWB-CuCs-4 的 BET 值较低,分别为 1101 m^2/g、2.12 cm^3/g、12.8 nm。与 g-C$_3$N$_4$ 纳米片、WO$_3$ 相比,CWB-CuCs-4 表现出更多的活性位点。

表 6-5 不同样品孔径参数

样品	比表面积/(m^2/g)	孔体积/(cm^3/g)	平均孔径/nm
g-C$_3$N$_4$	28.88	0.095	4.16
WO$_3$	4	0.02	12.3
CuCs	1324	3.512	13.11
CWB-CuCs-4	1101	2.12	12.8

图 6-31(a)为热处理前后碳球 XRD 谱图。Cs 在 2θ=26°和 57°处出现一强一弱的两个特征峰。这两个特征峰分别对应于石墨的(002)和(100)晶面。与 C—H 相比，Cs 由于经过高温煅烧，内部可能形成 C═C 键，出现石墨化特征。图 6-31(b)显示了不同样品 XRD 谱图。CWB、CWB-CuCs、CWB-Pt、CWB-Cs 复合材料均在 2θ 为 27°、37°、50°(JCPDS No：89-0019)处出现特征峰。然而，所有样品均未观察到 CuCs 的衍射峰，这主要是由于 CuCs 加入量较少且晶化度不高。此外，当 CuCs 含量超过 40%时，CWB-CuCs 复合材料衍射峰强度明显减弱，出现这一现象的主要原因为 CuCs 成为复合材料的主体，质量分数过高，导致 g-C$_3$N$_4$ 主体结构被掩盖，光生电子不易转移。这一现象与 CWB-CuCs 光催化制氢性能变化趋势相同。因而，我们发现 CuCs 可以提高光催化制氢性能，掺杂适当质量分数的 CuCs 对复合材料催化活性尤为重要。这一现象说明，CuCs 成功修饰在 CWB 复合材料表面。

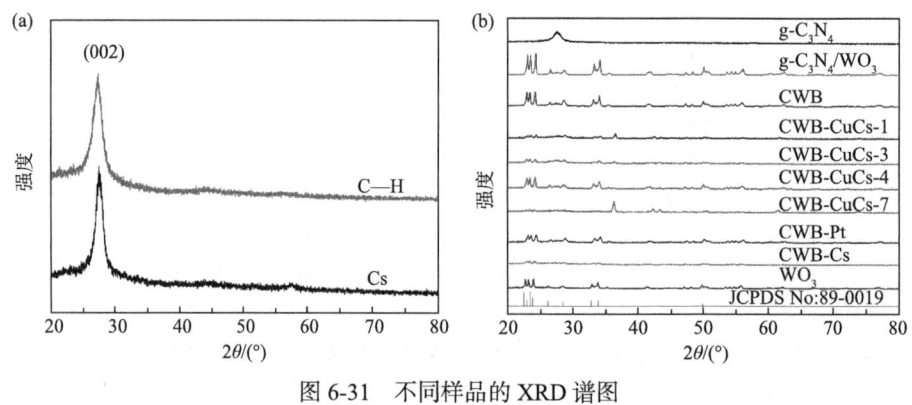

图 6-31　不同样品的 XRD 谱图
(a) C—H 和 Cs；(b) 不同光催化材料

图 6-32 为不同样品的 XPS 谱图。g-C$_3$N$_4$、WO$_3$、CWB-CuCs-4 的 XPS 全谱图如图 6-32(a)所示。CWB-CuCs-4 包含 C、N、O、W、Cu 元素。C、N、W、O、Cu 元素谱图如图 6-32(b)～(f)所示。

图 6-32(b)为 C 1s 谱图。g-C$_3$N$_4$ 的 C 1s 特征峰在 284.8 eV、288.2 eV 位置出现，这主要是由 g-C$_3$N$_4$ 中 sp^2 杂化形成的 C—C 键以及表面吸附的 C═O 键官能团引起的。与 g-C$_3$N$_4$ 相比，CWB-CuCs-4 的 C1s 在 284.8 eV、286.3 eV、288.4 eV 出现特征峰，是掺杂生物炭及碳球引起的。图 6-32(c)和(d)分别为 N 1s、W 4f 谱图。g-C$_3$N$_4$、CWB-CuCs-4 的 N 1s 特征峰分别在 398.7 eV、399.9 eV 和 398.7 eV、400.2 eV 出现。WO$_3$、CWB-CuCs-4 的 W 4f 特征峰分别在 35.6 eV、37.8 eV 和 35.9 eV、38.0 eV 处出现。WO$_3$、CWB-CuCs-4 的 O 1s 特征峰分别在 530.4 eV 和 532.5 eV 出现，如图 6-32(e)所示，这主要是由于表面吸附·OH 及氧气的存在。

图 6-32(f) 为 Cu 2p 谱图。Cu $2p_{1/2}$ 和 Cu $2p_{3/2}$ 特征峰分别为 933.3 eV 和 953.2 eV，这是 Cu^{2+} 进入碳球导致的。

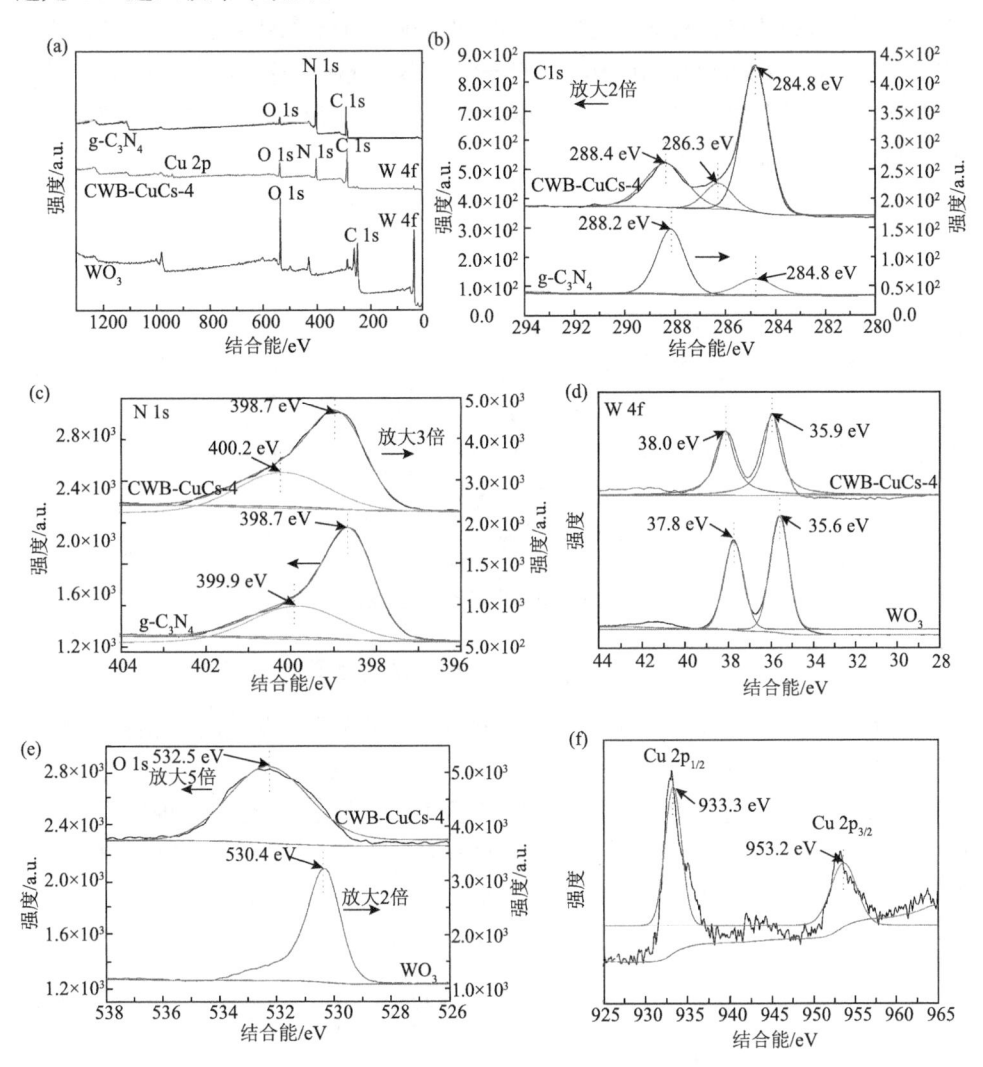

图 6-32　不同复合材料的 XPS 光谱图

(a)全谱图；(b)C 1s 谱图；(c)N 1s 谱图；(d)W 4f 谱图；(e)O 1s 谱图；(f)Cu 2p 谱图

图 6-33 为不同样品的 FTIR 光谱图。WO_3 的特征吸收峰为 808 cm^{-1}、1628 cm^{-1}。g-C_3N_4 特征峰为 808 cm^{-1}、1237 cm^{-1}、1311 cm^{-1}、1462 cm^{-1}、1628 cm^{-1}。与单纯 g-C_3N_4 相比，复合材料 CWB-CuCs、CWB、CWB-Cs 的吸收峰范围未改变，均在 800~1650 cm^{-1}。这一结果表明，g-C_3N_4、WO_3、生物炭、CuCs 四种材料合成的复合光催化材料主体结构仍为 g-C_3N_4。在 808 cm^{-1}、1237 cm^{-1}、1311 cm^{-1}、

1462 cm^{-1}、1628 cm^{-1} 处的特征峰分别是 g-C$_3$N$_4$ 碳氮环上的 C=N、C—N、C—OH、—NH$_2$、—NH 伸缩振动吸收峰。CWB-Cs 在 3421 cm^{-1} 位置出现的特征峰是—OH 伸缩振动峰，与饱和 C—H 伸缩振动吸收峰(3100~3200 cm^{-1})重叠。CWB-CuCs-4 与 CWB-Cs 谱图相比，C=C 吸收峰减弱。这可能是由于 Cu^{2+} 进入碳球中，削减了生物炭 C=C 键的强度导致的。这表明 Cu^{2+} 掺杂碳球，成功制备出 CWB-CuCs-4 复合材料。

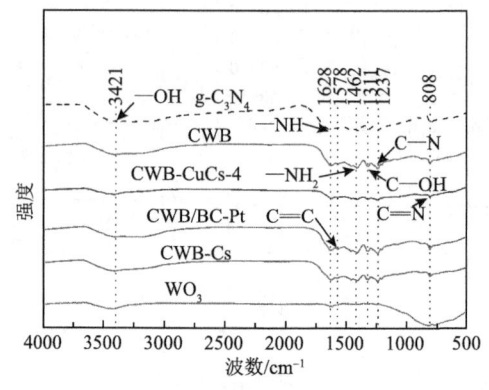

图 6-33　不同样品的 FTIR 谱图

2. 碳球掺杂 Cu^{2+} 耦合 2D g-C$_3$N$_4$/WO$_3$/生物炭光电特性分析

图 6-34 为不同样品的 UV-vis DRS 谱图。结果表明，单纯的 g-C$_3$N$_4$ 和 WO$_3$ 对紫外光(λ<420 nm)有明显的吸收强度，而对可见光响应较低。与之相比，CWB-CuCs 复合材料对紫外光和可见光都有明显的吸收。发生这种现象可能的原因是负载于生物炭上的 g-C$_3$N$_4$、WO$_3$ 之间形成异质结。然而，当加入 CuCs 时，其特有的光敏化作用使得复合材料在可见光区域表现出更强的吸光性。

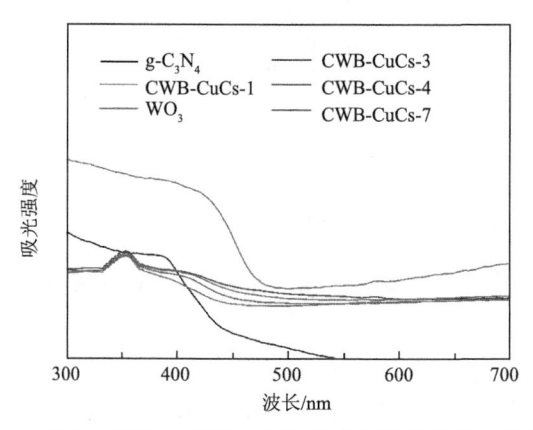

图 6-34　g-C$_3$N$_4$、WO$_3$、CWB-CuCs 复合材料的 UV-vis DRS 谱图

经计算,得到 g-C$_3$N$_4$ 带隙为 2.8 eV,WO$_3$ 带隙为 2.5 eV,如图 6-35 所示。另外,通过 XPS 价带谱测定了 g-C$_3$N$_4$ 纳米片和 WO$_3$ 的带边,如图 6-36 所示。结果表明,g-C$_3$N$_4$ 纳米片和 WO$_3$ 的 E_{VB} 分别是 2.06 eV 和 2.92 eV。根据式(6-5):

$$E_{VB} = E_{CB} + E_g \tag{6-5}$$

得到 g-C$_3$N$_4$ 纳米片和 WO$_3$ 的 E_{CB} 分别是-0.74 eV 和 0.42 eV。

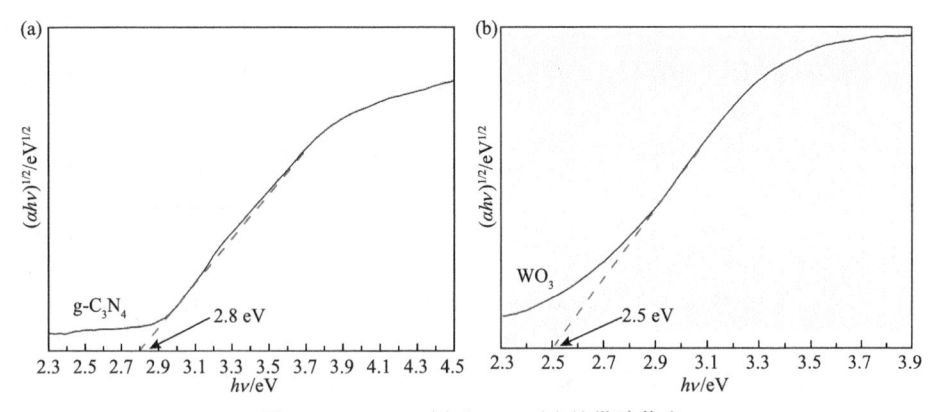

图 6-35　g-C$_3$N$_4$(a) 和 WO$_3$(b) 的带隙信息

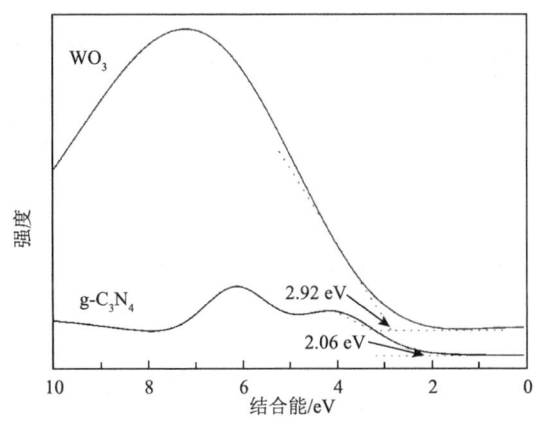

图 6-36　g-C$_3$N$_4$ 和 WO$_3$ 的 VB-XPS 谱图

为了进一步研究 CWB-CuCs 复合材料光催化性能机理,分析了 PL 光谱,如图 6-37(a) 所示。结果表明,g-C$_3$N$_4$ 和 CWB-CuCs-4 都有一个宽阔的发光峰,峰中心在 450 nm 左右。CWB-CuCs-4 的 PL 发射峰与 g-C$_3$N$_4$ 相比较弱,表明在生物炭的多孔床层中,g-C$_3$N$_4$ 与 WO$_3$ 易于形成异质结,使得复合材料中激发的电子快速转移。CWB-CuCs-4 具有更高的 e$^-$ 和 h$^+$ 对分离效率。此外,测量了复合材料的光电流性能，如图 6-37(b)所示。CWB-CuCs-4 光电流密度明显高于 g-C$_3$N$_4$，表明 CWB-CuCs-4 中光生电子-空穴对较难复合，与 PL 分析结果一致，进一步证实了 CWB-CuCs-4 中异质结的形成。同时，CuCs 可以作为助催化剂，提供更加丰富的表面活性位点，加速光生电子转移。

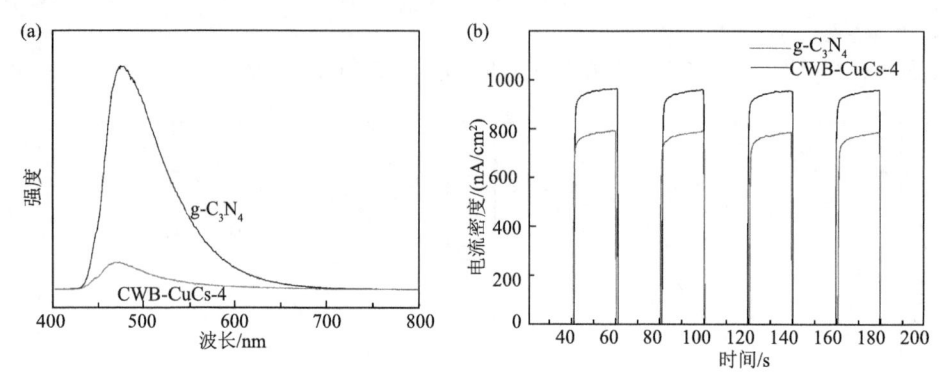

图 6-37 CWB-CuCs-4 和 g-C$_3$N$_4$ 的 PL 谱图(a)和 I-t 曲线(b)

3. 碳球掺杂 Cu^{2+}耦合 2D g-C$_3$N$_4$/WO$_3$/生物炭光催化制氢机理分析

基于以上分析，可以确定 CWB-CuCs 具有较高的光催化活性。与此同时，对复合材料 CWB-CuCs-4 的 EPR 谱图进行分析。图 6-38(a)中，单纯的 WO$_3$ 与 CWB-CuCs-4 的 DMPO-·OH 信号较强。DMPO-·OH 信号强表明在制备的复合材料 CWB-CuCs-4 中 g-C$_3$N$_4$ 与 WO$_3$ 之间形成异质结，这种异质结使光生电子转移路径发生改变，原本 g-C$_3$N$_4$ 产生的空穴被消耗掉，而 WO$_3$ 表现出更多的空穴特性。图 6-38(b)中，g-C$_3$N$_4$ 的 DMPO-·O$_2^-$信号强表明 g-C$_3$N$_4$ 与 WO$_3$ 相比，光生电子在 g-C$_3$N$_4$ 表面居多，而 WO$_3$ 表面电荷转移到 g-C$_3$N$_4$ 空穴位置，消耗了 g-C$_3$N$_4$ 产生的空穴，由此可见，CWB-CuCs-4 中 g-C$_3$N$_4$ 与 WO$_3$ 可能形成了 Z 型异质结。

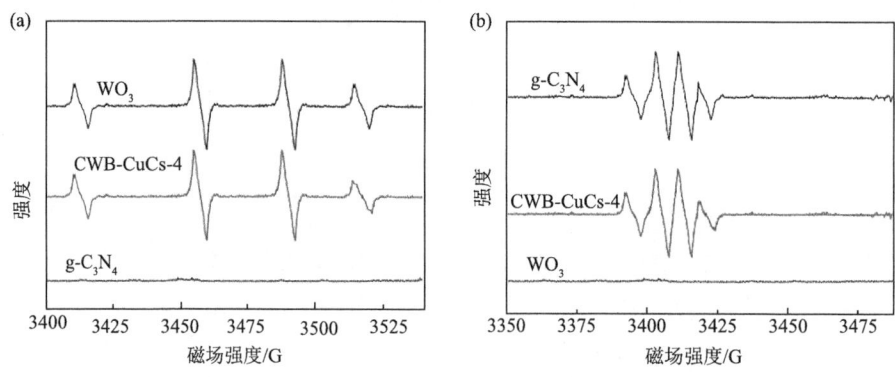

图 6-38 g-C$_3$N$_4$、CWB-CuCs-4 和 WO$_3$ 的 EPR 谱图
(a) DMPO-·OH；(b) DMPO-·O$_2^-$

图 6-39 为 CWB-CuCs 复合材料可能的光催化反应机理。在可见光照射下，g-C$_3$N$_4$ 和 WO$_3$ 的 VB 和 CB 分别产生电子和空穴，在 CWB-CuCs 复合材料界面处，WO$_3$ 的 CB 产生的光生电子传递到 g-C$_3$N$_4$ 的 VB 上，与其产生的空穴重新复合，而 g-C$_3$N$_4$ 的 CB 处产生光生电子迅速迁移到 CuCs 助催化剂表面，促进了 g-C$_3$N$_4$ 中光生电子与水中 H$^+$ 反应，产生 H$_2$。WO$_3$ 的 VB 产生空穴与牺牲剂 TEOA 发生氧化反应。

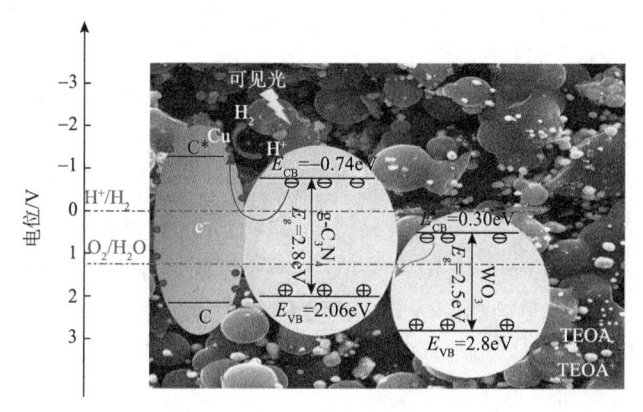

图 6-39　CWB-CuCs 复合材料光催化反应机理示意图

6.4　小　　结

新型生物质光催化体系中，玉米秸秆悬浮液作为牺牲剂，TiO$_2$/Pt 光催化剂负载于玉米秸秆衍生物生物炭表面，得出以下结论及建议：

(1) 玉米秸秆衍生物生物炭作为载体，TiO$_2$/Pt 负载于大比表面积生物炭中，增加了其比表面积，提高了复合材料的光生载流子转移速率，加快了电荷分离效率。随着生物炭质量分数的增加，复合材料 TBC-X% 制氢速率出现先增大后减小的变化趋势。生物炭掺杂的最佳质量分数为 70%，在紫外光照射下，制氢速率是单纯 TiO$_2$/Pt 的 7 倍。

(2) 玉米秸秆作为牺牲剂与无任何牺牲剂体系相比，TBC-70% 复合材料中存在玉米秸秆作为牺牲剂的体系中，制氢速率明显提升，是无牺牲剂体系的 3 倍。随着玉米秸秆牺牲剂质量分数的增大，光催化分解水制氢量出现先增大后减小的变化趋势。在紫外光照射下，当玉米秸秆质量分数达到 30% 时，制氢速率达到 262.5 μmol/(g·h)，与单纯 TiO$_2$/Pt 相比，提高了 20.7 倍。

在玉米秸秆悬浮剂作为牺牲剂的光催化体系中，制备出的 TCCN/CS 复合光催化材料，通过表征技术证实了其具有较好的可见光响应以及较高的光稳定性。与单纯的 TiO$_2$ 及 TiO$_2$/CuO 异质结相比，得出以下结论及建议：

（1）在可见光、模拟太阳光照射条件下，TCCN/CS-3 复合材料表现出最佳的光催化分解水制氢活性，制氢速率分别为 484.5 μmol/(g·h)、672.5 μmol/(g·h)，是单纯 TiO$_2$/Pt 产氢的 23.6 倍、16.8 倍。

（2）分析了可见光、太阳光照射下，复合材料分解水制氢的机理分析。在可见光照射下，TiO$_2$ 与 Cu$_x$O 表面在生物炭的协同作用下，表面形成的肖特基异质结在界面电荷转移过程中起到主要作用。在模拟太阳光照射下，生物炭多孔结构及 CuO 表面等离子体共振起到主要的分解水制氢作用。

成功制备出 CWB-CuCs 复合光催化材料，并通过表征技术证实了其具有较好的可见光响应以及较大的比表面积，得出以下结论及建议：

（1）与单纯的 g-C$_3$N$_4$、WO$_3$、g-C$_3$N$_4$/WO$_3$ 异质结相比，CWB-CuCs-4 光生 e$^-$ 和 h$^+$ 的分离效率更高。CWB-CuCs-4 复合材料的光催化性能最强，在可见光照射下，制氢量达到 1900 μmol/(g·h)，是单纯 g-C$_3$N$_4$ 制氢速率的 6.33 倍。

（2）CWB-CuCs-4 复合材料表现出高光催化性能的主要原因为 g-C$_3$N$_4$ 和 WO$_3$ 在生物炭上形成稳定的 Z 型异质结，与 CuCs 助催化剂协同作用，增大了复合光催化剂的比表面积和可见光的吸收强度。

（3）CWB-CuCs-4 光催化制氢作用机理，一方面为 CuCs 在复合材料表面提供丰富的光催化反应活性位点，在光催化过程中表现出高效的助催化剂性能；另一方面为生物炭床层结构使得 g-C$_3$N$_4$ 和 WO$_3$ 之间形成的异质结更加稳定，有效抑制了光生电子-空穴对的复合。

（4）随着掺杂 CuCs 质量分数的增加，CWB-CuCs 复合材料制氢速率出现先增大后变小的变化趋势，且在紫外光和可见光源照射下，制氢速率变化趋势一致。在不同光源照射下，制氢速率为紫外光＞可见光＞太阳光＞弱光，紫外光源制氢速率仅是可见光源的 1.03 倍。

参 考 文 献

[1] 周云龙，孙萌. 玉米秸秆牺牲剂对 TiO$_2$/Pt/生物碳光催化水制氢性能影响[J]. 农业工程学报, 2021, 37(24)：232-239.

[2] 林东尧. 光催化重整玉米秸秆分解水制氢性能研究[D]. 吉林：东北电力大学, 2023.

[3] Zhou Y L, Sun M. Considering photocatalytic activity of Cu^{2+}/biochar-doped TiO$_2$ using corn straw as sacrificial agent in water decomposition to hydrogen[J]. Environmental Science and Pollution Research. 2021, 9(25): 1-21.

[4] Tsai C G, Tseng W J. Preparation of TiN-TiO$_2$ composite nanoparticles for organic dye adsorption and photocatalysis[J]. Ceramics International, 2020, 46: 14529-14535.

[5] Zhou Y L, Sun M. 3D g-C$_3$N$_4$/WO$_3$/biochar/Cu^{2+}-doped carbon spheres composites: Synthesis and visible-light-driven photocatalytic hydrogen production[J]. Materials Today Communication, 2022, 30: 103084.

[6] Zhou Y L, Lin D Y, Ye X Y, et al. Facile synthesis of sulfur doped Ni(OH)$_2$ as an efficient co-catalyst for g-C$_3$N$_4$ in photocatalytic hydrogen evolution[J]. Journal of Alloys and Compounds, 2020, 839(25): 155691.

[7] Zhou Y L, Ye X, Lin D Y. Enhance photocatalytic hydrogen evolution by using alkaline pretreated corn stover as a sacrificial agent [J]. International Journal of Energy Research, 2020, 44(1): 4616-4628.

[8] Lin D Y, Zhou Y L, Ye X Y, et al. Construction of sandwich structure by monolayer WS$_2$ embedding in g-C$_3$N$_4$ and its highly efficient photocatalytic performance for H$_2$ production[J]. Ceramics International, 2020, 46(9): 12933-12941.

[9] Kadi M W, Mohamed R M. Increasing visible light water splitting efficiency through synthesis route and charge separation in measoporous g-C$_3$N$_4$ decorated with WO$_3$ nanoparticles[J]. Ceramics International, 2019, 45: 3886-3893.

[10] Qin Y, Lu J. Rationally constructing of a novel 2D/2D WO$_3$/Pt/g-C$_3$N$_4$ Schottky-Ohmic junction towards efficient visible-light-driven photocatalytic hydrogen evolution and mechanism insight[J]. Journal of Colloid and Interface Science, 2020, 586: 576-587.

[11] Liu M, Wei S, Chen W. Construction of direct Z-scheme g-C$_3$N$_4$/TiO$_2$ nanorod composites for promoting photocatalytic activity[J]. Journal of the Chinese Chemical Society, 2020, 67: 246-252.

第 7 章 玉米秸秆衍生物碳微球复合材料的制备及制氢性能

与传统石墨化碳球和芳香类聚合物微球不同，以生物质衍生物为碳源，通过水热炭化制备的碳微球，表面有丰富的亲水性基团，十分有利于纳米颗粒的负载，且同时具备碳球传递电子特性。而以玉米秸秆为原料制备的碳微球，同样具备碳球的比表面积大、球状结构和传递电子特点，且制备成本低，可持续利用效率高。将玉米秸秆制备成碳微球结构，并将其与 g-C_3N_4 与 WO_3 负载，利用碳微球较大比表面积的特点，形成稳定光催化剂。本章以玉米秸秆为碳源，通过水热合成法制备出 2D g-C_3N_4/WO_3/碳微球、g-C_3N_4/CdS/碳微球复合异质结光催化纳米材料。同时研究了 2D g-C_3N_4/WO_3/碳微球在不同光源照射、碳微球不同掺杂比条件下，光催化分解水制氢性能。

7.1 2D g-C_3N_4/WO_3-碳微球复合材料的制备及其在不同光源下光催化分解水制氢性能研究

7.1.1 材料的制备及方法

1. 催化剂的制备

1) 玉米秸秆衍生物碳微球的制备

碳微球采用文献[2]中所述方法制备，稍作修改。具体实验步骤如下：

(1) 将回收的玉米秸秆采用与制备生物炭相同的前处理方式洗涤、破碎。

(2) 将(1)中破碎的玉米秸秆放入球磨机内，在转速 220 r/min 下，球磨 10 h。

(3) 配制 0.05 mol/L 的氢氧化钠(NaOH)溶液：称取 2 g NaOH 溶于 100 mL 去离子水中，快速搅拌溶解，移入 1000 mL 容量瓶中定容，封存至细口瓶备用。

(4) 用移液枪抽取 50 mL (3)中配制的 0.05 mol/L NaOH 溶液于 100 mL 烧杯内。加入 0.3 g 尿素，缓慢搅拌至其溶解，形成混合溶液。

(5) 将(2)中球磨后的 1 g 玉米秸秆粉末缓慢加入到(4)配制的混合溶液中，采用磁力搅拌器以转速 200 r/min，搅拌 12 h。

(6) 将(5)中搅拌后的悬浮溶液转入容积为 100 mL 的以聚四氟乙烯为内衬的不锈钢反应釜中，置于 250℃条件下恒温 16 h。

(7) 待反应釜完全冷却后，取出聚四氟乙烯内衬，得到悬浮液，用去离子水、无水乙醇多次反复抽滤、洗涤，至滤液无明显变化为止，放入 60℃恒温干燥箱内 24 h，烘干至恒重。将所得固体用石英研钵研磨至粉状，得到水热碳微球，记为 BCS-H。

(8) 取适量研磨后的 BCS-H 粉末放于坩埚中，设置管式炉升温程序为升温速率 5℃/min，温度 550℃，恒温时间 4 h。煅烧完成后，粉末温度冷却直至室温，放入 60℃恒温干燥箱内 24 h，烘干至恒重，研磨，得到热处理后的碳微球，简称为 BCS。

2) g-C$_3$N$_4$/WO$_3$/碳微球复合光催化材料的制备

采用水热合成法制备 g-C$_3$N$_4$/WO$_3$/碳微球复合材料，g-C$_3$N$_4$ 和 WO$_3$ 制备方式与 6.3.1 节相同，在 g-C$_3$N$_4$ 纳米片制备过程将高压反应釜中恒温温度改为 180℃恒温 24 h，其余步骤不变。通过改变 BCS 质量分数为 10%、30%、50%、70%，分别制备不同比例样品，记为 CWBCS-1、CWBCS-3、CWBCS-5、CWBCS-7。以制备样品 CWBCS-1 为例，如图 7-1 所示，具体步骤如下：

(1) 称取 0.45 g g-C$_3$N$_4$ 纳米片、0.45 g WO$_3$ 粉末、0.1 g BCS 于石英研钵中研磨均匀，加入 40 mL 乙醇/水混合液(体积比为 1∶1)的烧杯中。

(2) 将(1)中烧杯置于水浴加热锅中，保持 50℃恒温加热至烧杯中水完全蒸发。

(3) 将(2)中烧杯置于 50℃真空干燥箱中烘干 12 h 至恒重，取出，研磨为粉末状。

(4) 将(3)中粉末放于坩埚中，设置管式炉升温程序为升温速率 5℃/min，温度 550℃，恒温时间 4 h。煅烧完成后，放入 60℃恒温干燥箱内 24 h，烘干至恒重，研磨，得到 CWBCS-1。

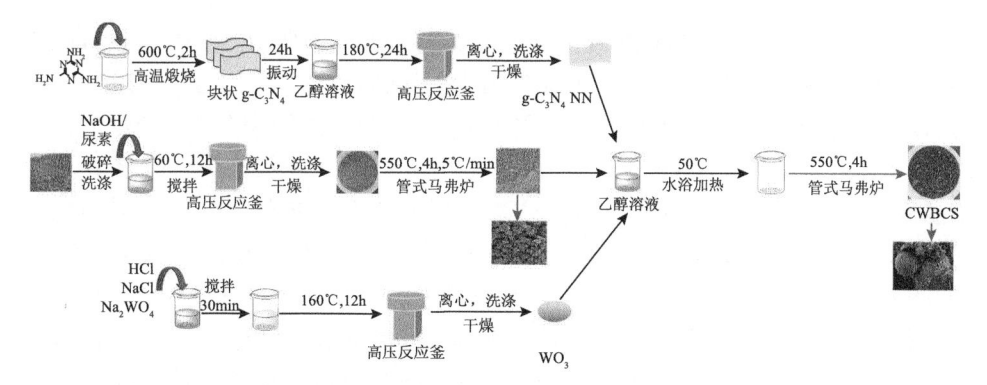

图 7-1 CWBCS 复合材料制备工艺流程图

为了比较所制备的复合材料的特性，采用相同方法制备单纯 g-C$_3$N$_4$(以下简称 g-C$_3$N$_4$ NN)、g-C$_3$N$_4$/WO$_3$、g-C$_3$N$_4$/BCS、WO$_3$/BCS 材料。

2. 光催化制氢实验方法

将制备的不同样品分别在模拟光催化制氢装置和太阳光催化制氢装置中测试。将光催化剂换为本次设计材料，牺牲剂为三乙醇胺(TEOA)。

7.1.2 不同光源下光催化分解水制氢性能分析

在紫外光、可见光、太阳光、弱光源下，测定并分析复合材料 CWBCS 光催化分解水制氢性能。在紫外光照射下，CWBCS 在 TEOA 牺牲剂溶液中光催化产氢性能如图 7-2 所示。结果表明，当 BCS 质量分数为 30%时，CWBCS 光催化制氢量大幅增大，为 11600 μmol/g。随着 BCS 质量分数增大，制氢量出现先增大后降低的变化趋势，如图 7-2(a)所示。BCS 质量分数为 30%时，光催化制氢速率最大，为 2530 μmol/(g·h)，与 g-C$_3$N$_4$/WO$_3$[1300 μmol/(g·h)]相比，提升至 1.95 倍。

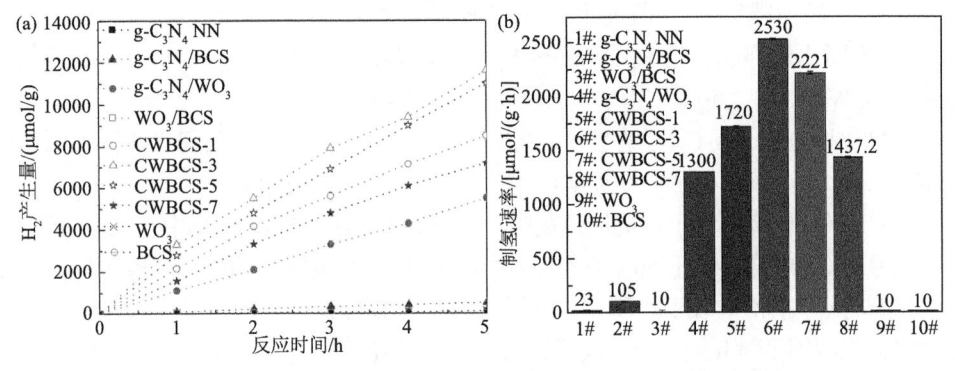

图 7-2 紫外光照射下复合材料光催化制氢量(a)与制氢速率(b)

在可见光照射下，CWBCS 光催化产氢性能如图 7-3 所示。由于 WO$_3$ 的 VB 高于可逆氢势能，因此 WO$_3$ 本身不能作为光催化制氢材料。图 7-3(a)表明，单纯的 WO$_3$ 光催化活性可以忽略不计，在制备 WO$_3$ 过程中极少发生还原反应，对 CWBCS-3 光催化活性影响微弱。制氢量与紫外光照射下变化趋势相同，随着 BCS 质量分数增大，制氢量出现先增大后减小现象。紫外光源与可见光源相比，CWBCS-3 制氢速率仅提升 0.01 倍。图 7-3(b)为复合材料制氢速率。CWBCS 与 g-C$_3$N$_4$/WO$_3$ 相比，制氢速率大幅度提升，说明碳微球的加入对 g-C$_3$N$_4$ NN 的光催化性能有一定影响。CWBCS-3 制氢速率为 2500 μmol/(g·h)，是单纯的 g-C$_3$N$_4$ NN [23.20 μmol/(g·h)]的 107.75 倍，与 g-C$_3$N$_4$/WO$_3$[1102.80 μmol/(g·h)]相比提高 1.27 倍。CWBCS 复合材料中，随着碳微球含量的增大，制氢速率出现先增大后减小的现象,其中 CWBCS-1 为 1700.00 μmol/(g·h)、CWBCS-5 为 2200.00 μmol/(g·h)、CWBCS-7 为 1437.20 μmol/(g·h),这主要是由于过量的碳微球覆盖 g-C$_3$N$_4$/WO$_3$ 材料本身,有遮光作用,导致电子跃迁障碍[1]。

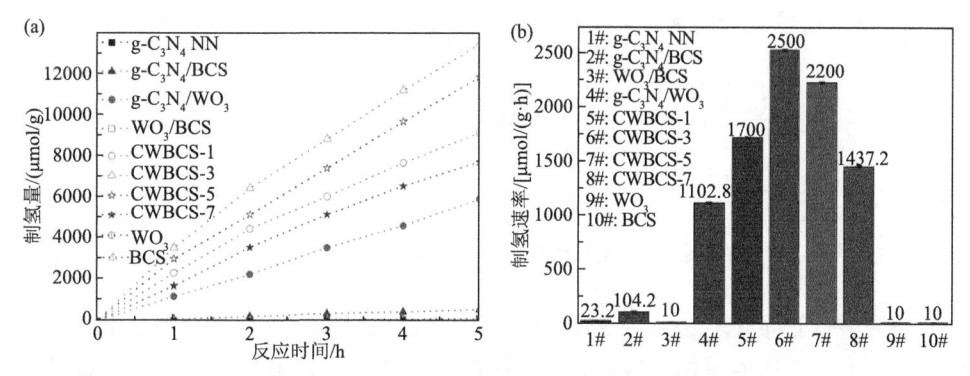

图 7-3 可见光照射下复合材料光催化制氢量(a)与制氢速率(b)

为考察 CWBCS 复合材料工业化生产的可行性,在太阳光照射条件下,分析 CWBCS 复合材料制氢性能,如图 7-4 所示。图 7-4(a)表明,与紫外光和可见光照射相比,太阳光照射制氢效率普遍降低,这可能是由于太阳光照射强度较弱,导致光生电子跃迁能力不足。图 7-4(b)结果表明,在光强变化的情况下,虽然 CWBCS-3 制氢速率降为可见光下的 65.46%,但其制氢速率仍为可见光条件下单纯 g-C$_3$N$_4$ NN 的 70.54 倍,说明碳微球的加入增强了 CWBCS 复合材料的光敏性。

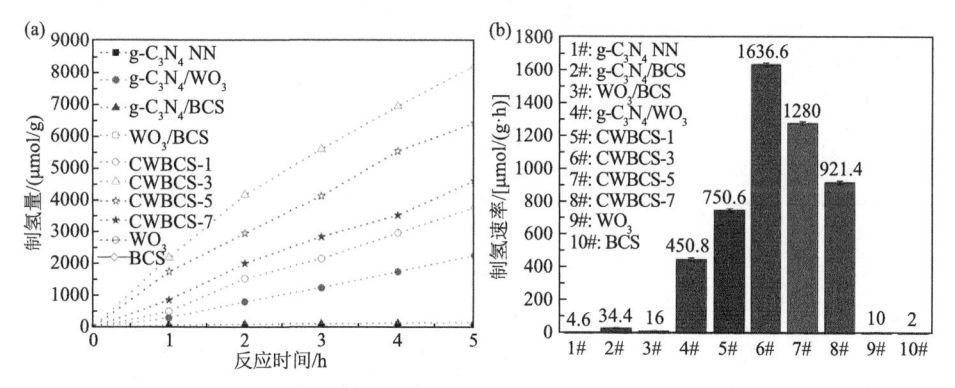

图 7-4 太阳光照射下复合材料光催化制氢量(a)与制氢速率(b)

在不同光源下,CWBCS-3 光催化制氢性能如图 7-5 所示。可以看出,紫外光下制氢速率与可见光下几乎相同。制氢速率为紫外光>可见光>太阳光>弱光。虽然 CWBCS-3 光敏性增强,但是在波长 254 nm 下的弱光照射中,制氢速率仍极低。

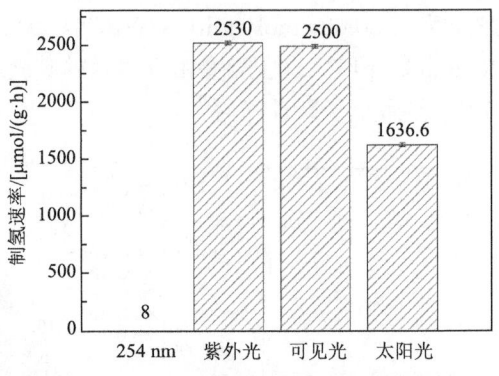

图 7-5 CWBCS-3 不同光源下制氢速率

研究并验证了 CWBCS-3 复合材料的稳定性及可循环性，在可见光和太阳光照射下，进行 5 次连续循环实验，结果如图 7-6 所示。CWBCS-3 在经历 5 次连续循环实验后，制氢量无变化，表明 CWBCS-3 光稳定性能较好。同时，将反应后样品收集并对其进行 XRD、FTIR 表征，并与反应前样品进行对比，如图 7-7 所示。经过连续 5 次循环后，样品结构没有明显的变化。因此，CWBCS-3 在光催化反应中具有较好的可循环性和光稳定性。将 CWBCS-3 光催化制氢性能与表 7-1 报道的结果进行对比研究，发现 CWBCS-3 表现出更强的析氢光催化性能。

表 7-1 C_3N_4 基复合材料光催化制氢效率对比表

材料	制氢速率/[μmol/(g·h)]	参考文献
WO_3/g-C_3N_4/Ni(OH)$_x$	576	[3]
g-C_3N_4 NN	54.13	[4]
CWBCS-3	2500(可见光)；1636.6(太阳光)	本研究

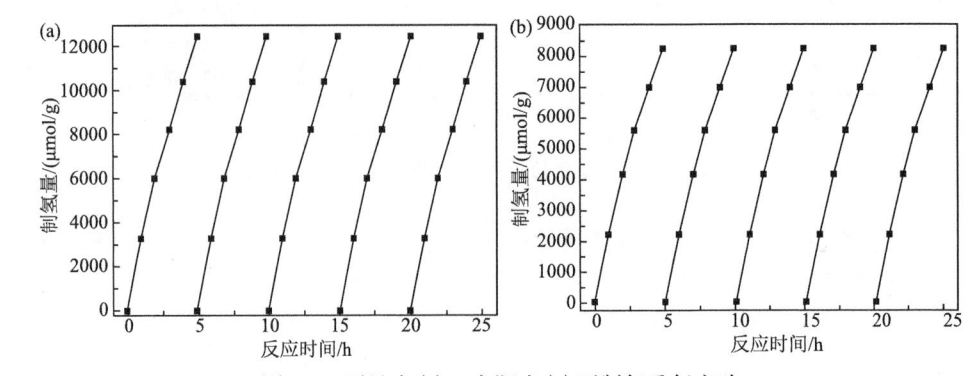

图 7-6 可见光(a)、太阳光(b)下制氢重复实验

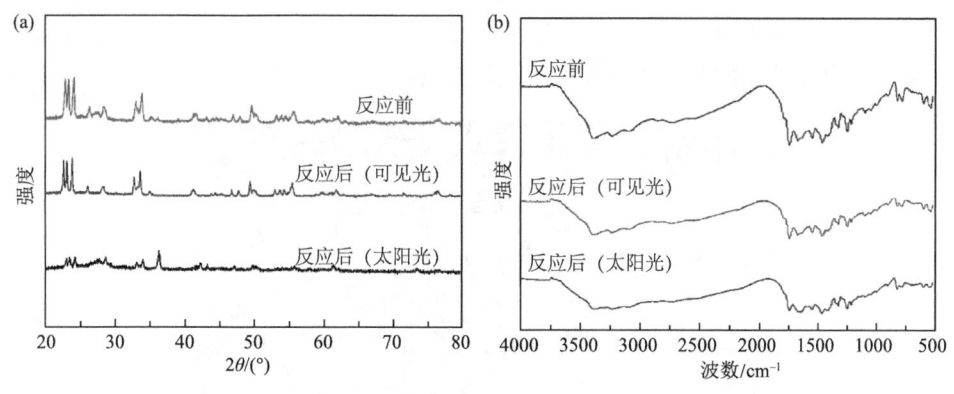

图 7-7 CWBCS-3 光催化反应前后 XRD 谱图(a)和 FTIR 谱图(b)

7.1.3 2D g-C₃N₄/WO₃/碳微球复合材料的表征

1. 表观形貌和微观结构分析

$g-C_3N_4$ NN、$g-C_3N_4/WO_3$ 复合材料的 TEM 图像，如图 7-8 所示。图 7-8(a)表明，$g-C_3N_4$ NN 呈现 2D 多孔薄片结构。图 7-8(b)中 WO_3 附着在 $g-C_3N_4$ NN 上。BCS 的 SEM 图像如图 7-9(a)所示，BCS 呈现球形，表面有丰富的通道分布。图 7-9(b)为 CWBCS-3 的 SEM 图，可以看出有许多明显的粒子被固定在 BCS 表面，它们可能是 WO_3 粒子。此外，CWBCS-3 复合材料表面光滑，BCS 上的多孔通道几乎观察不到，原因可能为 WO_3 将通道口填满，同时在其表面覆盖着 $g-C_3N_4$ 纳米薄片。图 7-10 为 CWBCS-3 复合材料的 TEM 和 HRTEM 图。图 7-10(a)显示，有许多 WO_3 分布在 CWBCS-3 复合材料表面上，并覆盖片层状 $g-C_3N_4$。图 7-10(b)显示，WO_3 晶格间距为 0.375 nm，符合(020)面平面距离，而 $g-C_3N_4$ NN、BCS 为非晶态结构。

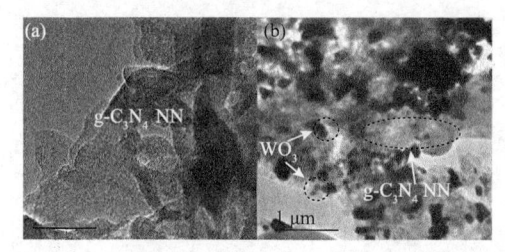

图 7-8　$g-C_3N_4$ NN (a) 和 $g-C_3N_4/WO_3$ (b) 的 TEM 图

通过元素映射和 EDS 分析明确样品元素组成和分布情况。CWBCS 中含有 C、N、W、O 元素，如图 7-11 所示。通过元素映射可以看出，C、N、O、W 元素在 CWBCS-3 中均匀分布。EDS 分析确定了 $g-C_3N_4$ NN、WO_3、$g-C_3N_4/WO_3$、CWBCS、 g-C$_3$N$_4$/BCS、WO$_3$/BCS 中元素及含量,如图 7-12 所示。结果表明,已成功制备出含有不同质量分数 BCS 的 CWBCS 复合材料。

图 7-9 BCS(a)和 CWBCS-3(b)的 SEM 图

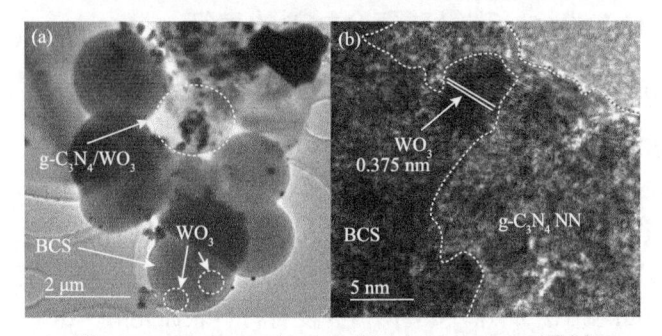

图 7-10 CWBCS-3 的 TEM 图(a)和 HRTEM 图(b)

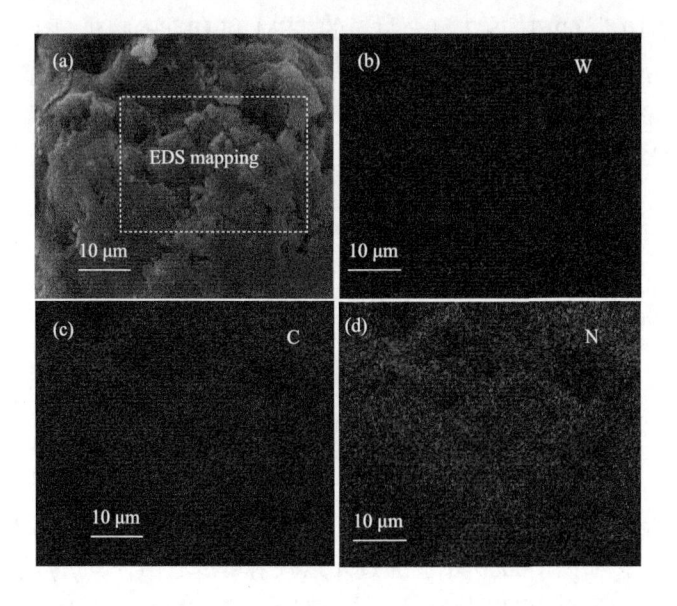

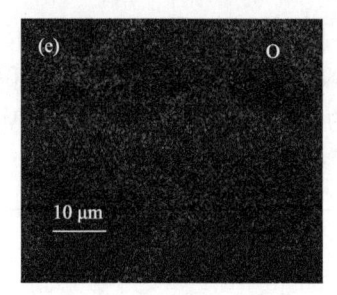

第 7 章 玉米秸秆衍生物碳微球复合材料的制备及制氢性能

图 7-11 CWBCS-3 复合材料的 EDS mapping 图

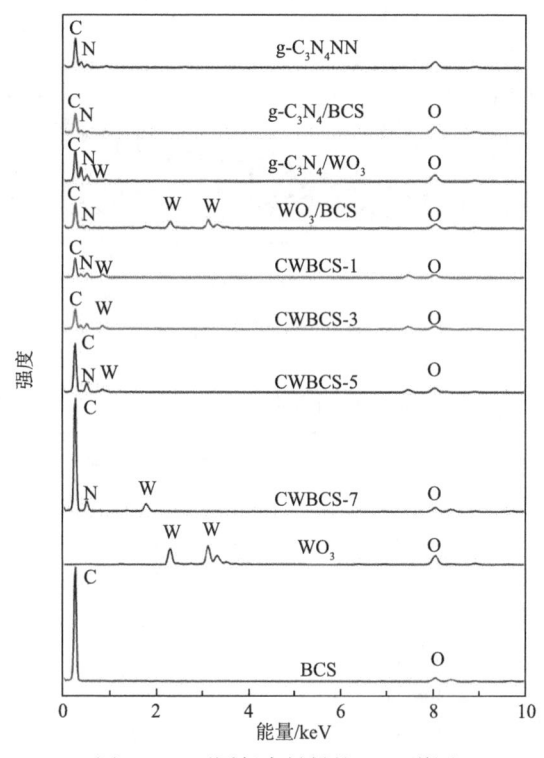

图 7-12 不同复合材料的 EDS 谱图

通过 BET 方法研究了制备样品的多孔性质和比表面积。不同样品的 N_2 吸附/脱附等温线属于Ⅳ型等温线，具有 H3 滞后回线，如图 7-13 所示。结果表明，g-C_3N_4 NN、WO_3、g-C_3N_4/WO_3、CWBCS、g-C_3N_4/BCS、WO_3/BCS 均具有介孔结构。此外，样品的比表面积、孔体积和平均孔径如表 7-2 所示。g-C_3N_4/WO_3 比表面积增至 85.00 m^2/g，为单纯 g-C_3N_4 NN 和 WO_3 的 2.94 倍和 21.25 倍。这一现象与 g-C_3N_4 NN 中添加 WO_3 有关。BCS 的 BET 值最大，为 1324 m^2/g、3.51 cm^3/g、13.11 nm。与 g-C_3N_4/WO_3 相比，CWBCS-1、CWBCS-3、CWBCS-5、CWBCS-7 比表面积明

显增大，分别增大至 g-C$_3$N$_4$/WO$_3$ 的 12.81 倍、12.95 倍、13.94 倍、14.23 倍。与 BCS 相比，CWBCS、g-C$_3$N$_4$/BCS、WO$_3$/BCS 比表面积均有所下降，这主要是由其内部碳球多孔结构导致的。与单纯的 g-C$_3$N$_4$ NN、WO$_3$ 及 g-C$_3$N$_4$/WO$_3$ 相比，CWBCS 复合材料表现出更多的活性位点。

图 7-13 N$_2$ 吸附-脱附图

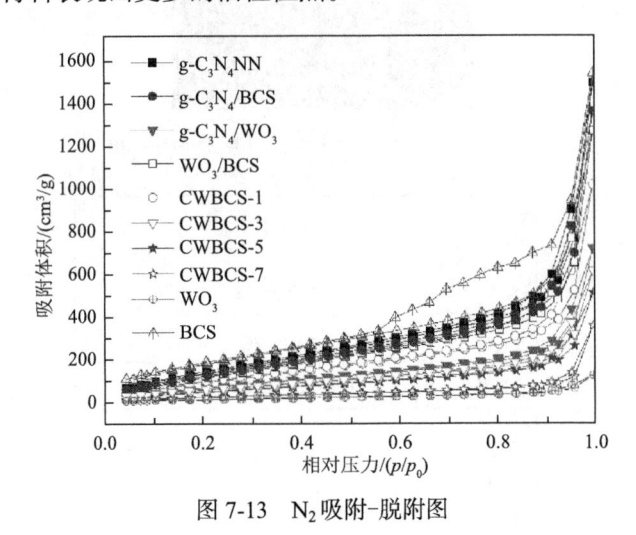

表 7-2 不同样品孔径参数

样品	比表面积/(m^2/g)	孔体积/(cm^3/g)	平均孔径/nm
g-C$_3$N$_4$ NN	28.88	0.09	4.16
WO$_3$	4.00	0.02	8.20
BCS	1324.00	3.51	13.11
g-C$_3$N$_4$/WO$_3$	85.00	0.44	2.60
WO$_3$/BCS	895.00	0.8	12.5
CWBCS-1	1089.00	1.85	7.98
CWBCS-3	1101.00	2.12	8.01
CWBCS-5	1185.00	2.21	8.13
CWBCS-7	1210.00	2.25	8.21

BCS-H 和 BCS 的 XRD 谱图如图 7-14 所示。在 2θ=27°处均产生一个较强的衍生峰，而 BCS 在 2θ=44°处产生一个微弱的衍射峰。新产生的衍射峰位置与碳球在 2θ=44°处衍射峰相同，表明制备的碳微球表现出碳球的石墨化特性。

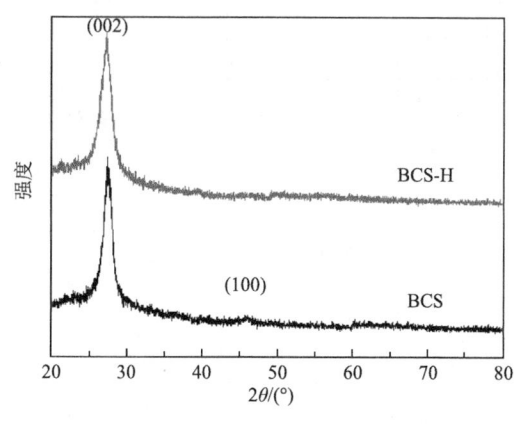

图 7-14 BCS-H 和 BCS 的 XRD 谱图

图 7-15(a) 和 (b) 为不同复合材料的 XRD 谱图。结果表明 BCS 衍射峰不明显，推断出碳微球为非晶态结构。单纯 WO$_3$ 在 23.2°、23.7°、24.4°、26.7°、28.9°、33.2°、34.1°、35.1°、43.5°、51.2°处有衍射峰，这与 WO$_3$ 的六方晶面(002)、(200)、(020)、(120)、(112)、(002)、(002)、(103)、(201)、(114)匹配良好，说明成功合成了六方 WO$_3$ 晶体结构。CWBCS 所有典型衍射峰均与 WO$_3$ 一致，说明 g-C$_3$N$_4$ NN 和碳微球修饰后的 WO$_3$ 晶格没有变化，也说明 BCS 的存在并不影响 g-C$_3$N$_4$ NN 和 WO$_3$ 的相态。

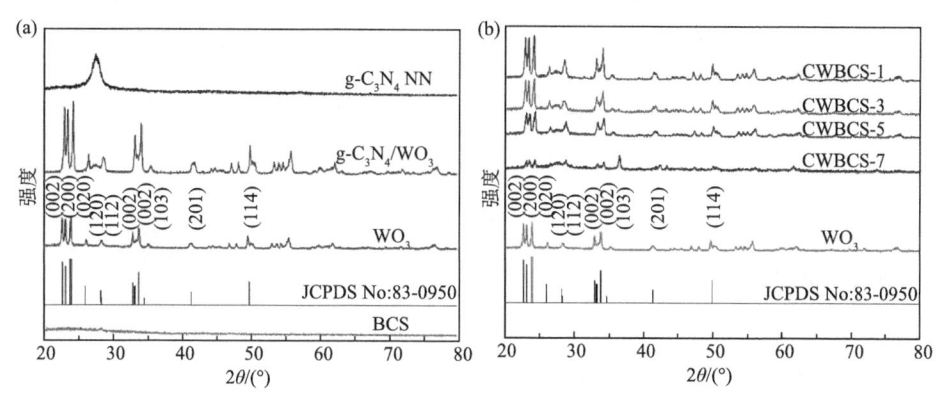

图 7-15 不同样品的 XRD 谱图
(a) g-C$_3$N$_4$ NN、g-C$_3$N$_4$/WO$_3$ 和 WO$_3$；(b) CWBCS

图 7-16 为 g-C$_3$N$_4$ NN、CWBCS、g-C$_3$N$_4$/WO$_3$、WO$_3$、BCS 的 XPS 谱图。g-C$_3$N$_4$ NN、CWBCS、g-C$_3$N$_4$/WO$_3$、WO$_3$、BCS 的 XPS 全谱图如图 7-16(a)所示。单纯 g-C$_3$N$_4$ NN 包含 C、N、O 元素，单纯 WO$_3$ 包含 C、W、O 元素，CWBCS 包含 C、N、O、W 元素，证明成功制备了复合光催化材料 CWBCS。C、N、W 元素

精谱图如图 7-16(b)~(d)所示。

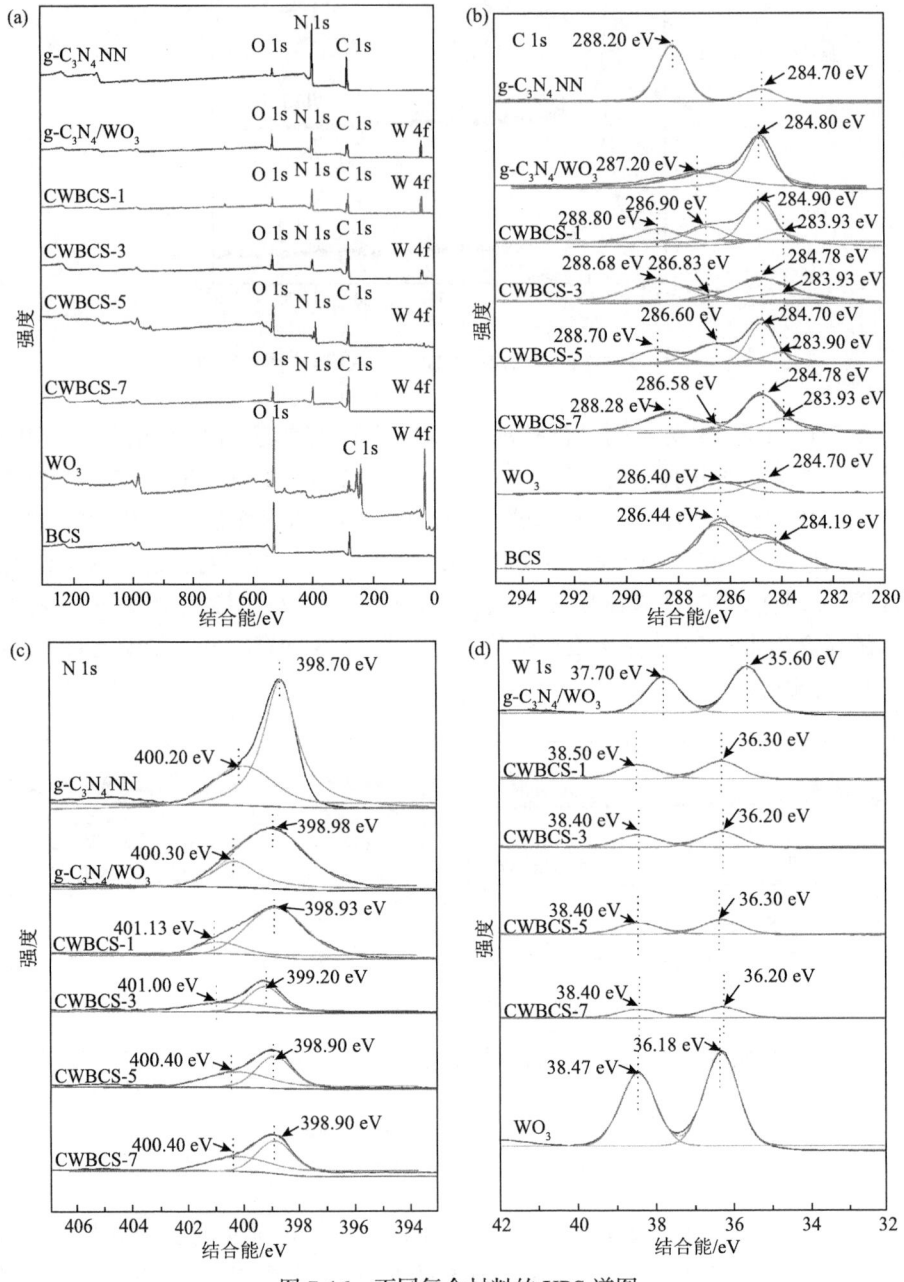

图 7-16 不同复合材料的 XPS 谱图
(a) 全谱图；(b) C 1s 谱图；(c) N 1s 谱图；(d) W 1s 谱图

图 7-16(b)为 C 1s 谱图。g-C₃N₄ NN 的 C 1s 特征峰在 284.70 eV、288.20 eV

处出现，分别归属于 C—O、C—(N)₃ 键。g-C₃N₄/WO₃ 中由于 WO₃ 的掺杂，特征峰转移到 284.80 eV 和 287.20 eV 处。与 WO₃ 的 284.70 eV 和 286.40 eV 处特征峰相比，g-C₃N₄/WO₃ C 1s 特征峰对应结合能略有升高。而 CWBCS-3 与 g-C₃N₄/WO₃ 相比在 283.93 eV 和 286.83 eV 位置新增两处特征峰，其中 283.93 eV 位置特征峰主要是 sp² C—C 键，而 286.83 eV 位置特征峰是 C—OR 键，这两个峰归属于 BCS。因为在单纯 BCS 光谱中，sp² C—C 键(284.19 eV，82.8%)和 C—OR 键(286.44 eV，17.2%)峰位置与 CWBCS-3 相似，而 CWBCS-1、CWBCS-5、CWBCS-7 均出现与 BCS 中 C 1s 相匹配的特征峰。CWBCS 复合材料与 g-C₃N₄ NN 的 C 1s 特征峰相比，均出现红移现象。

图 7-16(c) 为 N 1s 谱图。g-C₃N₄ NN 的 N 1s 特征峰分别在 398.70 eV、400.20 eV 位置出现，归属于三嗪环(C—N≡C)和 C—N—H。而 CWBCS 和 g-C₃N₄/WO₃ 复合材料特征峰范围与 g-C₃N₄ NN 基本一致。BCS 中未检测出 N 1s 峰。

图 7-16(d) 为 W 1s 谱图。WO₃ 在 36.18 eV 和 38.47 eV 位置出现特征峰，g-C₃N₄/WO₃、CWBCS-1、CWBCS-3、CWBCS-5、CWBCS-7 分别在 35.60~38.50 eV 之间出现峰值。WO₃ 中 36.18 eV 和 38.47 eV 处的峰分别与 W 4f$_{7/2}$ 和 W 4f$_{5/2}$ 有关，说明钨原子都处于 +6 价氧化态。与 WO₃ 相比，g-C₃N₄/WO₃ 和 CWBCS 系列复合材料 W 4f 信号都出现了负偏移。这主要是由 WO₃ 与 g-C₃N₄ NN 之间的强电子相互作用造成的。

图 7-17 为不同样品的 FTIR 谱图。WO₃ 特征吸收峰位于 779 cm^{-1}、3421 cm^{-1}。g-C₃N₄ NN 特征峰位于 808 cm^{-1}、1240 cm^{-1}、1400 cm^{-1}、1640 cm^{-1}。与单纯 g-C₃N₄ NN 相比，CWBCS 吸收峰范围未改变，均在 800~1640 cm^{-1} 范围内。这一结果表明，g-C₃N₄ NN、WO₃、BCS 三种材料合成的复合光催化材料的主体结构仍为 g-C₃N₄，未发生改变。808 cm^{-1} 峰类似于 g-C₃N₄ NN 中由三嗪单元伸缩振动引起的。g-C₃N₄/WO₃、CWBCS-1、CWBCS-3、CWBCS-5 在低频(779 cm^{-1} 以下)的吸收带是由 WO₃ 晶体中 W—O—W 引起的，而 g-C₃N₄ NN 光谱中没有观察到这种振动，说明纳米复合材料中存在 g-C₃N₄ NN 和 WO₃。1240 cm^{-1}、1320 cm^{-1}、1400 cm^{-1}、1570 cm^{-1}、1640 cm^{-1} 处峰值属于典型的 C—N 杂环伸缩振动吸收峰，分别对应 C=N、C—N、C—OH、—NH₂、—NH。3000~3600 cm^{-1} 之间宽峰可归为 N—H 伸缩振动。g-C₃N₄/BCS、CWBCS-1、CWBCS-3、CWBCS-5、WO₃/BCS 在 1740 cm^{-1} 位置出现特征峰值，为 C=C 特征峰，说明复合材料中存在碳微球。

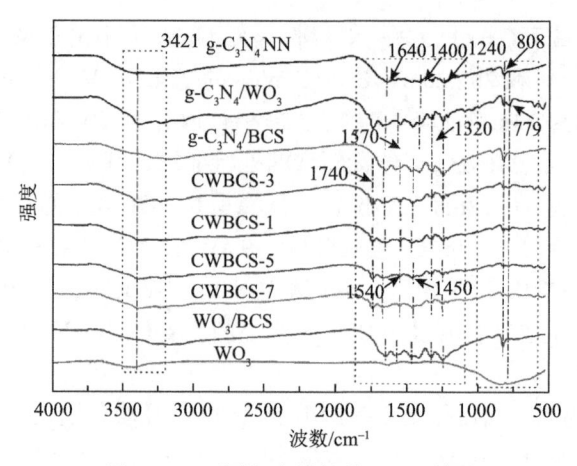

图 7-17 不同复合材料的 FTIR 谱图

2. 2D g-C₃N₄/WO₃/碳微球复合材料光电特性分析

图 7-18(a)为不同复合材料的 UV-Vis 谱图。结果表明单纯 g-C₃N₄ NN 和 g-C₃N₄/WO₃ 在可见光区均有吸收,均表现出半导体的光谱特征。g-C₃N₄ NN 吸收边为 460 nm,可以匹配其本征带隙。BCS 对 400~700 nm 范围的光有较好的吸收。g-C₃N₄/BCS 和 WO₃/BCS 中虽然掺杂 BCS,但是未改变 g-C₃N₄ NN 和 WO₃ 光响应范围。g-C₃N₄/WO₃ 中沉积 WO₃ 纳米粒子后,吸收边缘进一步向更长的波光区域扩展。CWBCS 随着碳微球修饰量的增加,光吸收的强度和范围增加。与 g-C₃N₄/WO₃ 相比,在可见光范围内,CWBCS 吸收能力明显高于单纯 g-C₃N₄ NN 和 g-C₃N₄/WO₃。因此,碳微球的修饰在一定程度上提高了 g-C₃N₄ NN 与 WO₃ 之间异质结的稳定性,拓宽了其对光谱吸收范围。碳微球特殊结构导致 g-C₃N₄ NN 和 WO₃ 之间异质结稳定,其特有的光敏化作用使得复合材料在可见光区域表现出更强的吸光性。

经计算得到 g-C₃N₄ NN 的带隙为 2.68 eV,WO₃ 的带隙为 2.50 eV,如图 7-18(b)所示。与单纯的 g-C₃N₄ NN 相比,g-C₃N₄/WO₃ 的带隙变窄,为 2.66 eV,而 g-C₃N₄/BCS 带隙与 g-C₃N₄ 相比未变。值得注意的是,随着碳微球质量分数增大,CWBCS 带隙出现先变窄后变宽的现象,带隙值范围为 CWBCS-3(2.62 eV)= CWBCS-5(2.62 eV) < CWBCS-1(2.64 eV) < CWBCS-7(2.66 eV) < g-C₃N₄ NN(2.68 eV)。这一现象也与复合材料光催化制氢性能一致。

表征了所有样品的半导体类型和平带电位(V_{FB}),测定平带电位(vs. Ag/AgCl,pH=7)需要用 Nernst 方程转换成相应的标准氢电极(V_{NHE}),通过式(7-1)变换:

$$V_{NHE} = V_{Ag/AgCl} + V_{Ag/AgCl\, vs.NHE}^{0} \tag{7-1}$$

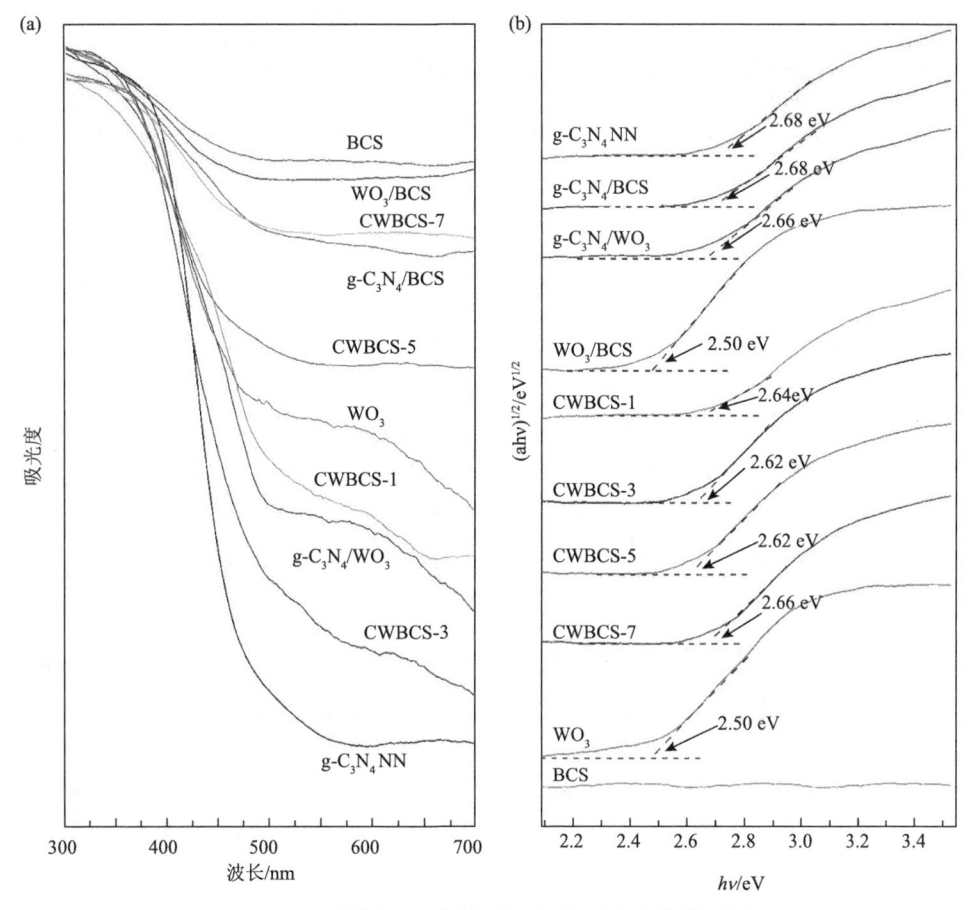

图 7-18 不同样品的紫外可见光谱图(a)和能带图(b)

在室温下，$V^0_{\text{Ag/AgCl vs.NHE}}$ 值为 0.20 V。

不同样品的 E_{CB} 和 E_{VB} 可通过 Mott-Schottky 图确定，如图 7-19 所示。由此可以确定，不同复合材料的 CB 电位(vs. Ag/AgCl，pH = 7)为：WO₃(0.59 V) = WO₃/BCS(0.59 V) > CWBCS-3(-1.29 V) = CWBCS-5(-1.29 V) > CWBCS-1(-1.30 V) = CWBCS-7(-1.30 V) > g-C₃N₄/WO₃(-1.31 V) > g-C₃N₄ NN (-1.32 V) = g-C₃N₄/BCS(-1.32 V)。

样品电位可以转换为导带能量 E_{CB}(vs. NHE，pH=0)。计算出样品的 E_{VB}，如图 7-20 所示，与带隙能量计算结果相似。CWBCS-3 的 E_{CB} 和 E_{VB} 分别是-1.09 eV 和 1.53 eV，得出其 E_g 为 2.62 eV。

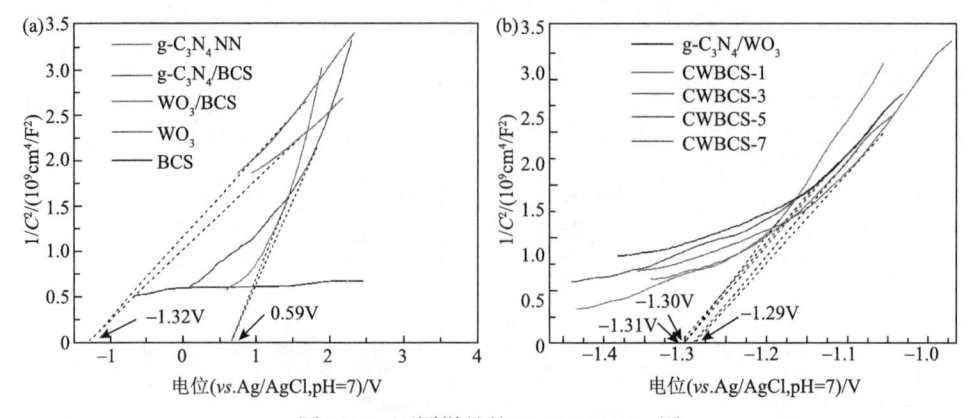

图 7-19　不同样品的 Mott-Schottky 图

(a) g-C$_3$N$_4$ NN、g-C$_3$N$_4$/BCS、WO$_3$/BCS、WO$_3$、BCS；(b) g-C$_3$N$_4$/WO$_3$、CWBCS

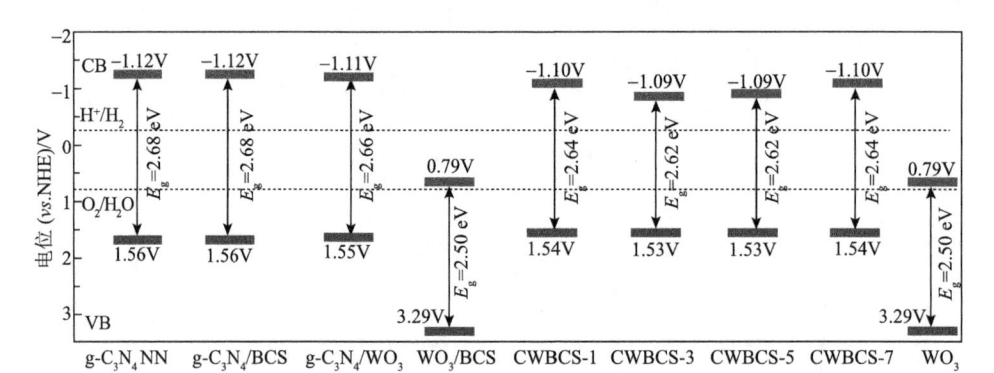

图 7-20　不同样品的带隙结构图

采用光电学方法表征了不同样品电子迁移和分离效率。不同样品电极的光电流性能，如图 7-21(a)所示。CWBCS-3 表现出最高的瞬态光电流强度，这说明与单纯 g-C$_3$N$_4$ NN 和 WO$_3$ 相比，CWBCS-3 具有更好的光生电子-空穴对分离效率，这可能与 g-C$_3$N$_4$ NN 和 WO$_3$ 之间形成了 Z 型异质结有关。同样，g-C$_3$N$_4$/WO$_3$ 的光电流强度也高于两个纯样品，表明 g-C$_3$N$_4$ NN 与 WO$_3$ 之间的异质结，使其也有良好的光诱导载流子分离能力。CWBCS 光电流强度为 CWBCS-3＞CWBCS-5＞CWBCS-1＞CWBCS-7＞g-C$_3$N$_4$/WO$_3$，BCS 具有导电性，从而增强了光诱导电荷分离和转移。但是，过多 BCS 会遮蔽 g-C$_3$N$_4$ NN 主体，导致电子-空穴对分离效率降低。

在此基础上，利用 EIS 研究了样品光生电荷的迁移速率[图 7-21(b)]。EIS 中，复合材料电荷迁移电阻大小为 CWBCS-3＜CWBCS-5＜CWBCS-1＜CWBCS-7＜g-C$_3$N$_4$/WO$_3$＜g-C$_3$N$_4$ NN＜WO$_3$，电弧最小的复合材料为 CWBCS-3，表明其具有最低的电荷迁移电阻。以上结果表明，BCS 修饰和异质结光催化剂的构建，可以

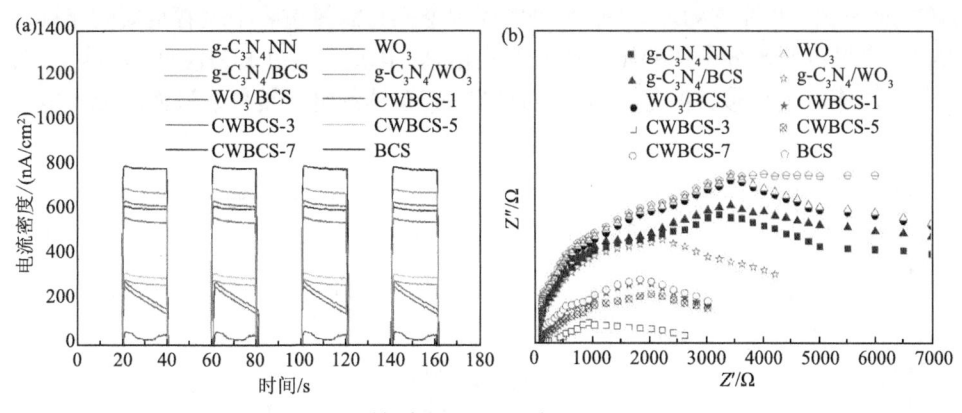

提高光生载流子的分离和转移效率。

图 7-21　不同复合材料的 $I\text{-}t$ 曲线(a)和 EIS 图(b)

PL 光谱如图 7-22 所示。所有样品在 435～480 nm 处都有显著的发射，样品发射强度为 CWBCS-3＜g-C$_3$N$_4$/WO$_3$＜g-C$_3$N$_4$ NN，CWBCS-3 的发射强度最低，说明 CWBCS-3 具有较高光生电子-空穴对分离效率。值得注意的是，BCS 在 PL 光谱中表现出响应信号，但其具有碳球的石墨化性能，不具备晶体结构。CWBCS 中 g-C$_3$N$_4$ NN、WO$_3$、BCS 三者之间具有协同效应，其中 BCS 具有的电子传递性和独特的比表面积以及异质结的形成，促进了光生载流子分离。

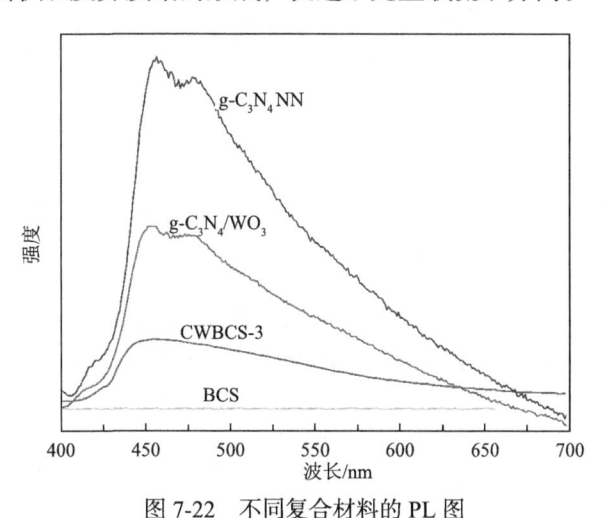

图 7-22　不同复合材料的 PL 图

3. 清除剂对光催化分解水制氢的影响

图 7-23 分别是不同浓度的 EDTA-Na$_2$、NaN$_3$、IPA 和苯醌在不同光照时间条件下，CWBCS-3 制氢速率变化情况。图 7-23(a)中，随着 EDTA-Na$_2$ 浓度从 100 mg/L

增加到 400 mg/L，制氢量从 6000 μmol/g 先增大至 7500 μmol/g，而后下降至 4100 μmol/g，表明 CWBCS-3 价带中的光致空穴在制氢过程中起着重要的作用，这些空穴可以与水分子或 OH⁻产生羟基自由基。因此，通过 EDTA-Na₂ 清除空穴，可能会加速电子转移，但是过多的 EDTA-Na₂ 会抑制电子转移，进而降低了氢气产生速率。

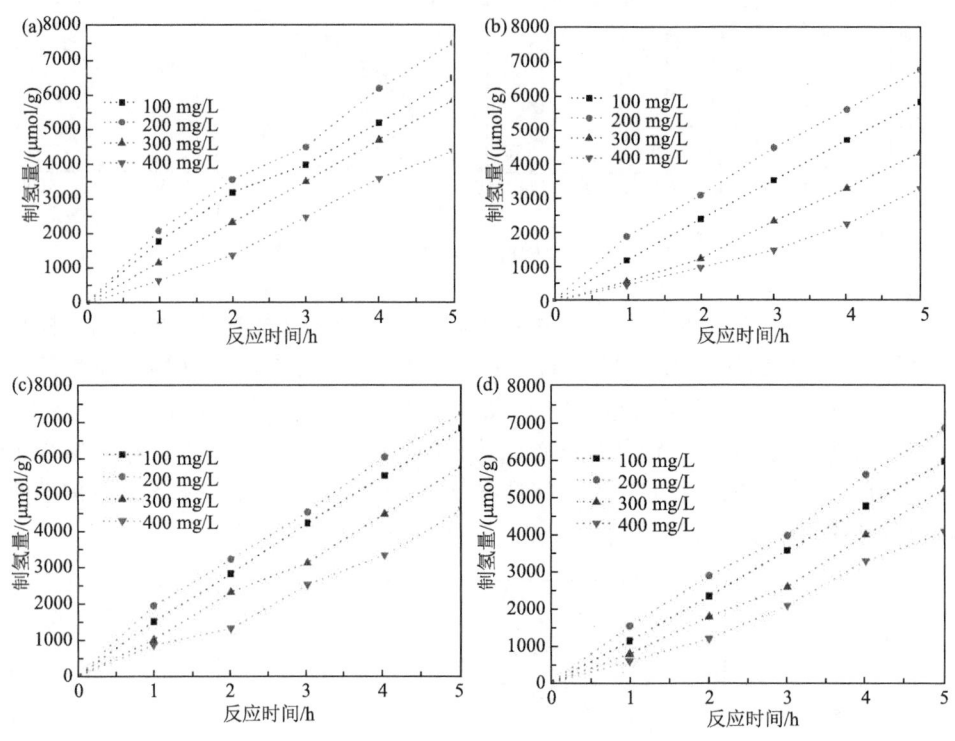

图 7-23　复合材料 CWBCS-3 在不同浓度清除剂的光催化制氢速率
(a) EDTA-Na₂；(b) NaN₃；(c) IPA；(d) 苯醌

图 7-23(b) 为不同浓度 NaN₃ 对制氢速率影响。CWBCS-3 制氢速率随着清除剂浓度升高而出现先增大后降低的变化趋势。NaN₃ 对制氢存在抑制作用，可能是由于其具有清除单线态氧自由基和羟基自由基的能力。单线态氧的来源是超氧化物自由基被光致空穴氧化。当 NaN₃ 浓度为 400 mg/L 时，制氢速率被抑制的最为明显，制氢量降低至 3000 μmol/g。

图 7-23(c) 为不同浓度 IPA 对制氢速率影响。与上述两种清除剂相比，IPA 对制氢过程影响较小。当 IPA 浓度为 200 mg/L 时，制氢效率为 7000 μmol/g。图 7-23(d) 为不同浓度苯醌对制氢效率的影响。随着苯醌浓度的增大，超过 200 mg/L 时，制氢量降低。根据以上不同清除剂的结果，可以推断羟基自由基在光催化中

起重要作用。由于 EDTA 会清除空穴，间接抑制了 OH⁻形成羟基自由基。另外，NaN₃ 和 IPA 清除剂直接清除羟基自由基，对氢气的产生有明显抑制作用。

4.2D g-C₃N₄/WO₃/碳微球复合材料光催化分解水机理分析

对样品的 ESR 谱图进行分析。图 7-24(a)中 DMPO-·OH 信号较强的为单纯的 WO₃ 与 CWBCS-3，与之相比，g-C₃N₄、BCS 的响应信号极弱，几乎为零。CWBCS-3 和 WO₃ 的强响应信号说明，CWBCS-3 中形成异质结，WO₃ 的空穴氧化性能更强，而 g-C₃N₄ 中产生的空穴几乎完全被消耗掉。

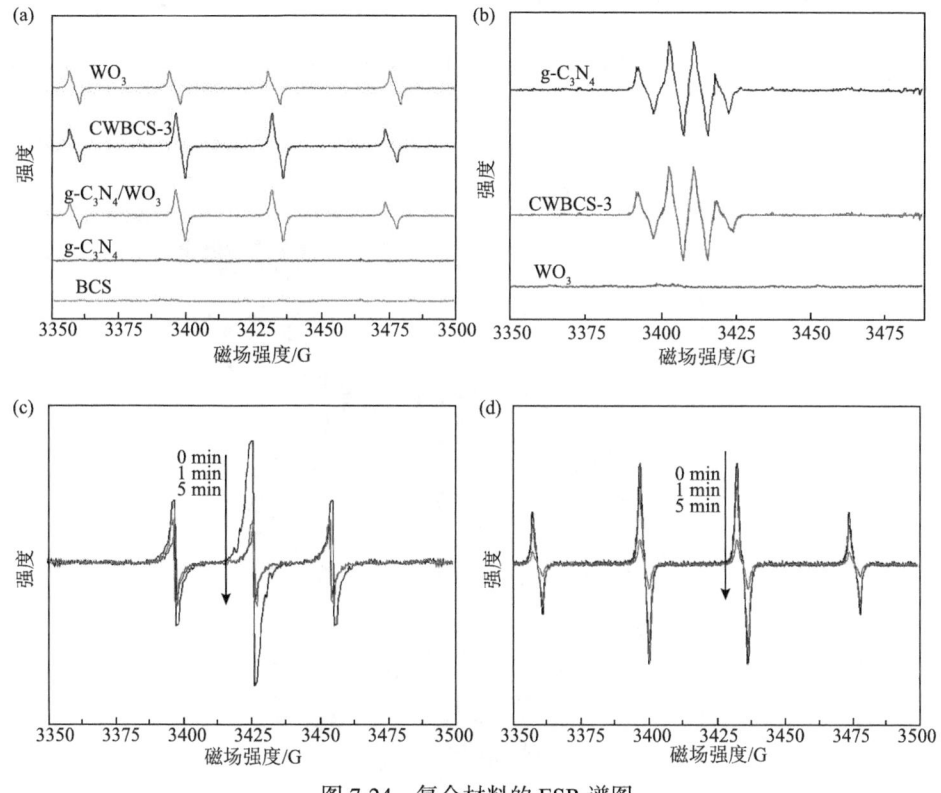

图 7-24　复合材料的 ESR 谱图
(a) DMPO-·OH；(b) DMPO-·O₂⁻；(c) TEMPO-h⁺；(d) DMPO⁻·OH；1G=10⁻⁴ T

图 7-24(b)中 DMPO-·O₂⁻信号较强的为 g-C₃N₄ 与 CWBCS-3，而 WO₃ 的响应信号几乎为零，这就说明 CWBCS-3 中光生电子几乎全部聚集在 g-C₃N₄ 表面。CWBCS-3 中产生的异质结改变了电子转移路径，WO₃ 产生的光生电子没有与水中 H⁺结合，而是转移到 g-C₃N₄ 价带空穴处，与空穴发生氧化反应。此外，ESR 中 h⁺和·OH 的信号在 CWBCS-3 中显示出来[图 7-24(c)和(d)]。随着光照时间的延长，h⁺的浓度逐渐降低，而·OH 浓度逐渐增加，这意味着 h⁺可以氧化 H₂O，进一

步转化为·OH，由于·O_2^-和·OH具有较强的氧化还原能力，实现了分解水析氢。

CWBCS-3中g-C_3N_4和WO_3之间形成异质结，如图7-25所示。在光源提供能量下，g-C_3N_4和WO_3被激发，价带电子跃迁到导带，g-C_3N_4导带电子与H^+结合产生氢气，而价带产生的空穴被WO_3转移的光生电子消耗，降低了其中电子和空穴的复合率，进而提高了光催化制氢效率。与此同时，BCS被石墨化，具有导电性，g-C_3N_4 CB中的电荷快速转移到表面活性位点，通过UV、EIS、PL可以证明此现象。复合材料光催化分解水制氢的主要反应如式(7-2)~式(7-5)所示：

$$g\text{-}C_3N_4/WO_3/BCS+VSL\longrightarrow g\text{-}C_3N_4/WO_3(e^-/h^+)+BCS \quad (7\text{-}2)$$

$$H_2O+2h^+\longrightarrow 1/2O_2+2H^+ \quad (7\text{-}3)$$

$$2H^++2e^-\longrightarrow H_2 \quad (7\text{-}4)$$

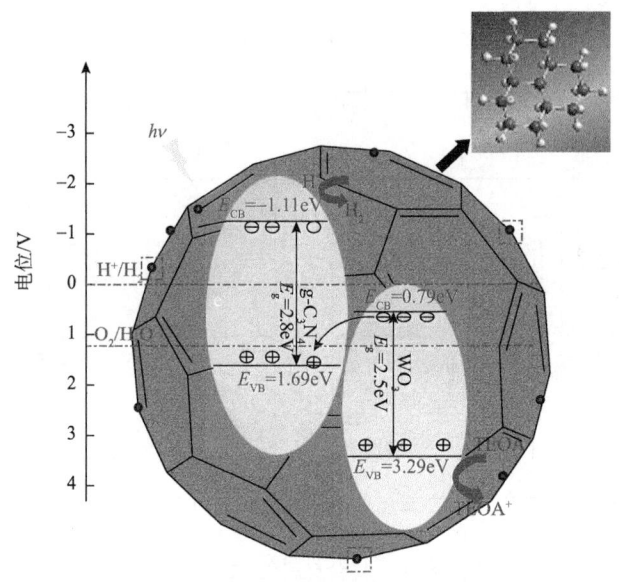

$$H_2O\longrightarrow H_2+1/2O_2 \quad (7\text{-}5)$$

图7-25　CWBCS-3复合材料光催化反应机理示意图

7.2　CdS/g-C_3N_4-玉米秸秆衍生物碳微球复合材料制备及不同光源光催化分解水制氢性能研究

在众多的半导体光催化材料中，硫化镉(CdS)因其具有有利的带隙结构，被众多研究者应用于制备高性能复合光催化材料。但是，CdS 在长时间光照下，极易出现材料本身腐蚀现象，这严重制约了其光催化效率。而 CdS 与 g-C$_3$N$_4$ 可以合成出性能优越的光催化纳米复合材料，促进光诱导载体有效运输和分离。为了更加深入分析玉米秸秆衍生物碳微球耦合半导体光催化材料制氢机理，本节以玉米秸秆为水热碳源，通过水热合成法制备出 CdS/g-C$_3$N$_4$-玉米秸秆衍生物碳微球复合光催化剂。同时，研究了在不同光源下，CdS/g-C$_3$N$_4$-玉米秸秆衍生物碳微球光催化制氢性能及协同反应的机理[5]。

7.2.1 材料的制备及方法

1. 催化剂的制备

1) CdS 的制备

CdS 的制备方式与文献[6]一致，稍作修改，具体步骤如下：

(1) 配制 0.05 mol/L 的 Cd(CH$_3$COO)$_2$·2H$_2$O 乙醇溶液：称取 1.33 g Cd(CH$_3$COO)$_2$·2H$_2$O 溶于 50 mL 无水乙醇中，搅拌至完全溶解，移入 100 mL 容量瓶中定容，封存至细口瓶备用。

(2) 配制 0.25 mol/L 的 Na$_2$S 乙醇溶液：称取 1.95 g Na$_2$S 溶于 50 mL 无水乙醇中，搅拌至完全溶解，移入 100 mL 容量瓶中定容，封存至细口瓶备用。

(3) 用移液枪抽取(1)中 50 mL 0.05 mol/L 的 Cd(CH$_3$COO)$_2$·2H$_2$O 乙醇溶液于 200 mL 烧杯中，缓慢加入 50 mL 步骤(2)配制的 0.25 mol/L Na$_2$S 乙醇溶液，在转速 200 r/min 下，搅拌 6 h。

(4) 将步骤(3)悬浊液中的固体离心收集，用去离子水、无水乙醇多次反复抽滤、洗涤，至滤液无明显变化为止，放入 60℃恒温干燥箱内 24 h，烘干至恒重。将所得黄色固体用石英研钵研磨至粉状，得到 CdS。

2) CdS/g-C$_3$N$_4$-碳微球复合材料的制备

采用水热合成法制备 CdS/g-C$_3$N$_4$-碳微球复合材料，通过改变 BCS 质量分数为 10%、30%、50%、70%，分别制备了不同比例样品，记为 Cd-CBCS-1、Cd-CBCS-3、Cd-CBCS-5、Cd-CBCS-7。以制备样品 Cd-CBCS-1 为例，如图 7-26 所示，具体步骤如下：

(1) 称取 0.45 g g-C$_3$N$_4$ 纳米片、0.45 g CdS 粉末、0.1 g BCS 于石英研钵中研磨均匀，加入 40 mL 乙醇/水混合液(体积比为 1∶1)的烧杯中。

(2) 将(1)中搅拌后的悬浮液转入容积为 100 mL 的以聚四氟乙烯为内衬的不锈钢反应釜中，置于 180℃条件下恒温 15 h。

(3) 待反应釜完全冷却后，取出聚四氟乙烯内衬，得到悬浮液，用去离子水、无水乙醇多次反复抽滤、洗涤，至滤液无明显变化为止，放入 60℃恒温干燥箱内

24 h，烘干至恒重。将所得固体用石英研钵研磨至粉状，得到水热碳微球，记为 Cd-CBCS-1。

为了比较所制备复合材料特性，采用相同方法制备单纯 g-C₃N₄（纳米片）、CdS/g-C₃N₄(以下简称 Cd-C)材料。

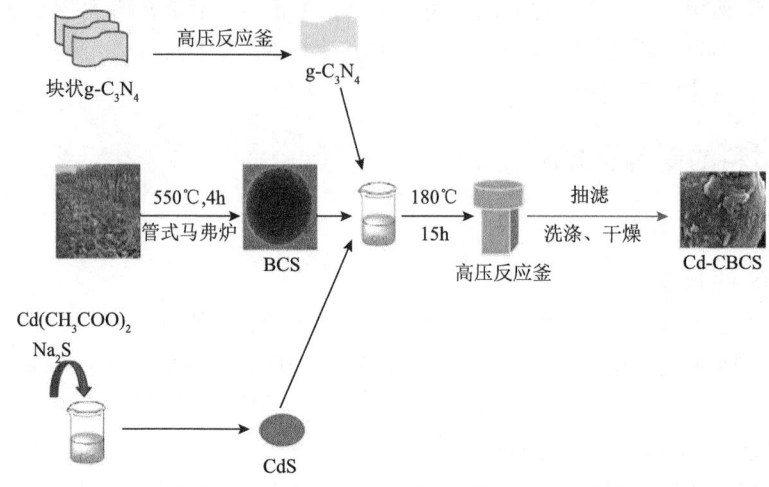

图 7-26 Cd-CBCS 复合材料制备工艺流程图

2. 光催化制氢方法

将制备的不同样品分别在模拟光催化制氢装置和太阳光催化制氢装置中测试。将光催化剂换为本次设计材料，牺牲剂为三乙醇胺(TEOA)。

7.2.2 不同光源下光催化分解水制氢性能分析

在可见光照射下，Cd-CBCS 复合材料光催化产氢性能如图 7-27 所示。研究表明 Cd-CBCS 的最大制氢量出现在 BCS 质量分数为 50%时，如图 7-27(a)所示。Cd-CBCS-5[2600 μmol/(g·h)]与 Cd-C[1560 μmol/(g·h)]相比，制氢速率提升至后者的 1.6 倍。Cd-CBCS-5 与 g-C₃N₄[23.2 μmol/(g·h)]相比，制氢速率提升至后者的 112 倍，如图 7-27(b)所示。然而，过量的 BCS 可能导致 g-C₃N₄/CdS 材料表面光照面积下降，出现电子跃迁困难现象，因而 Cd-CBCS-5 制氢速率优于 Cd-CBCS-7[1632 μmol/(g·h)]。

在不同光源下，Cd-CBCS-5 光催化制氢性能如图 7-28 所示。制氢速率为可见光＞紫外光＞太阳光＞弱光。Cd-CBCS-5 在波长 254 nm 下的弱光照射中，制氢速率仍极低。在可见光照下，经过 5 次连续循环实验，得到 Cd-CBCS-5 复合材料具有良好的稳定性及可循环性，如图 7-29 所示。将所得的 Cd-CBCS-5 光催化制氢性能与表 7-3 报道的结果进行了对比研究。Cd-CBCS-5 表现出更强的析氢光催化性能。

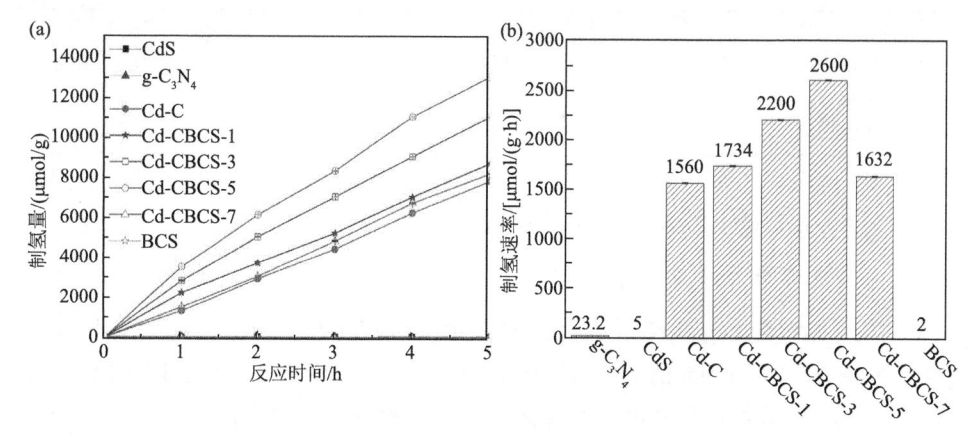

图 7-27 可见光照射下复合材料光催化制氢量(a)和制氢速率(b)

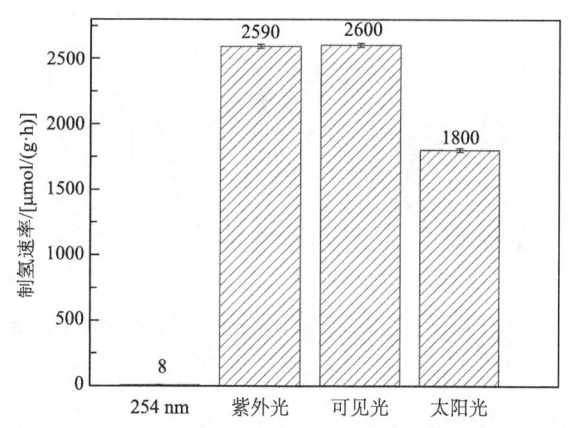

图 7-28 Cd-CBCS-5 不同光源下制氢速率

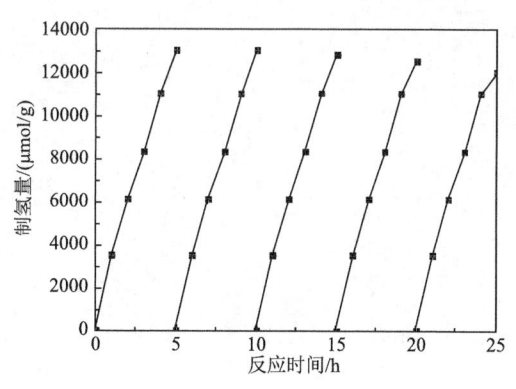

图 7-29 可见光下制氢重复实验

表 7-3 复合材料光催化制氢效率对比表

材料	制氢速率/[μmol/(g·h)]	参考文献
CdS/g-C$_3$N$_4$	235.00	[7]
CdS/g-C$_3$N$_4$	215.00	[8]
10wt % Ag$_2$S/g-C$_3$N$_4$	78.00	[9]
Cd-CBCS-5	2600（可见光）	本研究

7.2.3 CdS/g-C$_3$N$_4$-碳微球复合材料的表征

1. 表观形貌和微观结构分析

图 7-30 为单纯的 g-C$_3$N$_4$ 纳米片的 TEM 图和 CdS 的 SEM 图。可以看出，单纯的 g-C$_3$N$_4$ 纳米片是较为光滑的片状结构[图 7-30(a)]。CdS 量子点明显地聚集成团簇[图 7-30(b)]。BCS 呈球形，如图 7-31(a)所示，玉米秸秆中木质素在高温下会产生裂解现象，进而将木质素转化为晶核，包裹住纤维素及高分子链段，最终使其呈现为球形。同时，由图 7-31(b)可以进一步看出 BCS 的球形特征且其表面具有大量的通道。

图 7-30 单纯的 g-C$_3$N$_4$ 纳米片 TEM 图和 CdS 的 SEM 图

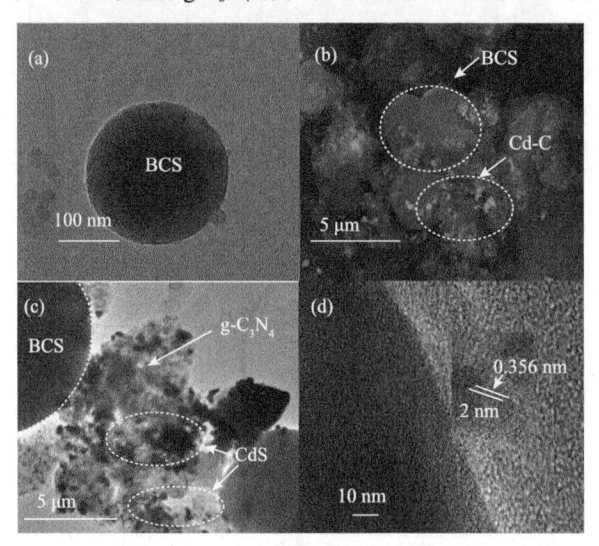

图 7-31 (a)BCS 的 TEM 图；(b)Cd-CBCS-5 的 SEM 图；(c)Cd-CBCS-5 的 TEM 图；(d)Cd-CBCS-5 的 HRTEM 图

Cd-CBCS-5 复合材料表面呈丝球状结构[图 7-31(c)]，g-C₃N₄、CdS、BCS 之间边界清楚，g-C₃N₄ 与 CdS 紧邻，证明可能存在异质结。HRTEM 中 0.356 nm 晶格条纹与 CdS (111)面很好地吻合，如图 7-31(d)所示。通过元素映射和 EDS 分析 Cd-CBCS-5 元素组成和分布，元素映射图像如图 7-32 所示，Cd、S、C、N、O 元素在 Cd-CBCS-5 复合材料上均匀分布。EDS 分析如图 7-33 所示，确定出 Cd-CBCS-5 中含有 C、N、Cd、O、S 元素，以上结果证明成功制备出 Cd-CBCS-5 复合材料。

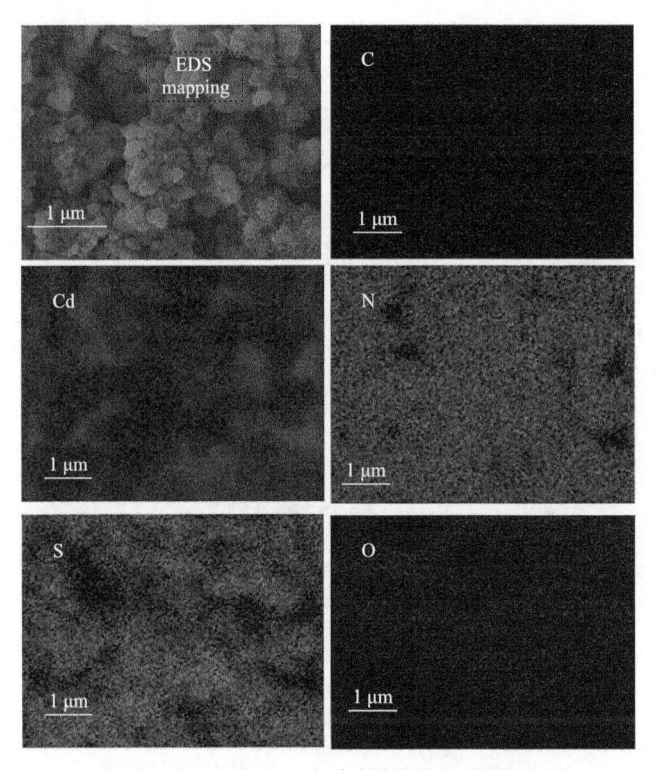

图 7-32　Cd-CTCS-5 复合材料 EDS mapping 图

图 7-34 为不同样品的 N₂ 等温吸附-脱附曲线。相对压力 (p/p_0) 在 0.6~0.95 之间，所有样品等温吸附-脱附曲线均属于 H3 型回滞环的Ⅳ型等温线，说明复合材料中存在介孔。不同样品的比表面积、平均孔径和总孔体积如表 7-4 所示。Cd-CBCS-5 比表面积(847.00 m²/g)明显增大，是其他三个样品(g-C₃N₄、CdS、Cd-C)的 19.5~29.3 倍。Cd-CBCS-5 与 Cd-C 相比，含有更多的微孔，且接触面积增大，可能的反应位点增加。

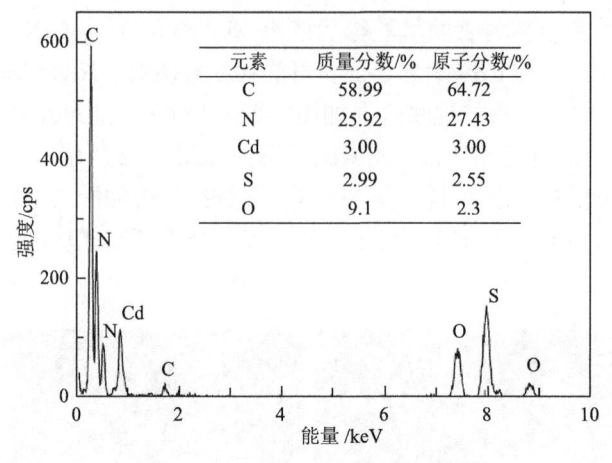

元素	质量分数/%	原子分数/%
C	58.99	64.72
N	25.92	27.43
Cd	3.00	3.00
S	2.99	2.55
O	9.1	2.3

图 7-33　Cd-CTCS-5 的 EDS 谱图

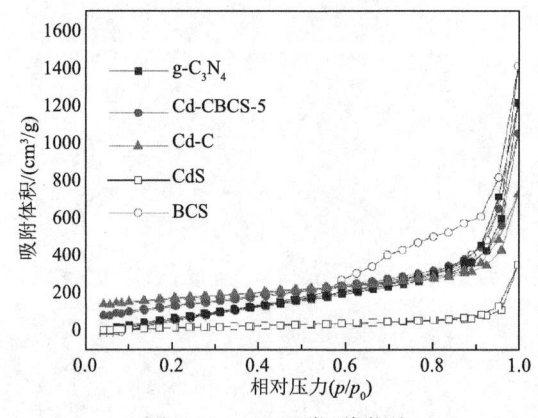

图 7-34　N_2 吸附-脱附图

表 7-4　不同样品孔径参数

样品	比表面积/(m^2/g)	孔体积/(cm^3/g)	平均孔径/nm
g-C_3N_4	28.88	0.09	4.16
CdS	43.33	0.07	2.84
BCS	1324.00	3.51	13.11
Cd-CBCS-5	847.00	2.25	7.56
Cd-C	41.25	0.6	2.80

样品 XRD 谱图如图 7-35 所示。研究表明，BCS 中存在一个较大的平滑峰，为非晶态结构。而在 2θ 为 23.46°、26.54°、30.28°、36.42°、43.84°、49.94°处出现 CdS 六个特征峰，分别位于立方结构(100)、(111)、(101)、(220)、(102)和

(311)衍射面上。CdS 的衍射峰正好与六方晶系 CdS(JCPDS No. 41-1049)衍射峰完全匹配。g-C$_3$N$_4$ 在 2θ 为 13.0°、27.8°处出现两个特征峰，分别对应于(100)和(002)晶面。在 Cd-CBCS 系列复合材料的 XRD 谱图中，均在 2θ 为 13.0°、23.46°、26.54°、36.42°、43.84°位置出现了扩散峰，证实了 Cd-CBCS 中均同时存在 CdS 相和 g-C$_3$N$_4$ 相。所有样品的 CdS 相和 g-C$_3$N$_4$ 衍射峰相似，说明 BCS 的掺杂不影响 CdS 和 g-C$_3$N$_4$ 的晶体结构。

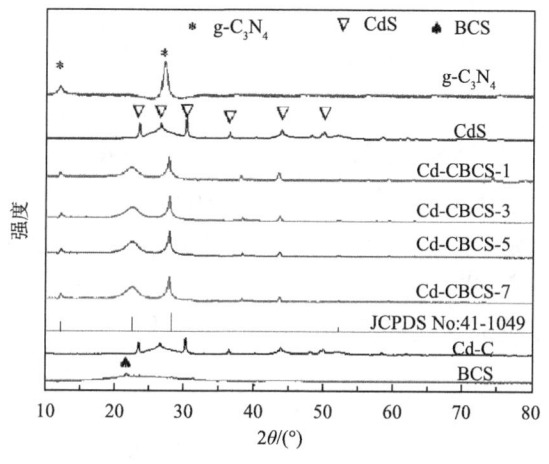

图 7-35 不同样品的 XRD 谱图

对不同样品进行了 XPS 谱测试，如图 7-36 所示。图 7-36(a)XPS 全谱图证明该材料中包含元素 C、N、S、Cd、O。C 1s 的高分辨率 XPS 谱图如图 7-36(b)所示，g-C$_3$N$_4$ 在 284.80 eV、288.20 eV 处有两个特征峰，其中 284.80 eV 处特征峰主要由 BCS 吸附在材料表面，BCS 中部分被石墨化的碳引起的。288.20 eV 处特征峰主要由于 g-C$_3$N$_4$ 三嗪环中的 N=C—N 基团。Cd-CBCS-5 中由于掺杂 BCS，可使其在 287.23 eV、286.38 eV、285.29 eV、284.18 eV 处出现四个特征峰，其中 286.38 eV 和 285.29 eV 特征峰与 BCS 中 286.82 eV 和 284.92 eV 特征峰位置相似，分别代表 sp^{2}C—C 键和 C—OR 键。

N 1s 的高分辨率 XPS 谱图如图 7-36(c)所示，结果表明在 398.80 eV、399.90 eV、400.90 eV、404.60 eV 处出现四个特征峰，分别代表了 C—N=C、C—N—H、N—(C)$_3$ 和叠加夹层之间的 π-π*激发的。S 2p 谱图如图 7-36(d)所示，CdS 和 Cd-CBCS-5 特征峰值分别为 161.32 eV 和 162.50 eV、161.40 eV 和 162.61 eV，分别对应 S 2p$_{3/2}$ 和 S 2p$_{1/2}$，归属于 CdS 中的 S^{2-}。Cd 3d 谱图如图 7-36(e)所示，CdS 和 Cd-CBCS-5 特征峰值分别为 405.23 eV 和 411.93 eV、405.20 eV 和 412.09 eV，分别对应 Cd 3d$_{5/2}$ 和 Cd 3d$_{3/2}$，属于 CdS 中的 Cd^{2+}。与 CdS 相比，Cd-CBCS-5 中 Cd 和 S 状态略微向更高的结合能偏移，这可能是由 Cd-CBCS-5 复合材料中 BCS

导致的。图 7-36(f) 为 O 1s 谱图，结果表明 CdS、Cd-CBCS-5 的 O 1s 特征峰分别在 530.11 eV 和 532.54 eV、529.61 eV 和 532.43 eV 位置出现，分别对应晶格氧（O_{latt}）和吸附氧（O_{ads}）。XPS 结果进一步证明，Cd-CBCS-5 复合材料中包含 g-C_3N_4、CdS、BCS。

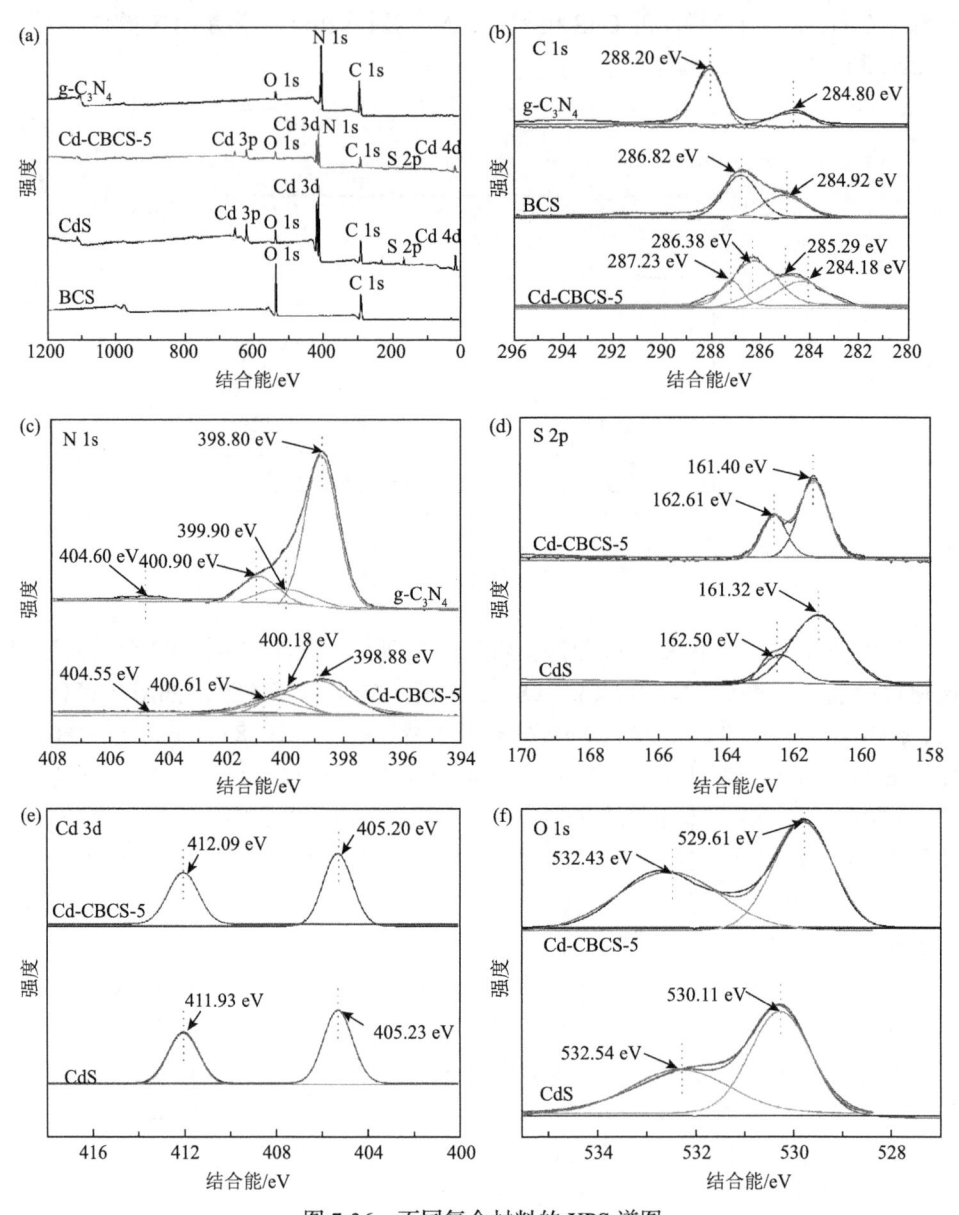

图 7-36 不同复合材料的 XPS 谱图

(a) 全谱图；(b) C 1s 谱图；(c) N 1s 谱图；(d) S 2p 谱图；(e) Cd 3d 谱图；(f) O 1s 谱图

图 7-37 为 g-C$_3$N$_4$、CdS、Cd-CBCS-5 的 FTIR 谱图。所有样品在 810 cm^{-1}、1000~1800 cm^{-1} 及 3000~3500 cm^{-1} 处出现了明显的振动吸收峰,其中在 810 cm^{-1} 处为三嗪环单元特征峰;1000~1800 cm^{-1} 强吸收来自于碳氮杂环特征伸缩振动,主要为 C=N、C—N、C—OH、—NH$_2$;3000~3500 cm^{-1} 处宽吸收为—NH 伸缩振动峰。Cd-CBCS-5 在 514 cm^{-1} 和 1151 cm^{-1} 处,出现了 CdS 特征吸收峰。Cd-CBCS-5 在 2900~3600 cm^{-1} 处特征峰强度明显提高,这表明表面·OH 基团浓度增大。Cd-CBCS-5 在 1740 cm^{-1} 位置出现 C=C 特征峰,说明复合材料中存在水热碳球结构。

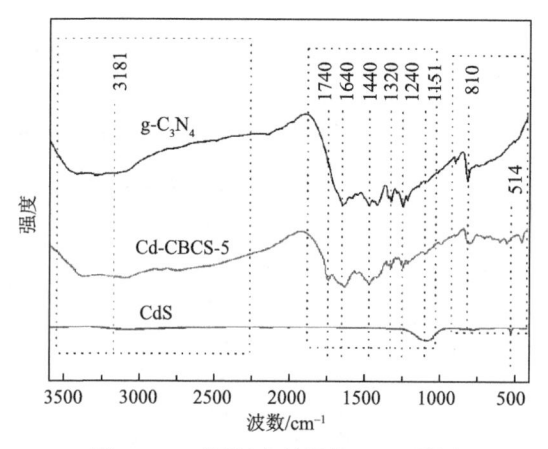

图 7-37 不同复合材料的 FTIR 谱图

2. CdS/g-C$_3$N$_4$-碳微球复合材料光电特性分析

通过紫外-可见吸收光谱研究了样品光学性能,如图 7-38(a)所示。单纯的 g-C$_3$N$_4$ 和 CdS 吸收边界为 460 nm 和 550 nm,复合材料 Cd-CBCS-5 和 Cd-C 的吸收波长在 g-C$_3$N$_4$ 和 CdS 之间,与单纯 g-C$_3$N$_4$ 相比,Cd-CBCS-5 和 Cd-C 的最长波长发生红移。而 Cd-CBCS-5 与 Cd-C 相比,Cd-CBCS-5 红移程度更大。结果表明,在可见光范围内,CdS 可以很好地扩大复合材料 Cd-CBCS-5 和 Cd-C 光吸收能力,这可能是由 g-C$_3$N$_4$ 和 CdS 之间形成了能级匹配的异质结,进而扩大了复合材料光吸收范围引起的。与 Cd-C 相比,Cd-CBCS-5 中由于 BCS 的掺杂,吸收边界出现轻微红移,这可能与 BCS 石墨化光敏特性有关。

经计算得到 g-C$_3$N$_4$ 的带隙宽度为 2.80 eV,CdS 的带隙宽度为 2.25 eV,Cd-C 的禁带宽度为 2.10 eV,Cd-CBCS-5 的禁带宽度为 2.04 eV,如图 7-38(b)所示。

采用 Mott-Schottky 分析样品的半导体类型和价带位置,如图 7-39 所示。g-C$_3$N$_4$、Cd-C、CdS、Cd-CBCS-5 的平带电位分别为-1.02 V、-0.285 V、-0.385 V 和-0.28 V(vs. Ag/AgCl, pH=7)。计算出 g-C$_3$N$_4$、CdS、Cd-C、Cd-CBCS-5 的 E_{VB}

分别为 1.56 eV、1.815 eV、1.715 eV、1.66 eV，能带信息如图 7-40 所示。

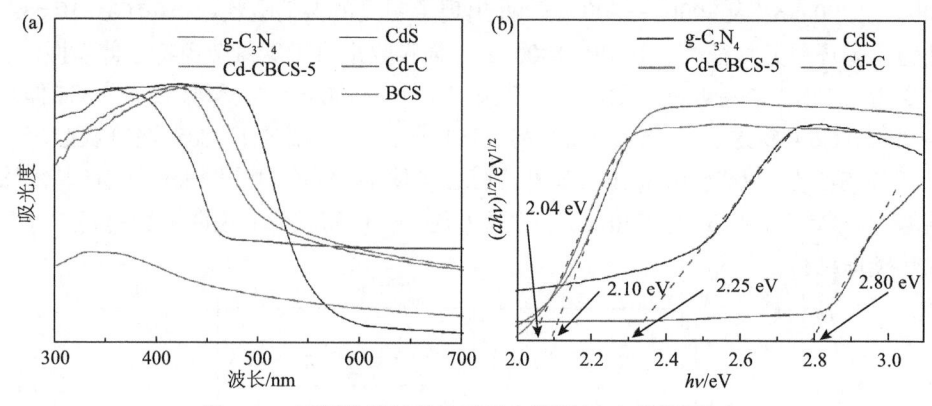

图 7-38 不同样品的紫外可见光谱图(a)和能带图(b)

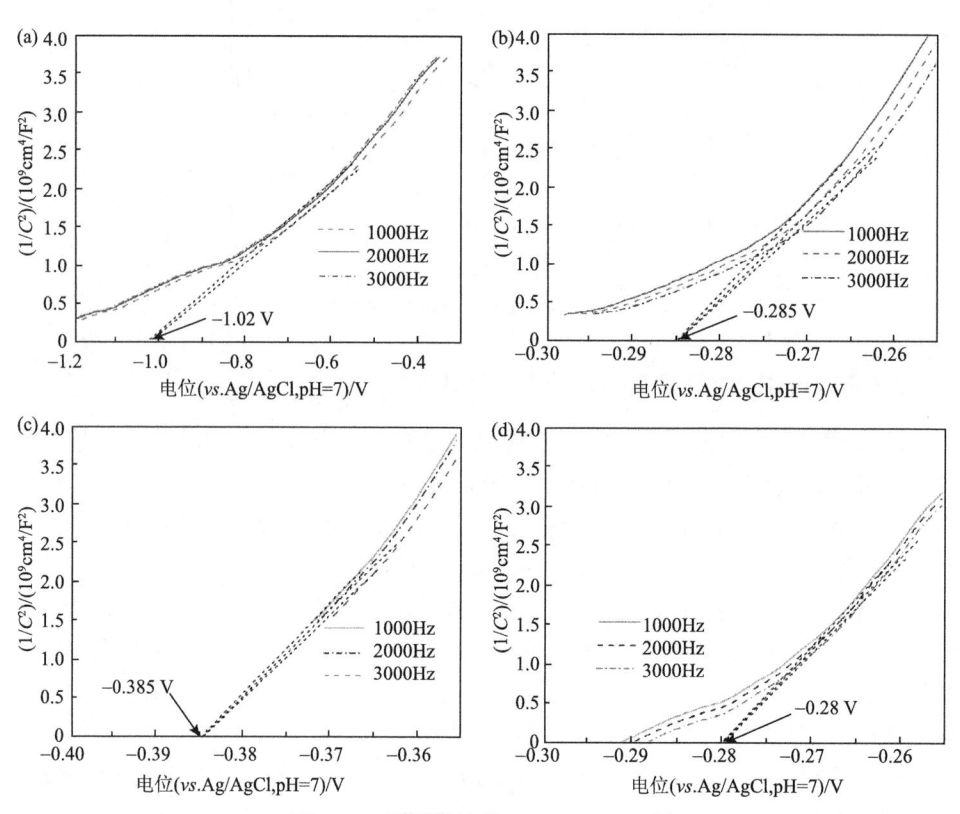

图 7-39 不同样品的 Mott-Schottky 图
(a) g-C$_3$N$_4$；(b) Cd-C；(c) CdS；(d) Cd-CBCS-5

图 7-40 不同样品的带隙结构图

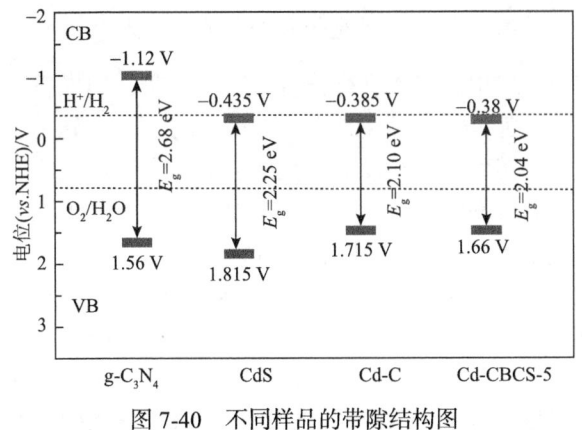

为了表征样品电子-空穴对复合率差异，对 g-C$_3$N$_4$、CdS、Cd-C 和 Cd-CBCS-5 进行了 PL 表征分析。在激发波长为 360 nm 状态下，测试了不同样品的 PL 光谱，如图 7-41(a)所示。研究表明，g-C$_3$N$_4$ 和 Cd-CBCS-5 在 460 nm 左右有一个宽阔的发光峰。Cd-CBCS-5 中由于 g-C$_3$N$_4$、CdS 之间存在异质结以及 BCS 负载，改变了原有 g-C$_3$N$_4$、CdS 之间电子转移速率，BCS 的导电性在这一过程中起到关键作用。

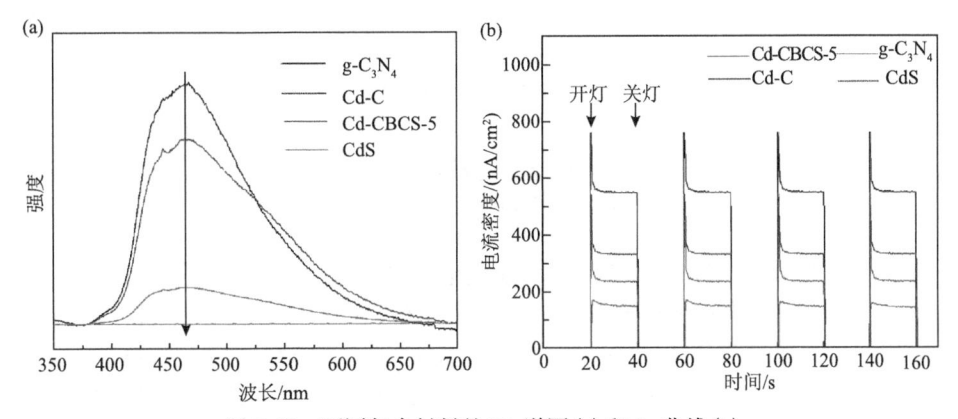

图 7-41 不同复合材料的 PL 谱图(a)和 I-t 曲线(b)

为进一步研究材料界面激发电子和空穴的迁移效率，对样品进行了光电流测试，如图 7-41(b)所示。在光照条件下，g-C$_3$N$_4$、CdS、Cd-C、Cd-CBCS-5 四种样品均产生了光电流响应，但响应程度不同，其中 Cd-CBCS-5 光电流密度最大，CdS 的光电流密度最小，证明 Cd-CBCS-5 具有最好的光生载流子分离效率。这一现象与不同样品的光催化制氢性能相一致。

3. CdS/g-C₃N₄-碳微球复合材料光催化分解水制氢机理分析

对 Cd-CBCS-5 的 EPR 谱图进行分析，结果表明，如果载流子遵循典型的Ⅱ型异质结迁移路径，则 g-C₃N₄ 中 CB 电子会向 CdS 的 CB 转移，而 CdS VB 中空穴会向 g-C₃N₄ 的 VB 转移，导致没有较强的还原能力和氧化能力，形成·O_2^- 自由基(-0.33 eV)和·OH(1.99 eV)。因而 Cd-CBCS-5 中无·O_2^- 和·OH 存在，但是，从图 7-42 中可以确定 Cd-CBCS-5 中存在·O_2^- 和·OH。因此，Cd-CBCS-5 最合适的电荷转移光催化机理应遵循 Z 型机理。图 7-42(a) 的结果表明，Cd-CBCS-5 与单纯的 CdS 均响应出比较强的 DMPO-·OH 信号，Cd-CBCS-5 被光激发产生的光生电子-空穴对中的空穴主要停留在 CdS 中。在图 7-42(b) 中，Cd-CBCS-5 与单纯的 g-C₃N₄ 均响应出比较强的 DMPO-·O_2^- 信号，表明 Cd-CBCS-5 中光生电子主要停留在 g-C₃N₄ 的导带而不是 CdS 的导带。

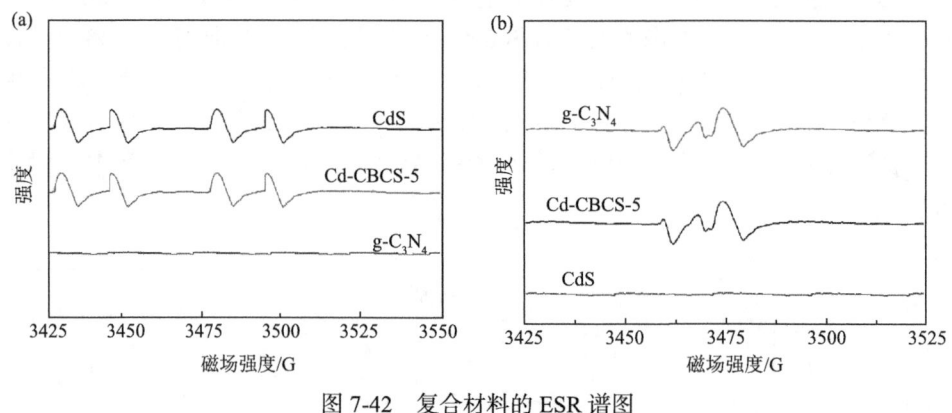

图 7-42 复合材料的 ESR 谱图
(a) DMPO-·OH；(b) DMPO-·O_2^-

材料能级和 E_g 在光催化剂活性方面起着重要作用。图 7-43 为 g-C₃N₄、CdS、Cd-C 和 Cd-CBCS-5 模拟计算能带图。g-C₃N₄ 和 CdS 的 E_g 分别为 2.68 eV 和 2.25 eV。与 Cd-C 相比，而 Cd-CBCS-5 能带结构更为密集，缩小为 2.04 eV，与实验值非常接近。基于以上分析，我们可以确定 Cd-CBCS-5 之间存在 Z 型异质结。光催化反应机理示意图，如图 7-44 所示。Cd-CBCS-5 具有以水热碳球为基质的结构、较大的比表面积和宽阔的光催化活性位点，有利于对可见光的吸收，促进了光生电子的形成和转移。g-C₃N₄ 与 CdS 形成 Z 型异质结，有益于光生电子-空穴对的分离。BCS 表面多孔及比表面积大的特性，作为 g-C₃N₄ 与 CdS 形成异质结的有效依托，保证了 Z 型异质结的稳定性。

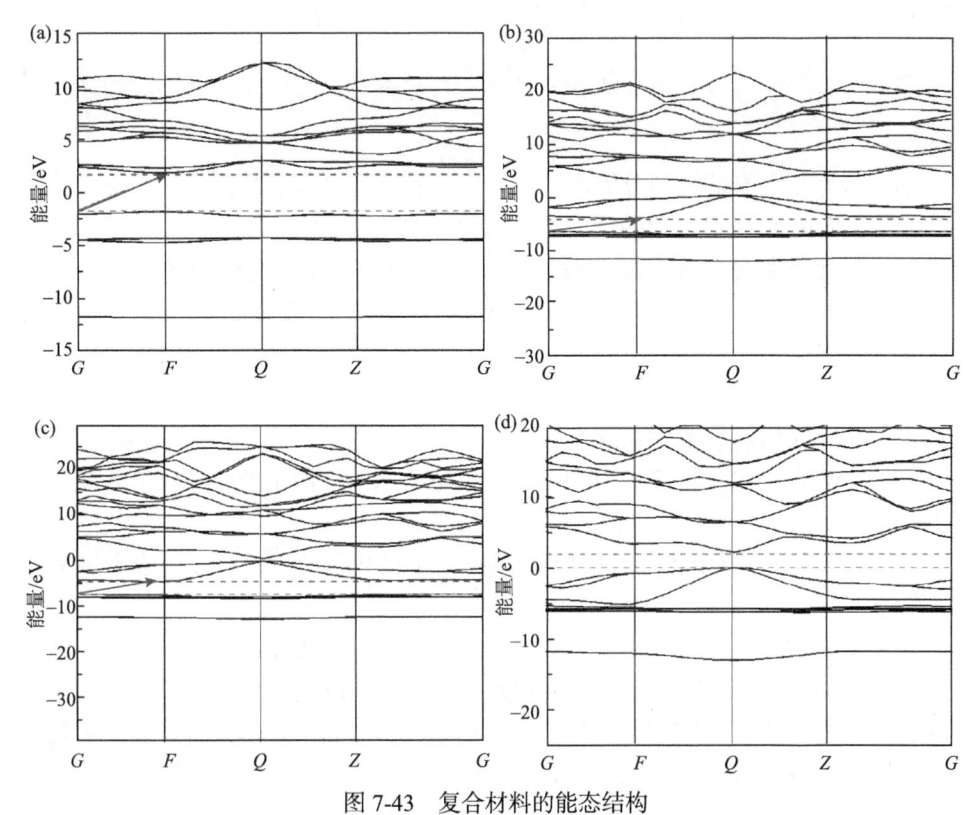

第 7 章　玉米秸秆衍生物碳微球复合材料的制备及制氢性能

图 7-43　复合材料的能态结构
(a) g-C₃N₄；(b) CdS；(c) Cd-C；(d) Cd-CBCS-5

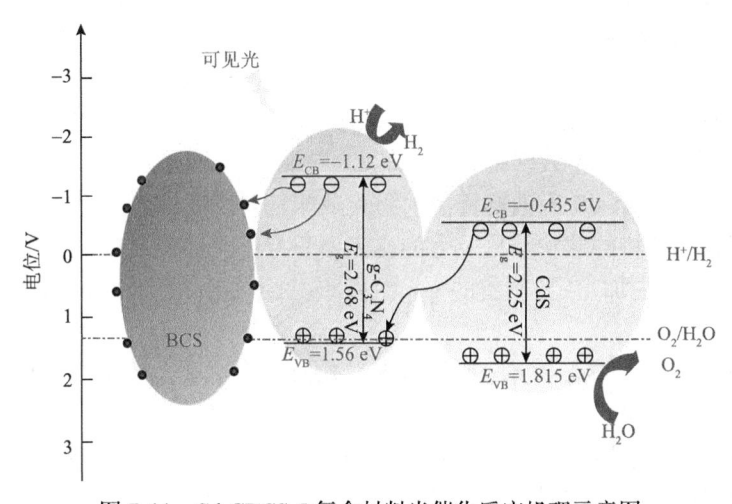

图 7-44　Cd-CBCS-5 复合材料光催化反应机理示意图

7.3 小　　结

通过研究复合光催化剂分解水制氢反应过程，得出以下结论：

(1)随着 BCS 质量分数的增大，光催化分解水制氢量出现先增大后减小的变化趋势，BCS 质量分数为 30wt%时，制氢量与 TiO_2/Pt 相比提高 55 倍。

(2)部分石墨化的碳微球具有一定的导电性，修饰在 TiO_2 上作为电子传递隧道，加快了光生电子转移，降低了光生电子-空穴对的复合率。

(3)循环实验表明，TPBC-3 经过 5 次循环后，具有良好的光稳定性，这对光催化剂的实际应用具有重要意义。

采用水热合成法，制备了 2D g-C_3N_4/WO_3/玉米秸秆衍生物碳微球复合光催化剂，得出以下结论：

(1)碳微球部分石墨化，成功修饰在 g-C_3N_4 和 WO_3 上，增大了复合材料的比表面积。

(2)CWBCS-3 中存在稳定的 Z 型异质结，光激发载流子有效分离，光生电子-空穴对复合率下降。CWBCS-3 复合材料表现出最佳的光催化活性和光稳定性。当碳微球质量分数为 30%时，CWBCS 光催化分解水制氢速率最快。在太阳光及可见光照射下，制氢速率分别是可见光照射下单纯 g-C_3N_4 的 70.54 倍和 107.75 倍。

(3)在不同光源照射下，CWBCS-3 光催化制氢速率为紫外光＞可见光＞太阳光＞弱光。CWBCS-3 中碳微球的掺杂，提高了复合材料的光敏性，在太阳光照射下具有稳定的制氢性能。

(4)羟基自由基在光催化制氢中起到主要作用。CWBCS 表面 g-C_3N_4 和 WO_3 形成 Z 型异质结，部分石墨化的碳微球具有一定的导电性，修饰在 g-C_3N_4 和 WO_3 上，降低了光生电子-空穴对的复合率。

制备了 g-C_3N_4/CdS/玉米秸秆衍生物碳微球复合光催化剂，得出以下结论：

(1)碳微球独特的球状结构及大的比表面积特性，促使 g-C_3N_4 与 CdS 之间形成的 Z 型异质结更加稳定，制备的 g-C_3N_4/CdS/玉米秸秆衍生物碳微球光催化性能活性更强。

(2)基于 DFT 计算，优化 Cd-CBCS-5 几何结构模型，计算出 Cd-CBCS-5 能带变窄，为 2.04 eV。

(3)碳微球掺杂质量分数为 50%时，Cd-CBCS 光催化制氢性能最佳。在可见光照射下，Cd-CBCS-5 制氢速率是单纯 g-C_3N_4 的 112 倍。在不同光源下，复合材料制氢速率为可见光＞紫外光＞太阳光＞弱光。

参 考 文 献

[1] Sun M, Zhou Y L. Synthesis of g-C$_3$N$_4$/WO$_3$-carbon microsphere composites for photocatalytic hydrogen production[J]. International Journal of Hydrogen Energy, 2022, 47: 10261-10276.

[2] Zhou Y L, Sun M. Considering photocatalytic activity of Cu^{2+}/biochar-doped TiO$_2$ using corn straw as sacrificial agent in water decomposition to hydrogen[J]. Environmental Science and Pollution Research, 2021, 9(25): 1-21.

[3] He K L, Xie J, Luo X, et al. Enhanced visible light photocatalytic H$_2$ production over Z-scheme g-C$_3$N$_4$ nanosheets/WO$_3$ nanorods nanocomposites loaded with Ni(OH)$_x$ cocatalysts[J]. Chinese Journal of Catalysis, 2017, 38: 240-252.

[4] Beyhaqi A, Azimi S M T, Chen Z, et al. Exfoliated and plicated g-C$_3$N$_4$ nanosheets for efficient photocatalytic organic degradation and hydrogen evolution[J]. International Journal of Hydrogen Energy, 2021, 46: 20546-20559.

[5] Sun M, Zhou Y L, Yang M. Preparation of corn stover hydrothermal carbon sphere-CdS/g-C$_3$N$_4$ composite and evaluation of its performance in the photocatalytic coreduction of CO$_2$ and decomposition of water for hydrogen production[J]. Journal of Alloys and Compounds, 2023, 933: 167871.

[6] Sun M, Zhou Y L. Preparation of TiO$_2$/WO$_3$-corn straw based graphene-like composite and its low light catalytic hydrogen production performance and mechanism[J]. Fuel, 2023, 343: 127936.

[7] Ji C, Du C, Steinkruger J D, et al. *In-situ* hydrothermal fabrication of CdS/g-C$_3$N$_4$ nanocomposites for enhanced photocatalytic water splitting[J]. Materials Letters, 2019, 240: 128-131.

[8] Güy N. Directional transfer of photocarriers on CdS/g-C$_3$N$_4$ heterojunction modified with Pd as a cocatalyst for synergistically enhanced photocatalytic hydrogen production[J]. Applied Surface Science, 2020, 522: 146422.

[9] Jiang D, Chen L, Xie J, et al. Ag$_2$S/g-C$_3$N$_4$ composite photocatalysts for efficient Pt-free hydrogen production[J]. Dalton Transactions, 2014, 43(12): 4878-4885.

第8章 玉米秸秆衍生物类石墨烯复合材料的制备及制氢性能

我们发现在紫外光、可见光、太阳光源下，掺杂玉米秸秆碳基材料复合光催化剂光催化分解水制氢性能大幅度提高，但是在弱光源下，制氢速率仍极低[2]。为了提高碳基光催化材料在弱光源下制氢速率，探索玉米秸秆衍生物类石墨烯结构，本章利用玉米秸秆为碳源制备了类石墨烯材料，通过水热合成法制备了TiO_2/WO_3-玉米秸秆衍生物类石墨烯光催化材料，针对弱光、强光源对比分析了其作为光催化制氢性能及机理[1]。

8.1 材料的制备及方法

8.1.1 催化剂的制备

1. 玉米秸秆衍生物类石墨烯的制备

玉米秸秆衍生物类石墨烯的制备步骤如下[3,4]：

(1)将回收的玉米秸秆采用与制备生物炭相同的前处理方式洗涤、破碎。

(2)将(1)中破碎玉米秸秆放入80℃鼓风干燥箱中烘干48 h。转入球磨机内，在转速220 r/min下，球磨10 h。

(3)取适量(2)中研磨后秸秆粉末放于坩埚中，设置管式炉升温程序为升温速率7℃/min，保持650℃恒温2 h。煅烧完成后，粉末温度冷却直至室温，放入60℃恒温干燥箱内24 h，烘干至恒重，研磨。

(4)将(3)中研磨后黑色粉末再次于真空管式炉中煅烧，设置升温程序为升温速率7℃/min，保持900℃恒温4 h。冷却至室温，放入80℃恒温干燥箱内24 h，烘干至恒重，研磨，得到类石墨烯，记为SGr。

2. TiO_2/WO_3/类石墨烯复合光催化材料的制备

采用水热合成法制备TiO_2/WO_3/类石墨烯复合材料，WO_3制备方式与6.3.1节相同，通过改变SGr质量分数为10%、30%、50%、70%，分别制备了不同比例样品，记为SGr-TW-1、SGr-TW-3、SGr-TW-5、SGr-TW-7。以制备样品SGr-TW-1

为例，如图 8-1 所示，具体步骤如下：

(1) 称取 0.45 g 的锐钛矿相 P25 纳米颗粒 TiO_2、0.45 g WO_3 粉末，加入到 100 mL 去离子水中，在转速 300 r/min 下搅拌 8 h，形成凝胶状悬浮液。

(2) 将(1)中悬浮液用去离子水、无水乙醇多次反复抽滤、洗涤，至滤液无明显变化为止，放入 60℃恒温干燥箱内 24 h，烘干至恒重，研磨成粉末。

(3) 取适量(2)中研磨后粉末放于坩埚中，设置管式炉升温程序为升温速率 7℃/min，保持 550℃恒温 1 h。煅烧完成后，粉末温度冷却直至室温，放入 60℃恒温干燥箱内 24 h，烘干至恒重，研磨，得到 TiO_2/WO_3。

(4) 将(3)中 TiO_2/WO_3 与 0.1 g SGr 于石英研钵中研磨均匀，研磨后粉末平铺于小瓷舟中，再次于真空管式炉中煅烧，设置升温程序为升温速率 5℃/min，保持 500℃恒温 3 h。冷却至室温，放入 60℃恒温干燥箱内 24 h，烘干至恒重，研磨，得到 SGr-TW-1。

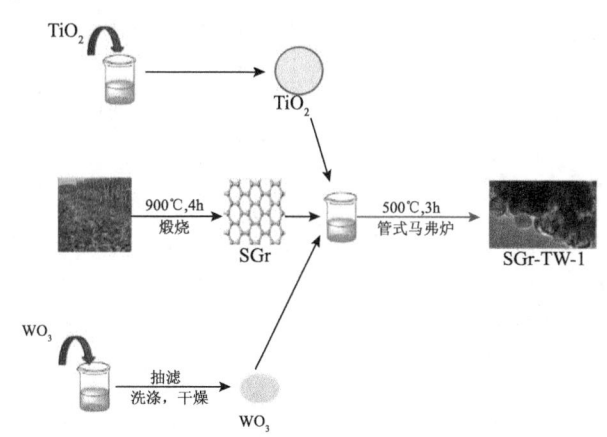

图 8-1　SGr-TW 复合材料制备工艺流程图

制备的单纯 TiO_2、WO_3、TiO_2/WO_3(以下简称 TW)催化剂的光催化制氢实验操作方法和使用仪器与 SGr-TW 测试一致。

8.1.2　光催化制氢方法

将制备的不同样品分别在模拟光催化制氢装置和太阳光催化制氢装置中测试。将光催化剂换为本次设计材料，牺牲剂为三乙醇胺(TEOA)。

8.2　不同光源下光催化分解水制氢性能分析

以 TEOA 为空穴牺牲剂，在不同光源照射下，分析复合光催化剂光催化制氢性能。首先在可见光照射下，复合材料制氢性能如图 8-2(a)所示。SGr-TW-3 光催化制氢量最大，为 9200 µmol/g。与 TW(3600 µmol/g)相比制氢量有提升。

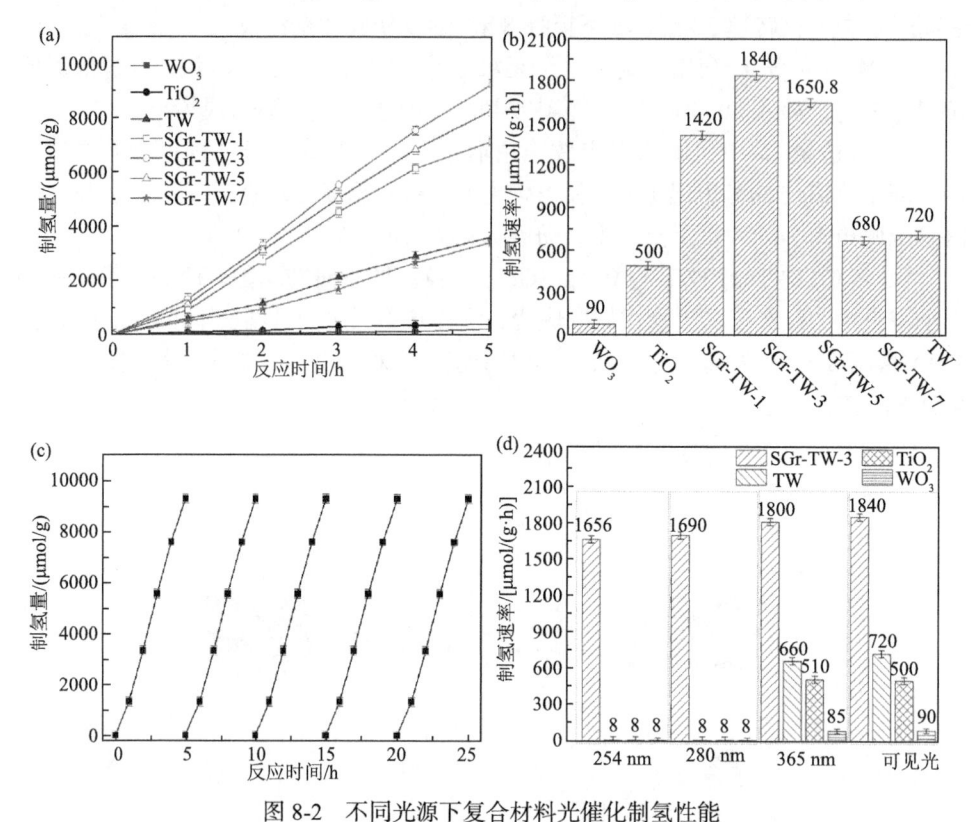

图 8-2　不同光源下复合材料光催化制氢性能

(a)可见光下复合材料制氢量；(b)可见光下复合材料制氢速率；(c)SGr-TW-3 复合材料制氢量重复实验；(d)不同光频率下复合材料制氢速率

图 8-2(b)为不同样品制氢速率。SGr-TW-3[1840 µmol/(g·h)]与 TW[720 µmol/(g·h)]相比，制氢速率提升 1.5 倍。SGr-TW-3 与 WO₃[90 µmol/(g·h)]相比，制氢速率提升 19 倍，单纯的 SGr 无光催化制氢性能。然而，过量的 SGr 可能导致 TiO₂/WO₃ 材料表面光照面积下降，因而 SGr-TW-3 制氢速率优于 SGr-TW-7[680 µmol/(g·h)]。SGr-TW-3 复合材料在可见光下光稳定性如图 8-2(c)所示，结果表明 SGr-TW-3 具有较高的稳定性。

在 254 nm、280 nm、365 nm 紫外光和可见光照射下，SGr-TW-3、TW、WO₃ 和 TiO₂ 光催化制氢速率如图 8-2(d)所示。结果表明，与可见光源相比，在波长为 254 nm 的弱光照射下，SGr-TW-3 制氢速率仅下降 10%，制氢速率仍为 1656 µmol/(g·h)，TW 制氢速率随着光强降低，下降了 98.90%。而 254 nm 弱光照射下，SGr-TW-3 制氢速率是 TW 的 207 倍。

在254 nm弱光照射下，SGr-TW复合材料光催化产氢性能如图8-3(a)所示。研究表明，SGr-TW-3光催化制氢量最大，为8280 μmol/g。而TW制氢量与SGr-TW相比，出现严重下降现象。图8-3(b)表明，与可见光照射下制氢速率相比，SGr-TW-3制氢速率仅降低了10%，而TW制氢速率仅为8 μmol/(g·h)。这一现象说明，SGr可能延长了光生电子的传递时间。SGr-TW-3复合材料在254 nm光源下光稳定性如图8-3(c)所示，结果表明SGr-TW-3在弱光下仍表现出光稳定性[5,6]。

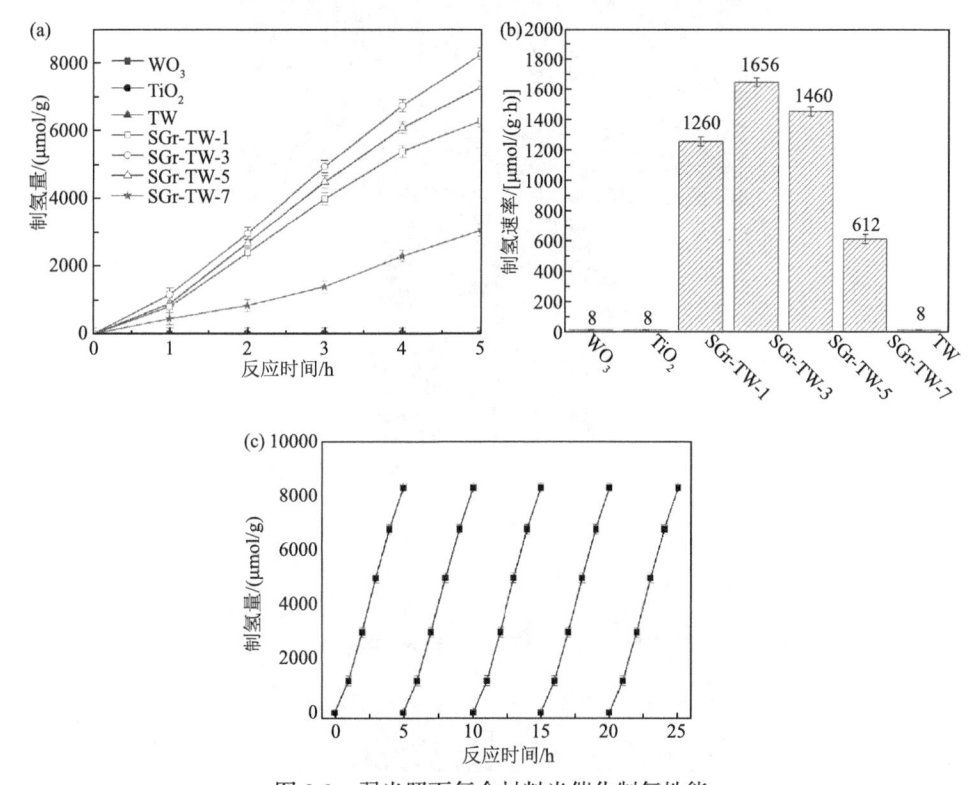

图8-3 弱光照下复合材料光催化制氢性能
(a)复合材料制氢量；(b)不同复合材料制氢速率；(c)SGr-TW-3复合材料制氢量重复实验

8.3 TiO$_2$/WO$_3$/类石墨烯复合材料的表征

8.3.1 表观形貌和微观结构分析

图8-4为制备的SGr-TW-3、SGr和TiO$_2$样品的SEM图像。结果表明，单纯TiO$_2$由纳米颗粒结构构成，如图8-4(a)所示。从SGr的SEM图中可以看出，其呈现出"面包"状，且大小不一，存在明显的孔隙[图8-4(b)]。SGr-TW-3复合材

料表面呈现球状团聚结构。如图 8-4(c)所示，TiO$_2$ 和 WO$_3$ 沉积良好。单纯的 WO$_3$ 为规则的纳米颗粒，长度和宽度为 50～100 nm，如图 8-5(a)所示。通过 TEM 进一步观察 SGr 的结构形貌，其呈现片层状结构，如图 8-5(b)所示。TW 中形成了纳米颗粒组成的球形结构，且表面光滑，如图 8-5(c)所示。从图 8-5(d)可以看出，SGr、TiO$_2$ 和 WO$_3$ 之间的边界清楚，TiO$_2$ 和 WO$_3$ 紧邻，其两者之间可能存在异质结。

图 8-4　TiO$_2$(a)、SGr(b)和 SGr-TW-3(c)的 SEM 图

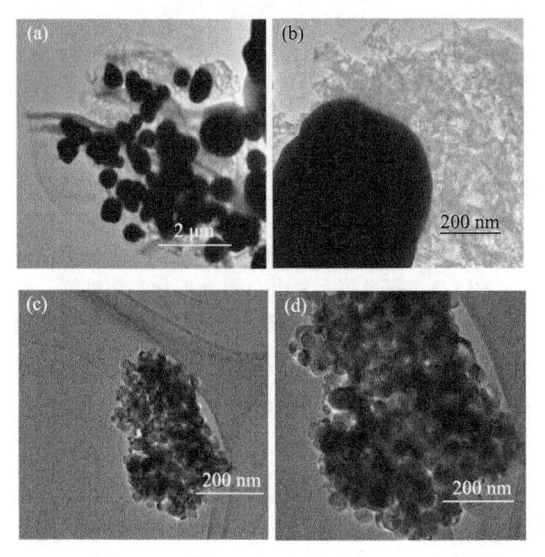

图 8-5　WO$_3$(a)、SGr(b)、TW(c)和 SGr-TW-3(d)的 TEM 图

HRTEM 显示，0.352 nm 的晶面间距与锐钛矿型 TiO$_2$ 的(101)晶面相吻合，如图 8-6(a)所示。晶面间距为 0.385 nm 的晶格条纹为 WO$_3$ 的(001)晶面间距，清

晰的点阵条纹表明其结晶度高且完整。SGr 的晶面间距为 0.34 nm，这与石墨的 (002) 晶面相吻合，证明 SGr 中有类石墨化结构，如图 8-6(b)所示。通过元素映射可以看出，C、W、O、Ti 元素在 SGr-TW-3 中均匀分布，如图 8-7 所示。同时，如图 8-8 所示，通过 EDS 分析 SGr-TW-3 的元素组成，确定出 SGr-TW-3 中含有 C、Ti、W、O 元素。以上结果证明 SGr-TW-3 复合材料被成功制备。

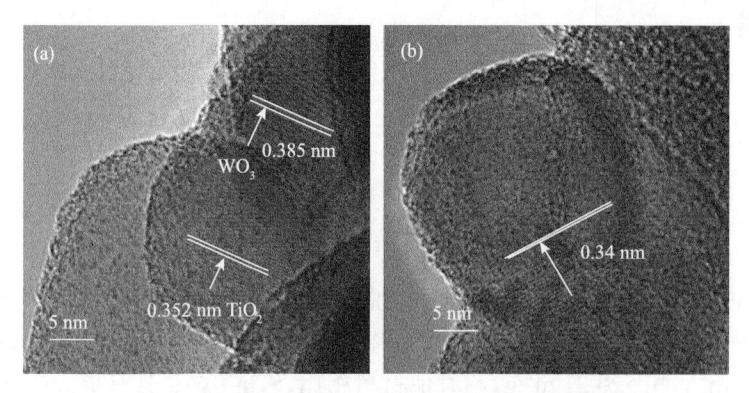

图 8-6　SGr-TW-3(a)和 SGr(b)的 HRTEM 图

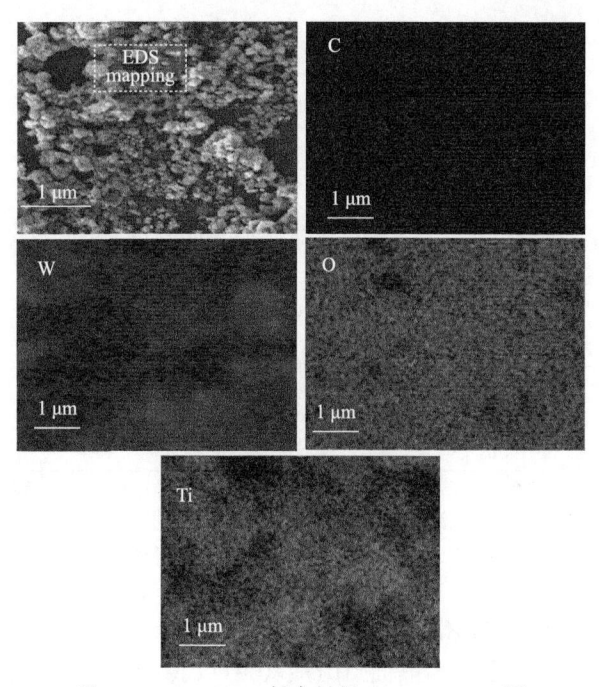

图 8-7　SGr-TW-3 复合材料 EDS mapping 图

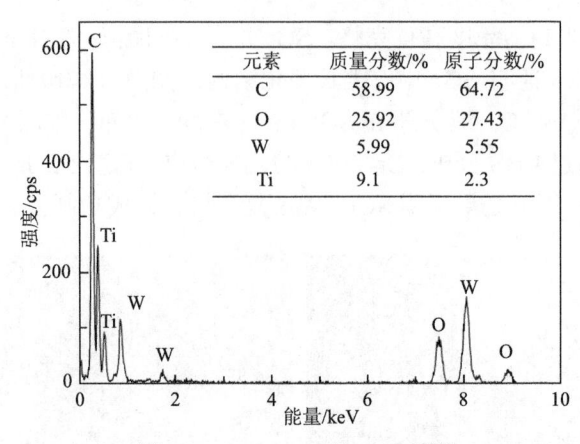

元素	质量分数/%	原子分数/%
C	58.99	64.72
O	25.92	27.43
W	5.99	5.55
Ti	9.1	2.3

图 8-8　SGr-TW-3 的 EDS 谱图

图 8-9 为不同样品的 N_2 等温吸附-脱附曲线。所有样品等温线均为Ⅳ型，且在相对压力 (p/p_0) 在 0.9 左右急剧上升。结果表明，TiO_2 和 SGr-TW-3 比表面积分别为 11.44 m^2/g 和 520.21 m^2/g。与其他材料相比，SGr-TW-3 具有更大的比表面积，含有更多的微孔，反应位点增加，光催化能力大大增大，这对弱光催化制氢反应的发生非常有利。

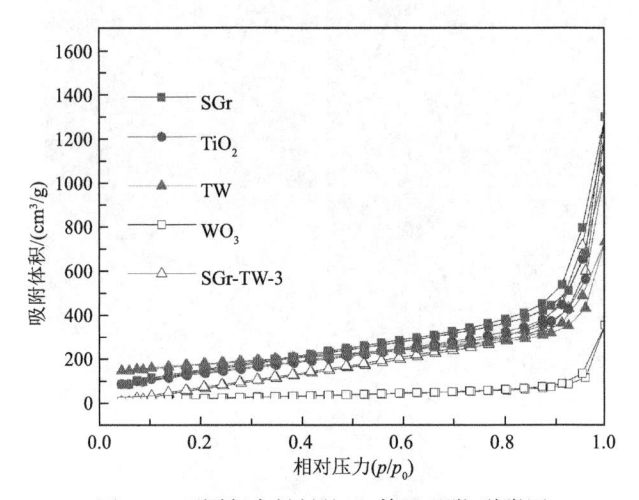

图 8-9　不同复合材料的 N_2 等温吸附-脱附图

图 8-10 为制备样品的 XRD 谱图。TiO_2 的衍射峰为 2θ=25.1°、27.32°、37.8°、48.1°、53.8°、54.9°，分别代表晶面 (101)、(001)、(004)、(200)、(105) 和 (211)。WO_3 在 2θ=23.5°、24.2°、34.1°、41.7°、49.9°、55.1°、62.2° (JCPDS No. 83-0950)，分别代表晶面 (002)、(020)、(112)、(202)、(222)、(400) 和 (402)，并归因于氧化钨的单斜结构[7,8]。

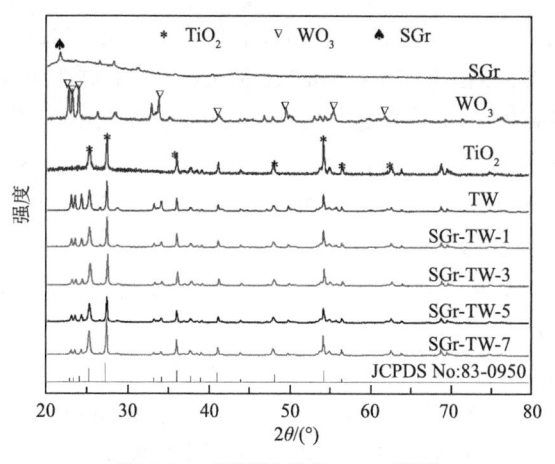

第8章 玉米秸秆衍生物类石墨烯复合材料的制备及制氢性能

图 8-10　不同样品的 XRD 谱图

SGr 在 $2\theta=21.62°$ 和 $28.5°$ 位置处出现两个比较明显的衍射峰，与石墨烯的(002)和(101)位置相吻合(JCPDS No. 41-1487)，这一结果表明，SGr 具有石墨烯的结构特征，与 HRTEM 图结果相一致。TW 和 SGr-TW 复合材料中均出现了 TiO_2 和 WO_3 的特征峰并且没有任何结构的变化，证实了 SGr-TW 复合材料中同时存在 TiO_2 相和 WO_3 相。SGr-TW 中没有明显的 SGr 特征峰，这可能是由复合材料上 SGr 负载率较低引起的。

图 8-11 为复合材料的 FTIR 谱图。所有样品在 $3400\sim3600\ cm^{-1}$ 附近的宽频峰由 N—H 和—OH 拉伸振动或 WO_3 表面的—OH 振动引起。位于 $1640\ cm^{-1}$ 和 $808\ cm^{-1}$ 处的波峰分别属于 C—O 和 W—O—W 的拉伸模式。$518\ cm^{-1}$ 处为 Ti—O 振动带。SGr-TW-3 在 $2760\ cm^{-1}$ 位置出现 C=C 特征峰，说明复合材料中存在类石墨烯结构。

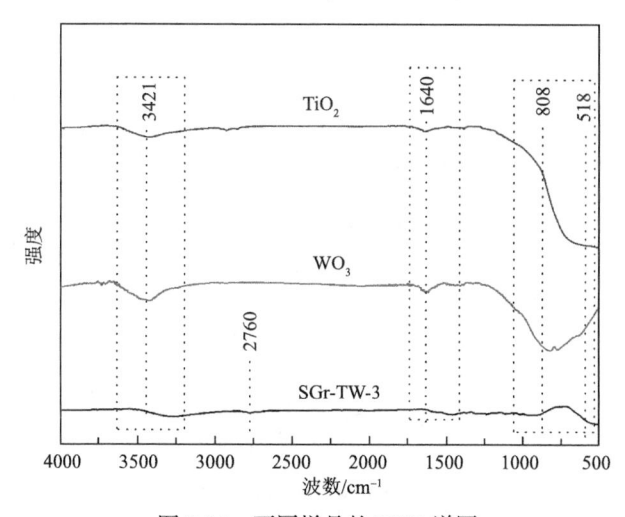

图 8-11　不同样品的 FTIR 谱图

采用 XPS 分析了不同样品的元素组成和价态，图 8-12(a)中 C 1s 谱为 1 个主峰和 2 个卫星峰，SGr 在 284.29 eV 和 286.39 eV 处出现的特征峰，分别归属于石墨烯的 sp^2 C—C 键和 O—C=O 键。次峰强度明显增加，SGr-TW-3 峰值偏移是由含氧量降低而引起羟基增加导致的。

图 8-12(b)为 WO_3 和 SGr-TW-3 的 O 1s 谱图，在 530.26 eV 处的特征峰对应于 Ti—O 和 W—O 键的晶格氧。在 532.00 eV 左右出现的卫星峰，归属于 SGr-TW-3 中的羟基(—OH)和羧基(C—O 和 C=O)，与 C 1s 谱图类似。图 8-12(c)为 TiO_2 和 SGr-TW-3 样品的 Ti 2p 谱图。与 TiO_2 相比，SGr-TW-3 在 459.60 eV 和 464.20 eV 处的特征峰来自于 Ti $2p_{3/2}$ 和 Ti $2p_{1/2}$ 轨道，两个轨道的结合能差约为 5.4 eV，说明 Ti 元素在 TiO_2 中以 Ti^{4+} 的形式存在。图 8-12(d)为 WO_3 和 SGr-TW-3 的 W 4f 谱图。WO_3 的特征峰 35.6 eV 和 37.8 eV 分别归属于 W $4f_{7/2}$ 和 W $4f_{5/2}$，对应于 W 4f 的自旋轨道分裂。与 WO_3 相比，SGr-TW-3 中 W $4f_{7/2}$ 和 W $4f_{5/2}$ 的特征峰分别向高能级转移 0.3 eV 和 0.2 eV。

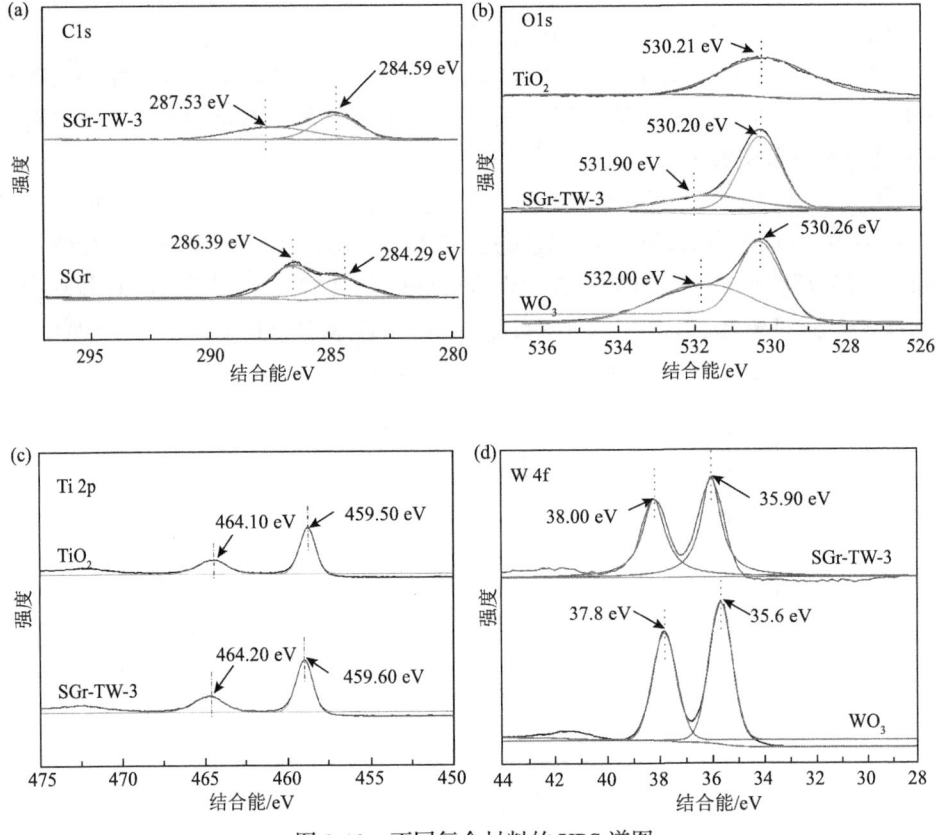

图 8-12 不同复合材料的 XPS 谱图
(a) C 1s 谱图；(b) O 1s 谱图；(c) Ti 2p 谱图；(d) W 4f 谱图

8.3.2 TiO$_2$/WO$_3$/类石墨烯复合材料光电特性分析

不同样品紫外-可见吸收光谱如图 8-13(a)所示。单纯的 TiO$_2$ 光吸收起始在紫外光波段范围内，412 nm 处有明显的吸收边缘。WO$_3$ 在可见光区表现出较宽的吸收光谱。此外，TW 和 SGr-TW-3 复合材料吸收光谱也很广，且均出现红移现象。与单纯的 TiO$_2$ 相比，这种红移可能是由金属氧化物之间的晶格不匹配，在 TiO$_2$ 的带隙中产生了中间间隙态引起的。而 SGr-TW-3 与 TW 相比，520 nm 处吸收边缘被归因于 SGr 与 TW 之间的 SPR 效应。SPR 现象增强了可见光的捕获，从而提高了催化剂光生电子转移现象。这可能与 SGr 石墨化光敏特性有关。

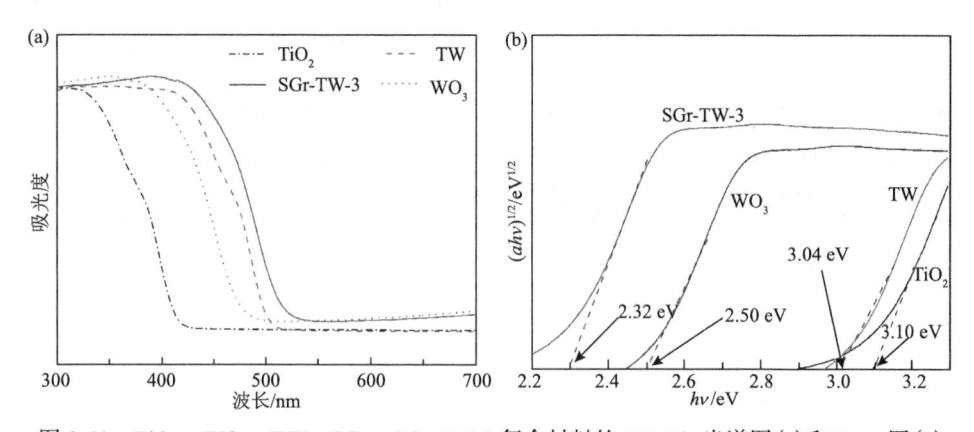

图 8-13　TiO$_2$、WO$_3$、TW、SGr、SGr-TW-3 复合材料的 UV-Vis 光谱图(a)和 Tauc 图(b)

经计算，得到 TiO$_2$ 的带隙宽度为 3.10 eV，WO$_3$ 的带隙宽度为 2.50 eV，TW 禁带宽度为 3.04 eV，SGr-TW-3 禁带宽度为 2.32 eV，如图 8-13(b)所示。

利用 Mott-Schottky 测试分析了 TiO$_2$、WO$_3$、TW、SGr-TW-3 半导体类型和价带位置。TiO$_2$、WO$_3$、TW、SGr-TW-3 的 E_{CB} 和 E_{VB} 通过 Mott-Schottky 图确定。TiO$_2$、WO$_3$、TW、SGr-TW-3 的 Mott-Schottky 图如图 8-14 所示。TiO$_2$、WO$_3$、

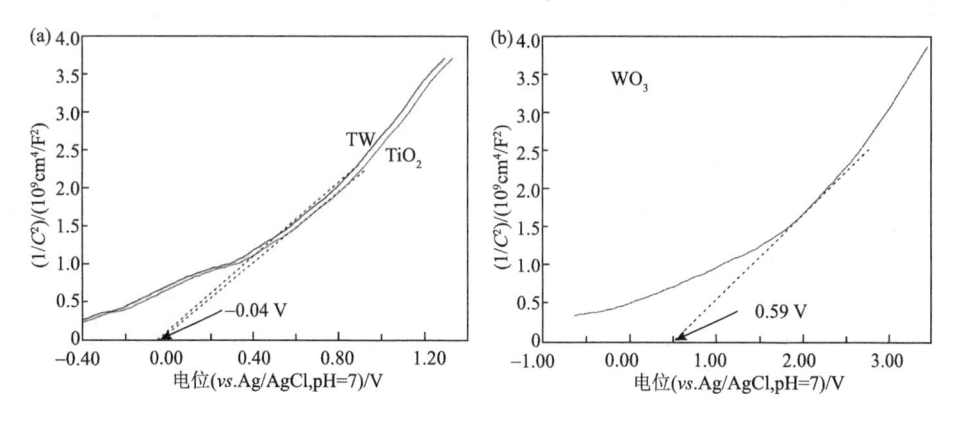

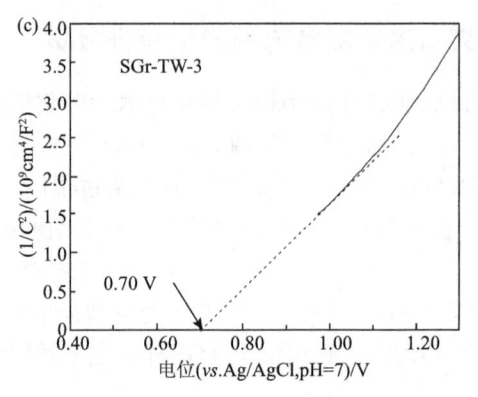

图 8-14 TiO$_2$ 和 TW(a)、WO$_3$(b)、SGr-TW-3(c) 的 Mott-Schottky 图

TW、SGr-TW-3 的平带电位分别是 -0.04 V、0.59 V、-0.04 V 和 0.7 V(vs. Ag/AgCl, pH=7)。计算出 TiO$_2$、WO$_3$、TW、SGr-TW-3 的 E_{VB} 分别为 2.86 eV、3.29 eV、2.80 eV、3.22 eV，复合材料能带结构信息如图 8-15 所示。

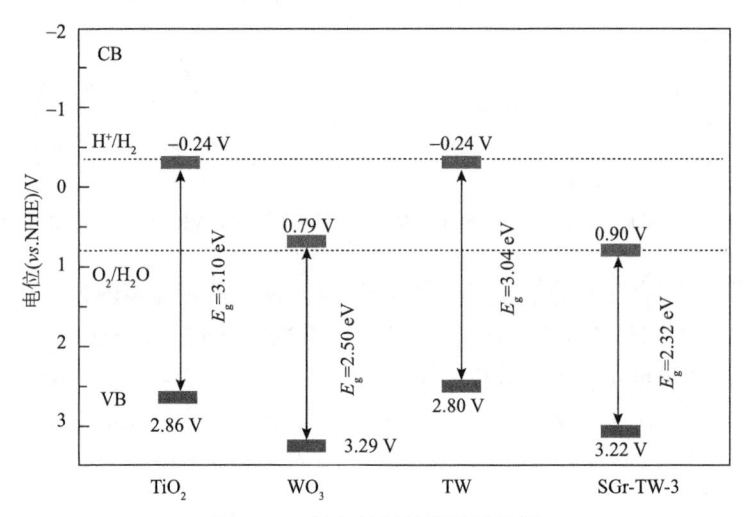

图 8-15 复合材料的带隙结构图

为证明 SGr-TW-3 复合材料光催化制氢机理，我们获得了材料在 340 nm 激发下的光致发光光谱，如图 8-16(a)所示。TiO$_2$ 和 WO$_3$ 均表现出典型以 470 nm 为中心的发光峰，这可能是由导带电子与俘获空穴复合或电子猝灭所致。SGr-TW-3 表现出较低的 PL 强度，说明 TiO$_2$ 和 WO$_3$ 之间的异质结和 SGr 耦合，明显降低了材料的光致发光强度，引起光生电子-空穴对复合率下降。图 8-16(b)为样品进光电流测试。结果表明，TiO$_2$、WO$_3$、TW、SGr-TW-3 四种样品在光照下都产生了光电流响应。SGr-TW-3 光电流密度最大，光生载流子分离效率高。

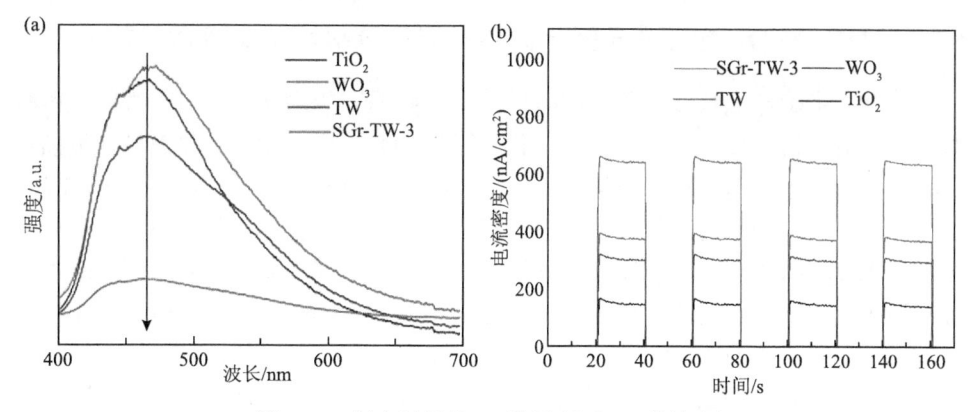

图 8-16 复合材料的 PL 谱图 (a) 和 I-t 曲线 (b)

不同样品的 EIS 图如图 8-17(a) 所示。四个样品的阻抗环半径大小为 SGr-TW-3 < TW < TiO$_2$ < WO$_3$。利用 $R_s[C_{dl}(R_{ct}W)]$ 等效电路模型拟合后,SGr-TW-3、TW、TiO$_2$、WO$_3$ 电荷转移阻值分别为 2.90×10^4 Ω、3.11×10^4 Ω、3.51×10^4 Ω、3.68×10^4 Ω。SGr-TW-3 阻抗曲线半径小于 TW,说明 SGr 的掺杂成功改变了 TW 的电子转移效率,而 SGr 的石墨烯特性加快了电子转移效率。同时也证明 SGr 有传输和转移电子作用。与 TiO$_2$、WO$_3$、TW 相比,SGr-TW-3 显示出更小的圆弧半径,体现了其最佳的电荷转移效率。

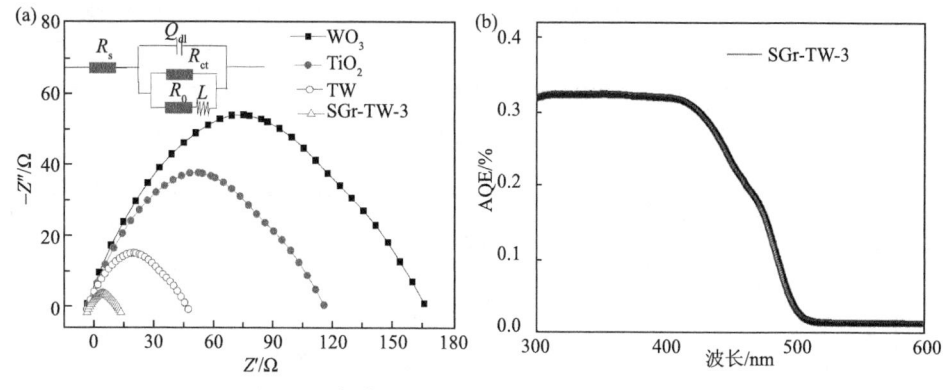

图 8-17 复合材料的 EIS 谱图 (a) 和 AQE 图 (b)

图 8-17(b) 为 SGr-TW-3 复合材料的表观量子效率随入射光波长的变化规律,SGr-TW-3 的 AQE 值在 365 nm、425 nm 和 475 nm 处,分别为 0.32%、0.23% 和 0.10%。当吸收波长大于 500 nm 时,AQE 值接近于 0。

8.3.3 TiO₂/WO₃/类石墨烯复合材料光催化分解水制氢机理分析

为进一步确定光致载流子转移路径，采用 400 nm 飞秒激光泵浦，进行飞秒瞬态吸收光谱分析，如图 8-18 所示。对于单纯 WO₃ 来说，瞬态吸收信号在最前面的时间里经历了快速从负信号翻成正信号过程，如图 8-18(a) 所示。而 SGr-TW-3 复合体系中，与 WO₃ 信号类似，复合体系中观测到的是 WO₃ 激发态电子信号，而不是 TiO₂ 电子信号，如图 8-18(b) 和(c) 所示。在 400 nm 的光激发下，基本上看不到 TiO₂ 信号，这说明 TiO₂ 电子已经转移到 WO₃ 一侧。与图 8-18(d) 中 TW 相比，SGr-TW-3 复合体系激发态电子信号强于 TW，且电子信号时间长于 TW，说明 SGr 石墨化结构，起到了很好的电子传递作用。结果表明，复合材料 SGr-TW-3 中，光激发电子是从 TiO₂ 的导带转移到 WO₃，而不是相反的方向，与 PL 结果一致。

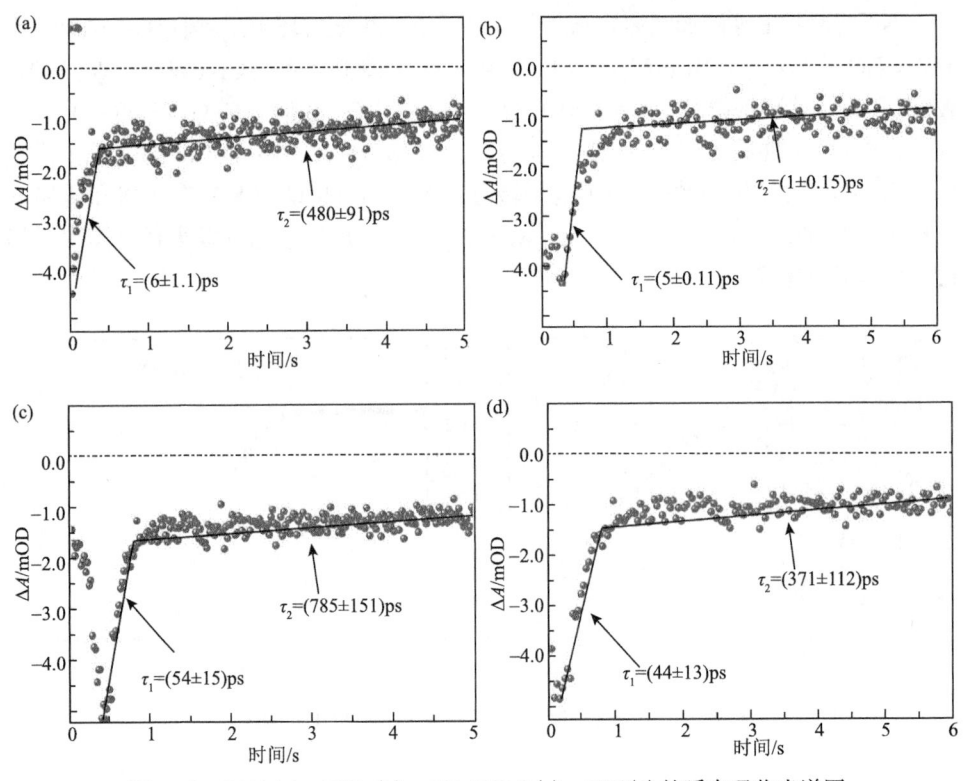

图 8-18　WO₃(a)、TiO₂(b)、SGr-TW-3(c)、TW(d) 的瞬态吸收光谱图

图 8-19 为 TiO₂、WO₃、TW 和 SGr-TW-3 样品能带图。TiO₂ 价带顶(VBT) 和导带底(CBB) 分别位于 G 点和 F 点[图 8-19(a)]。WO₃ VBT 和 CBB 位于 G 点[图 8-19(b)]。TiO₂ 和 WO₃ 的 E_g 分别为 3.10 eV 和 2.50 eV。研究表明，与 TW 相比，SGr-TW-3 的能带结构更为密集，E_g 缩小为 2.32 eV，与实验值非常接近，如

图 8-19(c)和(d)所示。

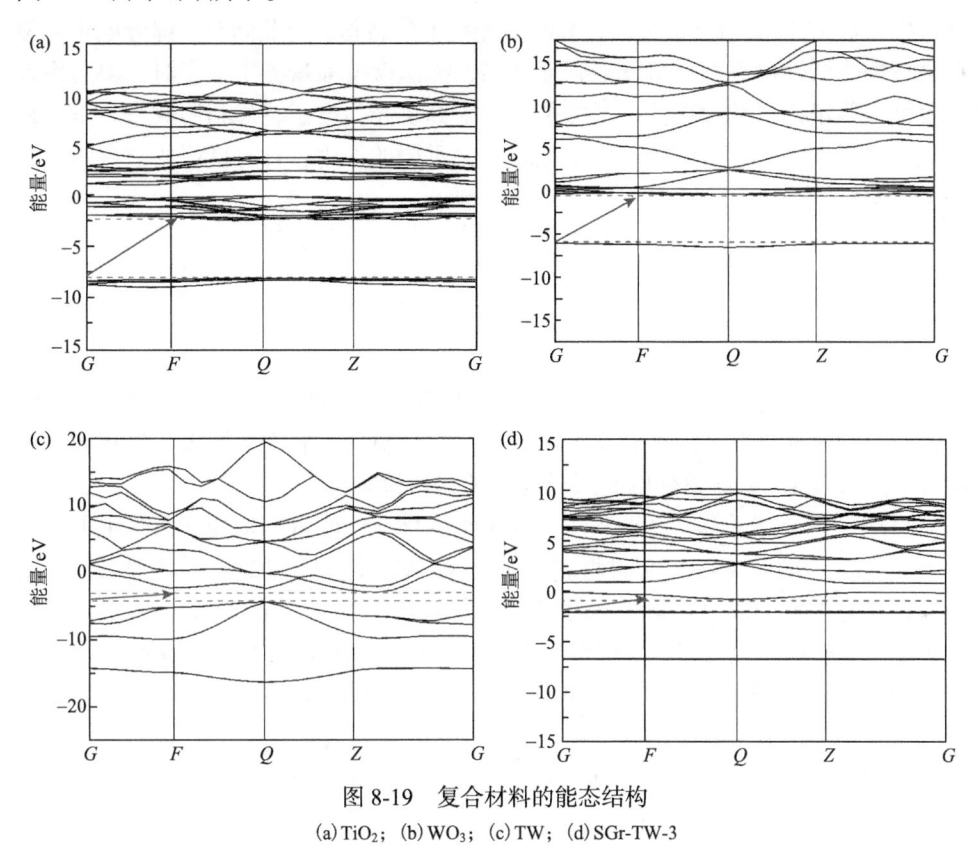

图 8-19 复合材料的能态结构
(a) TiO$_2$；(b) WO$_3$；(c) TW；(d) SGr-TW-3

图 8-20 为弱光照射下 SGr-TW-3 光催化制氢机理示意图。TiO$_2$ 和低带隙 WO$_3$

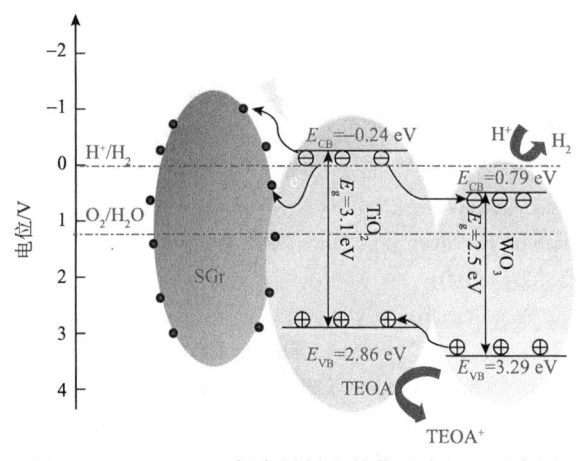

图 8-20 SGr-TW-3 复合材料光催化反应机理示意图

与玉米秸秆类石墨烯耦合，导致 SGr-TW-3 能量带隙变窄为 2.32 eV，改变了复合材料中 TiO$_2$ 的价带和导带边缘，有利于光生电子转移。与此同时，部分电子驻留在类石墨烯活性位点上，待光照强度变弱，无法激发大量光生电子时，类石墨烯吸收微弱能量仍可继续保持电子的传导，提高了光生电子转移利用效率。玉米秸秆类石墨烯在弱光催化制氢反应中起着至关重要的作用，具有良好的电荷转移和电子驻留特性。

8.4 小　　结

综上所述，成功制备出 TiO$_2$/WO$_3$/类石墨烯复合光催化材料，与单纯的 TiO$_2$、WO$_3$、TW 异质结相比，由于 SGr 的掺杂，复合材料比表面积增大，光辐照的波动性对 TiO$_2$/WO$_3$/类石墨烯电子跃迁及电子转移影响较小。

（1）引入 DFT 计算，证明 SGr-TW-3 纳米催化剂能带结构变窄，光生电子传递效率提高。SGr-TW-3 复合材料表面 TiO$_2$ 和 WO$_3$ 形成异质结，秸秆类石墨烯结构保证了光生电子快速转移，同时将部分光生电子驻留在石墨烯表面，实现了弱光光源下光生电子仍可以快速转移，降低了光生电子-空穴对的复合率。

（2）分析了弱光照射下 SGr-TW-3 复合材料制氢机理，SGr-TW-3 中类石墨烯起到了转移电子的主要作用。

（3）在不同光源下，SGr-TW-3 光催化制氢速率为可见光＞紫外光＞弱光。与可见光源相比，在弱光 254 nm 光源下，SGr-TW-3 制氢速率下降仅为 10%，而 TW 制氢速率下降 98.90%。

参 考 文 献

[1] 孙萌. 玉米秸秆衍生物光催化材料的制备及其不同光源制氢性能研究[D]. 吉林：东北电力大学，2024.

[2] Sun M, Zhou Y L. Synthesis of g-C$_3$N$_4$/NiO-carbon microsphere composites for co-reduction of CO$_2$ by photocatalytic hydrogen production from water decomposition[J]. Journal of Cleaner Production, 2022, 357: 131801.

[3] Sun M, Zhou Y L. Photo-electrocatalytic synthesis of 2,5-furan dicarboxylic acid and hydrogen co-production from straw-based microcrystalline cellulose by a CdS/TiO$_2$-graphene composite catalyst[J]. Journal of Cleaner Production, 2024, 448: 141302.

[4] Zhou Y L, Ye X Y. Enhance photocatalytic hydrogen evolution by using alkaline pretreated corn stover as a sacrificial agent[J]. International Journal of Energy Research, 2020, 44(6): 4618-4628.

[5] 林东尧. 光催化重整玉米秸秆分解水制氢性能研究[D]. 吉林: 东北电力大学, 2023.
[6] Wang P, Deng P, Cao Y. Edge-sulfonated graphene-decorated TiO$_2$ photocatalyst with high H$_2$-evolution performance[J]. International Journal of Hydrogen Energy, 2022, 47: 1006-1015.
[7] 曲亮. 尿素处理对玉米秸秆光催化制氢性能影响的研究[D]. 吉林: 东北电力大学, 2022.
[8] Sun M, Zhou Y L. Preparation of TiO$_2$/WO$_3$-corn straw based graphene-like composite and its low light catalytic hydrogen production performance and mechanism[J]. Fuel, 2023, 343: 127936.

第 9 章　太阳光驱动玉米秸秆制氢因素与综合分析

太阳光具有能量密度低、地域依赖性强、连续性差等不稳定性因素，利用太阳光驱动玉米秸秆制氢的难点主要分为以下三个方面：第一，以太阳光作为光源需要特殊的跟踪装置，这是因为地球的自转、公转，太阳的水平角和方位角一年四季、每时每刻都在变化中；第二，地球大气层对太阳光的折射和散射作用，使得不同地区所在不同纬度可接受的太阳光直射光谱存在不同程度的差异，且由于地理环境的不同，存在一定的气候差异；第三，在同一气候条件下，每天的天气对实验研究的影响也非常大，而实验数据结果的重复性也受到光辐照强度、天气、季节等因素的影响[1-3]。

基于以上对太阳能特点的分析，设计一种直接利用太阳光的制氢光催化检测装置应考虑到多种因素，包括环境温度、防雨、防高温、防低温、防风等气候和天气因素[4,5]。而如何利用这一装置进行研究需要选在理想的天气环境下进行大量的实验，采用控制变量法调节人为可控因素[6-8]。本章实验在东经126°20′、北纬43°25′，即吉林省吉林市内进行，实验在 2021 年 4 月和 7 月、2022 年 10 月、2023 年 1 月每日中午 12:00 进行，旨在为相关研究领域提供实验数据和研究方法的参考。

9.1　太阳光催化制氢性能分析

本章实验用水为去离子水。所用试剂及规格如表 9-1 所示。本章研究所用催化剂为 1wt% Pt/TiO$_2$ 和 1wt% Pt/g-C$_3$N$_4$，合成方法为光沉积法，所用牺牲剂为物理打磨的天然玉米秸秆粉末（80 目）。所用仪器如表 9-2 所示。

表 9-1　实验试剂名称、生产厂家及规格

试剂名称	生产厂家	规格/纯度
二氧化钛 P25（TiO$_2$）	上海麦克林生化科技有限公司	AR
氯铂酸钾（K$_2$PtCl$_6$）	上海阿拉丁生化科技股份有限公司	98.00%
尿素	天津市永大化学试剂有限公司	AR
无水硫酸钠（Na$_2$SO$_4$）	天津博迪化工股份有限公司	AR
无水乙醇	辽宁泉瑞试剂有限公司	99.50%

第9章 太阳光驱动玉米秸秆制氢因素与综合分析

表 9-2 实验仪器名称、型号及生产厂家

仪器名称	型号	生产厂家
气相色谱仪(GC)	GC7900	天美科学仪器有限公司
恒温水循环系统	HLC1008	上海沪析实业有限公司
小型跟踪式太阳能光催化制氢检测系统	PLS-STAS-1	北京泊菲莱科技有限公司
光催化真空在线分析系统	Lab Solar-III	北京泊菲莱科技有限公司
300W 氙灯	PLS-SXE300	北京泊菲莱科技有限公司
低温恒温槽	DC-0506	北京泊菲莱科技有限公司

本实验所用太阳光的制氢检测装置为本课题组设计制造的小型跟踪式太阳能光催化制氢检测系统(PLS-STAS-1)，如图 9-1 所示，装置主要分为四个系统，包括追踪动力系统、光反应系统、气体循环系统和控制与显示系统，装置设计为一体化可移动型。系统额定功率为 220 W。当太阳光照射到装置的光敏传感器，通过动力支架装置光控调节自动跟踪太阳光，通过菲涅耳透镜将太阳光聚焦到石英光催化反应器(透镜面积：0.2 m^2；聚光面积：7 cm^2；反应器容积：280 mL)，反应器产生的氢气会通过循环系统输送至气体收集装置和检测流量计，通过触摸显示屏可实时监测与控制反应器温度、反应时间等实验条件。

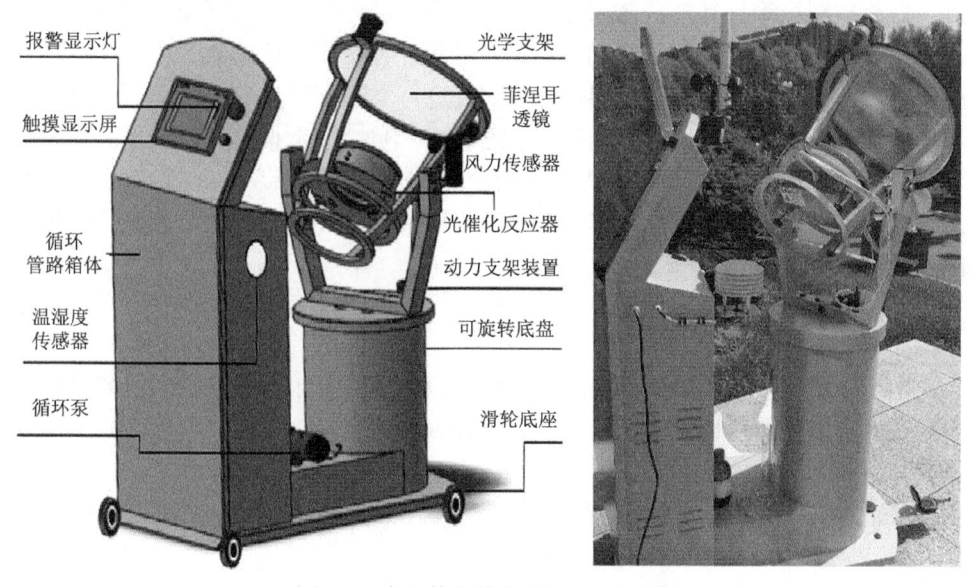

图 9-1 太阳能光催化制氢实验装置图

搭建各系统部件及可实现功能如下：

(1) 追踪动力系统：该系统主要部件为聚光跟踪支架，其主要功能为支撑透镜、支撑反应器和双轴跟踪运动。支架采用方钢焊接成型，装配简单且牢固[9-11]。其中，光学反应部分支架为焊接成型的弧形锥状结构一体成型。菲涅耳透镜借助 L 角件与螺钉紧固透镜表面，反应器固定底盘设为上下可调结构，可根据实际需求设置高度。光学反应部分支架借助 U 型方钢固定于底座上。其中，高度角调节借助带编码器推杆实现，方位角调节借助带编码器的直流减速电机＋齿轮结构实现。

(2) 光反应系统：该系统主要部件包括聚光透镜、光催化反应器、恒温槽等部分。其中光催化反应器为独立设计，可拆卸且便于装填、更换及日常维护清洗。反应器采用板式设计，中间为反应溶液层，两边夹层为控温层；反应器上部设置进气口（可用于装填溶液）和出气口；反应器预留溶液循环接口（不使用时封堵）；反应器底部为溶液测温探头（方便拆装）；控温夹层预留循环水接口。

(3) 气体循环系统：该系统主要部件包括质量流量计、气相色谱仪、气体干燥管等，其中气体干燥管用于清除反应器产物气体如水汽部分，使用硅胶材质作为吸水材料，便于观察维护。微量气体流量计用于进行气体检测与计量；气相色谱仪用于对气体成分进行定性和定量分析。其主要功能是对光催化反应器产生的气体进行收集、除湿、检测，工作中气体连续循环，可实时对光催化重整玉米秸秆制氢反应的气体流量及成分进行评估。

(4) 控制与显示系统：该系统主要部件包括开关按钮、触摸显示屏、报警显示灯、监测控制箱等。其中，监测控制箱为后台自动运行，采用可编程逻辑控制器（PLC 一体机），主要监测并自动控制运行的附件包括光照传感器、风力传感器、跟踪传感器、温湿度传感器、限位开关，并进行太阳方位角（高度角与方位角）调节、气体检测、计量、高倍聚光光伏电池（CPV 电池）参数监测、记录等。触摸显示屏为前台控制系统，用于设定实验过程的相关参数，包括总时间（设定实验运行总时间）、氢气检测间隔（设定产氢累计间隔）、自动存储周期（设定数据存储时间间隔）等。

9.1.1 复合材料制备方法

本章表征光催化重整玉米秸秆分解水制氢性能是基于自搭建的实验装置小型跟踪式太阳能光催化制氢检测系统 PLS-STAS-1 进行的，其标准实验步骤及参数设置如下：

(1) 接入冷却循环水管，在恒温槽调节温度为 20℃（制冷，调节范围-5～60℃），点击电源开始恒温；

(2) 手动拧开图 9-2 所示反应器，将 0.1 g 的催化剂粉末、0.1 g 的玉米秸秆粉末加入到 200 mL 的去离子水中后，混合搅拌 20 min，待搅拌均匀后将分散液加入光催化反应器；

(3) 开启后仪器自动根据经纬度和当前日期、时刻跟踪并聚焦太阳光，记录实验日期、辐照强度；

(4) 通过温度监测系统测量并记录反应器内的实时温度；

(5) 检查风速、环境温度、装置水平仪、环境湿度等参数是否在安全范围内，同时通过屏幕实时分析数据，检查是否有报警记录，确定无误后进行下一步操作；

(6) 通过触摸显示屏控制系统输入实验记录参数，包括实验日期、时间、项目名称等信息；

(7) 通过触摸显示屏控制光催化制氢检测系统，设置反应总时间为 2 h，搅拌器转速为 1000 r/min；检测氢气产量时间间隔为 10 min 一次；

(8) 在输入设置的程序后装置可自动完成检测，最后通过 USB 接口导出数据。

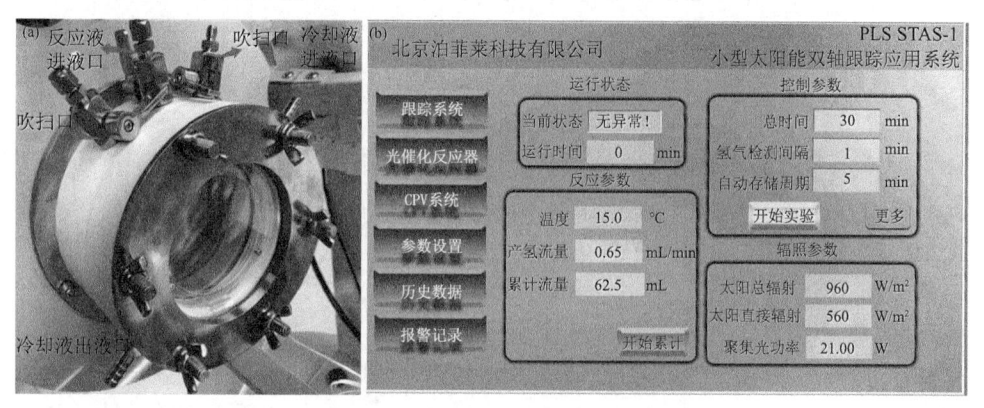

图 9-2 反应器实物图(a)及反应参数控制界面(b)

9.1.2 反应器吸收太阳光辐照强度变化

本实验位置相对于地球与太阳的距离可忽略不计，但由于地球的自转和公转，实际影响到光催化制氢性能的因素为反应器接受的光辐照强度，光辐照强度受太阳光入射角的影响较大，而太阳光入射角随时刻变化而变化，因此，本实验将研究太阳光入射角与对应辐照强度的关系。本实验所在城市为吉林省吉林市，GPS 定位经纬度为东经 126°20′、北纬 43°25′，实验日期为 2021 年 4~7 月。其中，入射角 θ 由跟踪聚光装置检测记录，辐照强度为太阳光经聚光透镜聚光后反应器内的光照度。如图 9-3 所示，检测时刻范围为 8:00~16:00(24 小时制)，反应器接收辐照强度在 1.3~2.7 W/cm² 范围内变化。因入射角度在每日中午 12:00 达到最小值，对应的光照强度在此时间范围达到最大值，因此，实验选在每日 11:00~13:00 进行 2 h 的检测。

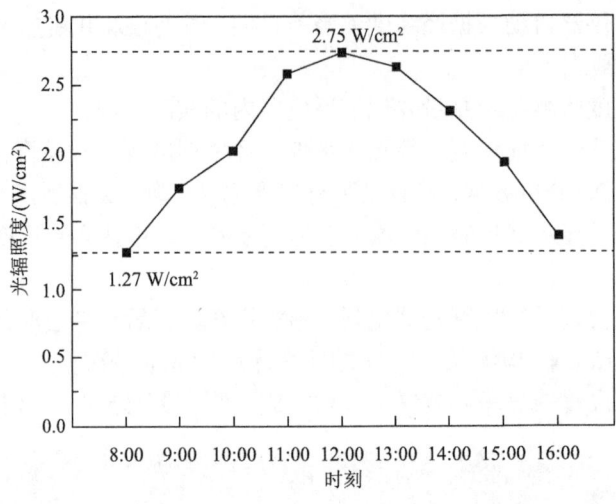

图 9-3　不同时刻的反应器接收的太阳光辐照强度

为研究不同季节太阳最大辐照强度，分别在不同月份进行了辐照强度检测实验。根据吉林地区所处较高纬度的季节特点，选取在 2021 年 4 月和 7 月、2022 年 10 月、2023 年 1 月每日中午 12:00 进行实验。1 月、4 月、7 月和 10 月依次代表冬、春、夏、秋四个季节的时间点。为了尽可能减小误差，实验均在理想的天气环境(晴天、无云)进行，且每组实验重复 5 次取平均值。如图 9-4 所示，不同季节在 12:00 时刻的光辐照强度存在一定差距，该时刻的光强度从高至低依次为 2.84 W/cm^2、2.75 W/cm^2、2.59 W/cm^2、2.32 W/cm^2，对应夏季、春季、秋季和冬季的光强度最大值。

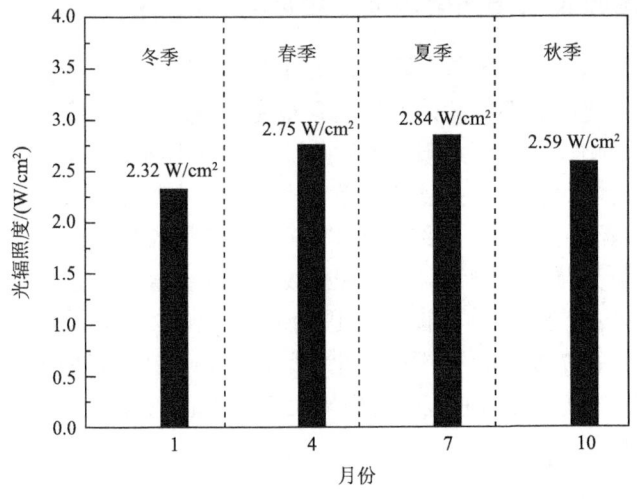

图 9-4　不同季节在 12:00 时刻的反应器接收太阳光辐照强度

根据太阳光辐射在不同季节的最大强度值对比,可知在忽略天气变化条件下,四个季节的光辐照强度最高值相差不大,但考虑到吉林地区所处较高纬度,不同季节的太阳高度角及白昼时间相差较大,为减小实验误差,后续实验均在2021年4~6月进行。

9.1.3 辐照强度对制氢量的影响

为了研究本体系催化制氢量在太阳光辐照条件下随太阳光强度的变化,本实验检测记录了不同辐照强度下的制氢量。采用冷却循环水反应器,保持恒定温度为常温20℃,反应体系包括固定量为0.1 g 的 Pt/TiO$_2$ 光催化剂、0.1 g 的天然玉米秸秆粉末和200 mL 去离子水。如图9-5所示,制氢速率随光辐照强度增大而增大,制氢速率在接近 12:00 时刻达到最大值,经计算该时间段平均制氢速率为33.68 μmol/h。但辐照强度达到约 2.10 W/cm^2 时,对应的制氢速率升高趋势变慢,这可能受限于反应体系中光催化剂或牺牲剂对光辐射利用率。

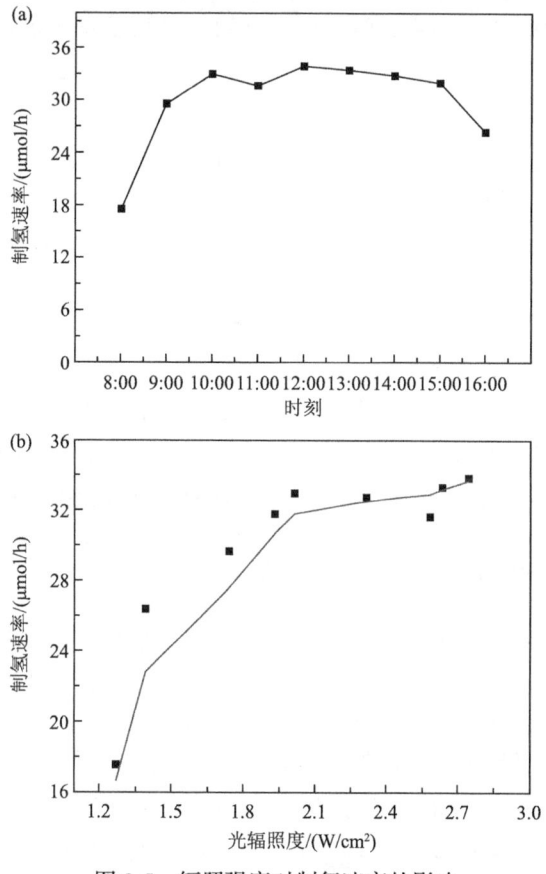

图9-5 辐照强度对制氢速率的影响
(a)不同时间段制氢速率;(b)不同光辐照强度制氢速率

为进一步分析制氢量随光辐照强度逐渐增大而趋于缓慢是否受催化剂量的影响，采用不同量的光催化剂(0.05 g、0.10 g、0.30 g、0.50 g、1.00 g)和固定的 0.1 g 玉米秸秆，分别使用 200 mL 去离子水在 11:00～13:00 进行 2 h 实验，计算平均制氢速率，对应的催化剂浓度分别为 0.25 g/L、0.50 g/L、1.50 g/L、2.50 g/L 和 5.00 g/L。如图 9-6(a)所示，可知随着催化剂浓度超过 1.50 g/L 并达到 2.50 g/L 时，此范围对应的制氢速率达到最大值，对应的制氢速率为 37.90 μmol/h，但在超过 2.50 g/L 时，其制氢速率明显降低，甚至在 5.00 g/L 时低于低浓度的催化剂制氢速率。这可能是因为过多的催化剂影响了光催化反应器的光透性，降低了圆柱形反应器底部的辐照强度。为了研究不同玉米秸秆的量(0.05 g、0.10 g、0.15 g、0.20 g)对本体系制氢量的影响，采用固定量为 0.10 g 的 Pt/TiO$_2$ 为光催化剂分别加入 200 mL 去离子水，对应的浓度分别为 0.25 g/L、0.50 g/L、0.75 g/L 和 1.00 g/L。如图 9-6(b)所示，当玉米秸秆的浓度超过 0.50 g/L 时，制氢速率明显降低，继续增加浓度为 0.75 g/L 和 1.00 g/L 时继续降低，可能的原因与前文中所述催化剂的原因相同。由此可知，制氢速率能达到的最高值与反应器的形状和反应体系的规模大小有关。

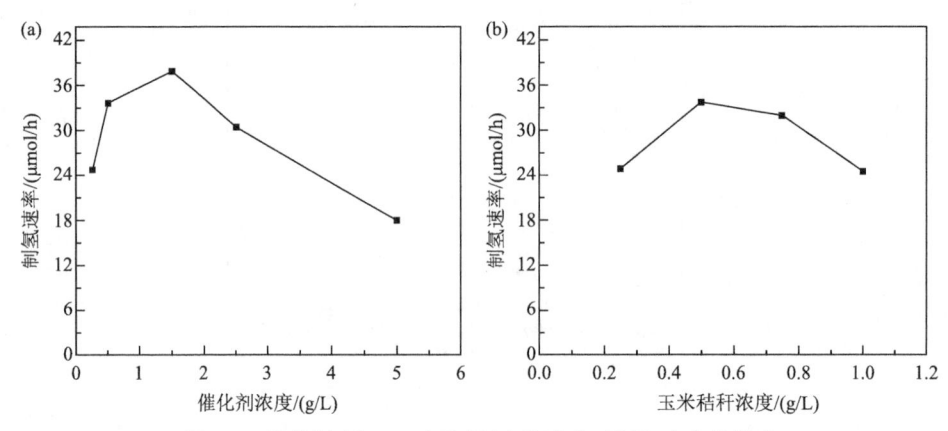

图 9-6 催化剂(a)、玉米秸秆(b)的浓度对制氢速率的影响

9.1.4 反应温度对制氢的影响与规律

为了研究反应体系在不同温度下的制氢性能，根据光催化制氢检测系统反应器的安全温度范围，本实验将在 10～40℃的温度范围内进行，检测点分别为 10℃、15℃、20℃、25℃、30℃、35℃和 40℃。实验时间段均为中午 11:00～13:00，制氢速率为该时间段平均值。催化剂选用 0.1 g 的 Pt/TiO$_2$，牺牲剂替代物为 0.1 g 的玉米秸秆，去离子水 200 mL 作为液相体系。如图 9-7 所示，每组测试所在时间段内平均光辐照强度范围在 2.59～2.77 W/cm^2，因此光强度所引起的误差可以忽略不计。在 10～20℃范围内，制氢速率随着温度的增大而增大，达到 30～35℃时反

应速率开始迅速提升，并在40℃仍有上升趋势。这可能是因为温度的提升达到特定值时增加了玉米秸秆中的活化分子数，从而迅速提升了光催化反应的速率，最终表现在制氢量的提升。

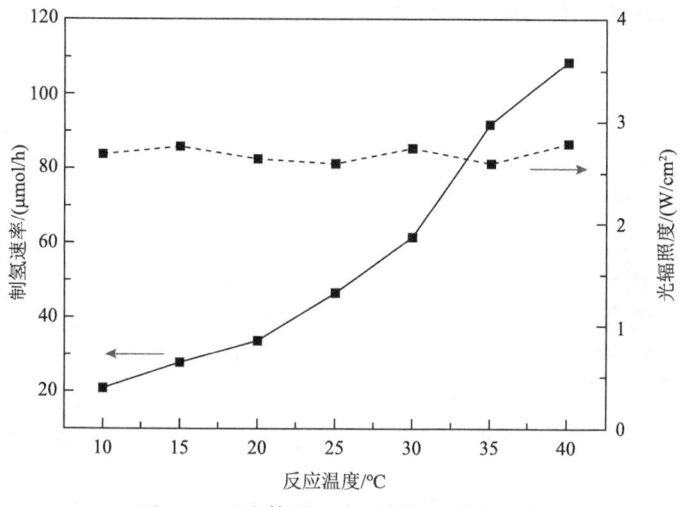

图 9-7 反应体系温度对制氢速率的影响

9.1.5 可见光波段与全光波段的制氢性能对比

为了研究太阳光不同波段对光催化制氢性能的影响，本实验采用420 nm波长光透玻片屏蔽紫外光，研究可见光波段光催化制氢性能的表现，并与全波段进行对比，研究紫外光对光催化反应制氢性能的影响。首先采用Pt/TiO$_2$作为光催化剂加入反应体系中，实验条件为0.1 g的Pt/TiO$_2$、0.1 g的玉米秸秆和200 mL去离子水，光辐照强度波动范围2.56～2.81 W/cm^2，反应温度为20℃。如图9-8(a)所示，Pt/TiO$_2$在可见光条件下的制氢速率远低于全波段条件下的制氢速率，可知对于TiO$_2$，紫外光波段的作用至关重要。图9-8(b)为Pt/TiO$_2$样品涂覆在玻碳电极上，在光照-黑暗交替条件下的光电流响应，给出了全波段和可见光条件下的光电流强度对比，可知与全波段相比，Pt/TiO$_2$材料在可见光条件下的光电流响应非常弱，这是因为TiO$_2$对可见光吸收度较低。

为了研究不同催化剂在应对弱紫外光强度天气的催化表现，本实验采用Pt/g-C$_3$N$_4$与Pt/TiO$_2$进行对比，分别在相同条件下测试两种催化剂在屏蔽紫外光的可见光条件下的催化性能表现。如图9-9(a)所示，在相同条件的可见光辐照下，Pt/g-C$_3$N$_4$的光催化制氢速率仍可达到14.44 μmol/h，其性能表现优于Pt/TiO$_2$。而作为对照组的全波段光的条件下，Pt/TiO$_2$的光催化制氢速率高于Pt/g-C$_3$N$_4$。可知在不同的纬度或地区，具有不同的气候特点，可能需要采用不同的催化剂以应对其光辐照条件，从而使光催化制氢效率达到最优化。图 9-9(b) 为 Pt/g-C$_3$N$_4$ 样品涂覆在 ITO 玻璃电极上，在光照-黑暗交替条件下的光电流响应，给出了全波段和可见光条件下的光电流强度对比，可知 Pt/g-C$_3$N$_4$ 材料在可见光条件下光电流响应与全波段相比较弱，这与制氢性能表征结果一致。

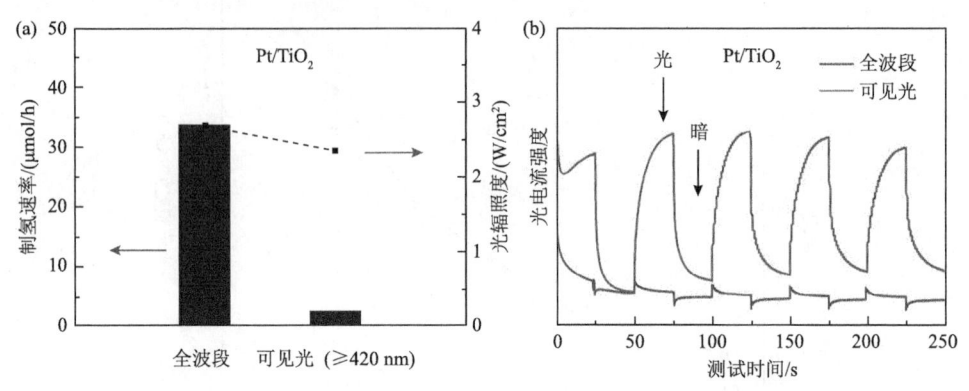

图 9-8 以 Pt/TiO$_2$ 为催化剂在全波段、可见光波段的制氢速率(a)和光电流强度(b)对比

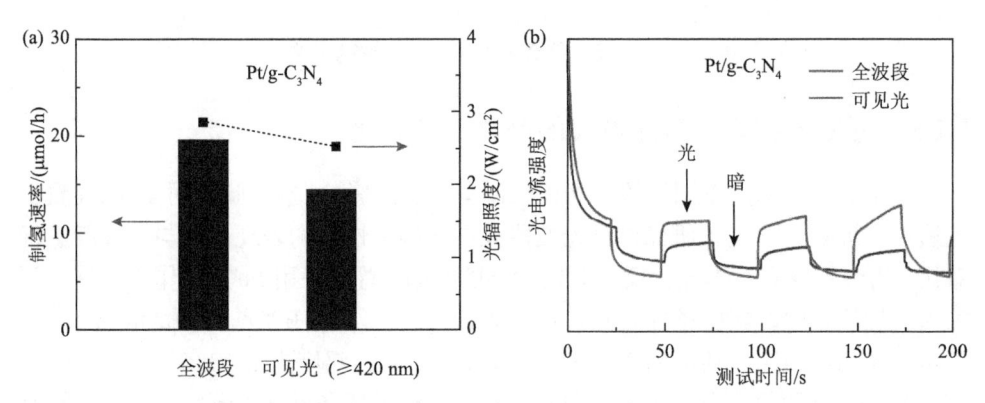

图 9-9 以 Pt/g-C$_3$N$_4$ 为催化剂在全波段、可见光波段的制氢速率(a)和光电流强度(b)对比

9.2 太阳光与模拟光制氢性能对比分析

在不考虑环境影响因素的条件下，相同的光辐照强度的模拟光与太阳光仍存在光谱的差异，如紫外光波段、可见光波段、红外光波段的强度。模拟光是恒定光源，其在相同的总辐照强度条件下具有稳定的光谱。但自然太阳光与模拟光不同，由于地球具有大气层，不同地域在不同的时间有不同的气候特点和天气条件，不同波段的光入射至地表特定面积的光辐照强度也有很大的差异，尤其是穿透力较差的紫外光波段，其受天气因素影响较大。因此，有必要在相同条件下分别对

太阳光与 300 W 氙灯的模拟光条件下催化反应体系的制氢性能进行对比分析。

本实验将在相同温度(10℃)、光辐照强度(模拟光源辐照强度为固定值 1.5 W/cm^2)、反应时间(2 h)和相同的反应器接收面积(7 cm^2)的条件下进行。其中,太阳光实验时间选在上午 8:00～9:00 进行,该时间段反应器可接收的平均光辐照强度接近氙灯模拟光源。同样采用 0.1 g 的 Pt/TiO$_2$、0.1 g 的玉米秸秆粉末、100 mL 去离子水为光催化反应体系,在相同的人为可控条件下进行对比。如图 9-10 所示,可知在相同的光强度下,太阳光强度与 300 W 氙灯对比,采用 Pt/TiO$_2$ 的催化效果相差较小,采用 300 W 氙灯的制氢性能略强于太阳光,这可能是因为氙灯的紫外光波段的光辐照要比太阳光更稳定。为了验证这种猜想,在全波段太阳光与 300 W 氙灯的光强度相同时,采用 420 nm 玻片分别对屏蔽氙灯和太阳紫外光后的光强度进行对比,发现氙灯的光强度低于太阳光,而通过对比太阳光与屏蔽紫外光源催化性能可知,太阳光的可见光部分作为光源的制氢速率略高于模拟光源。这可能是由于太阳光大部分紫外光被大气层屏蔽,而不同的地区由于纬度差异会有不同强度的可利用紫外光。

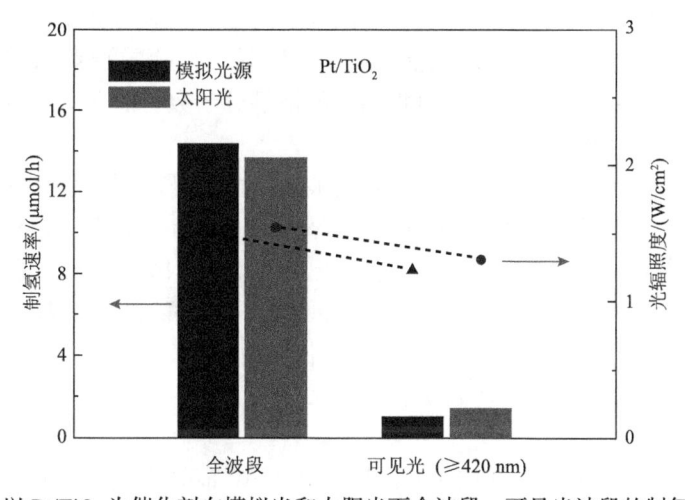

图 9-10 以 Pt/TiO$_2$ 为催化剂在模拟光和太阳光下全波段、可见光波段的制氢性能对比

9.3 小　结

基于第 1～8 章的实验结果和研究结论,本章采用自主设计定制的太阳能制氢检测装置对光催化玉米秸秆分解水制氢体系进行制氢速率表征,实验均在反应器容积为 280 mL 的小型反应器中进行,分别就辐照强度、反应温度、光辐射波段等主要因素对制氢性能的影响进行了研究。主要结论分为以下几个方面。

(1) 前期自行设计搭建了小型跟踪式太阳能光催化制氢检测系统（PLS-STAS-1），其采用透镜式聚光，具有自动跟踪太阳光、实验程序设置、气体分析等功能，可以对光催化重整玉米秸秆分解水制氢性能进行稳定的检测评估。

(2) 反应器吸收太阳光辐照强度研究部分为夏季白昼时间 8:00～16:00 的光辐照强度检测，得出日内太阳光辐照强度波动范围为 1.27～2.75 W/cm^2，辐照强度最小值在起测时间点 8:00 为 1.27 W/cm^2，在中午 12:00 附近达到最大，为 2.75 W/cm^2；春、夏、秋、冬季节中午 12:00 检测太阳光辐照强度分别为 2.75 W/cm^2、2.84 W/cm^2、2.59 W/cm^2 和 2.32 W/cm^2，结合一年之内太阳辐照时间的变化可以得出对太阳能利用率从高至低的时间段依次为夏、春、秋、冬季度；而日内对太阳能利用率从高至低的时间段依次为中午、下午和上午。

(3) 根据太阳光在不同时刻辐照强度的变化对制氢量的影响实验结果，可以得出如下结论：本实验光催化体系（0.1g Pt/TiO$_2$、0.1 g 玉米秸秆和 200 mL 去离子水）的制氢速率随光辐照强度的增强而加快。但受限于反应器规格的影响，随着光辐照强度不断增大，制氢速率的增速明显减慢。通过增加催化剂、玉米秸秆浓度的实验得出如下结论：分散液中固相物质浓度过高会严重影响反应器的光透性。

(4) 通过研究得出：在恒定光辐照强度条件下，反应温度越高制氢速率越大，达到特定温度时可以增加生物质牺牲剂中的活性分子数。而在实际生产中应综合考虑经济性、安全性等问题。

(5) 对比 Pt/TiO$_2$ 和 Pt/g-C$_3$N$_4$ 在可见光波段、全光波段的制氢速率可知，Pt/TiO$_2$ 在全光波段的催化制氢速率（33.68 μmol/h）高于 Pt/g-C$_3$N$_4$（19.52 μmol/h），但在可见光波段的制氢速率（4.62 μmol/h）远低于 Pt/g-C$_3$N$_4$（14.44 μmol/h）。可以推测 Pt/TiO$_2$ 催化剂的性能较强，但紫外光辐照必不可少，而 Pt/g-C$_3$N$_4$ 对可见光部分的利用率较高。可以得出结论，在不同紫外光强度的太阳辐照下，选用不同的催化剂会有不同的催化效果，应根据太阳能采光装置所在地区的纬度与气候等地理因素决定光催化剂的选用。

(6) 通过对比太阳光与前期实验所用的 300 W 氙灯模拟光源的制氢性能，在相同的光强度、反应温度、反应时间和反应器接收面积条件下，采用 Pt/TiO$_2$ 作为催化剂的制氢速率在模拟光的全波段实验中制氢速率略高于太阳光，可见光波段实验中略低于太阳光。可以推测在不同地区，其紫外光强度存在一定差异。

参 考 文 献

[1] Zhou Y L, Ye X, Lin D. Enhance photocatalytic hydrogen evolution by using alkaline pretreated corn stover as a sacrificial agent[J]. International Journal of Energy Research, 2020,

44(1): 4616-4628.

[2] Zhou Y L, Lin D, Ye X. Reuse of acid-treated waste corn straw for photocatalytic hydrogen production[J]. ChemistrySelect, 2022, 7(29): 1-9.

[3] Sun M, Zhou Y, Yu T, et al. Synthesis of g-C$_3$N$_4$/NiO-carbon microsphere composites for co-reduction of CO$_2$ by photocatalytic hydrogen production from water decomposition[J]. Journal of Cleaner Production, 2022, 357: 131801.

[4] Sun M, Zhou Y L, Yang M, et al. Photo-electrocatalytic synthesis of 2,5-furan dicarboxylic acid and hydrogen co-production from straw-based microcrystalline cellulose by a CdS/TiO$_2$-graphene composite catalyst[J]. Journal of Cleaner Production, 2024, 448: 141302.

[5] Zhou Y L, Ye X, Lin D. Enhance photocatalytic hydrogen evolution by using alkaline pretreated corn stover as a sacrificial agent[J]. International Journal of Energy Research, 2020, 44(6): 4618-4628.

[6] 林东尧. 光催化重整玉米秸秆分解水制氢性能研究[D]. 吉林: 东北电力大学, 2023.

[7] 孙萌. 玉米秸秆衍生物光催化材料的制备及其不同光源制氢性能研究[D]. 吉林: 东北电力大学, 2024.

[8] 周云龙, 叶校源, 林东尧. 在紫外光下以玉米秸秆为牺牲剂提升光催化分解水制氢[J]. 化工学报, 2019, 70(7): 2717-2726.

[9] 叶校源. 酸碱处理对光催化重整玉米秸秆制氢的影响规律及机理[D] 吉林: 东北电力大学, 2020.

[10] Sun M, Zhou Y L, Yang M. Preparation of corn stover hydrothermal carbon sphere-CdS/g-C$_3$N$_4$ composite and evaluation of its performance in the photocatalytic coreduction of CO$_2$ and decomposition of water for hydrogen production[J]. Journal of Alloys and Compounds, 2023, 933: 167871.

[11] 刘治刚, 高艳, 金华, 等. XRD 分峰法测定天然纤维素结晶度的研究[J]. 中国测试, 2015, 41(2): 38-41.